山西大学百年建筑

姚莫中

山西大学百年建筑

卢宇鸿 主编

商务印书馆
创于1897
The Commercial Press

编 委 会

《山西大学建校 120 周年学术文库》总序

喜迎双甲子，奋进新征程。在山西大学百廿校庆之时，出版这套《山西大学建校 120 周年学术文库》，以此记录并见证学校充满挑战与奋斗、饱含智慧与激情的光辉岁月，展现山大人的精学苦研与广博思想。

大学，是萌发新思想、创造新知识的学术殿堂。求真问理、传道授业是大学的责任。一百二十年来，一代又一代山大人始终以探究真理为宗旨，以创造新知为使命。无论创校初期名家云集、鼓荡相习，还是抗战烽火中辗转迁徙、筚路蓝缕；无论是新中国成立后"为完成祖国交给我们的任务而奋斗"，还是改革开放以后融入科教强国建设的时代洪流，山大人都坚守初心、笃志求学，立足大地、体察众生，荟萃思想、传承文脉，成就了百年学府的勤奋严谨与信实创新。

大学之大，在于大学者、在于栋梁才。十年树木、百年树人。一百二十年的山大，赓续着教学相长、师生互信、知智共生的优良传统。在知识的传授中，师生的思想得以融通激发；在深入社会的广泛研习中，来自现实的经验得以归纳总结；在无数次的探索与思考中，那些模糊的概念被澄明、假设的命题被证实、现实的困惑被破解⋯⋯，新知识、新思想、新理论，一一呈现于《山西大学建校 120 周年学术文库》。

"问题之研究，须以学理为根据。"文库的研究成果有着翔实的史料支撑、清晰的问题意识、科学的研究方法、严谨的逻辑结构，既有基于社会实践的田野资料佐证，也有源自哲学思辨的深刻与超越，展示了山大学者"沉潜刚克、高明柔克"的学术风格，体现了山大人的厚积薄发和卓越追求。

习近平总书记在 2016 年哲学社会科学工作座谈会上指出，"一个国家的发展水平，既取决于自然科学发展水平，也取决于哲学社会科学发展水平。

一个没有发达的自然科学的国家不可能走在世界前列，一个没有繁荣的哲学社会科学的国家也不可能走在世界前列"。立足国际视野，秉持家国情怀。在加快"双一流"建设、实现高质量内涵式发展的征程中，山大人深知自己肩负着探究自然奥秘、引领技术前沿的神圣责任，承担着繁荣发展哲学社会科学的光荣使命。

百廿再出发，明朝更璀璨。令德湖畔、丁香花开，欣逢盛世、高歌前行。山大学子、山大学人将以建校120周年为契机，沿着历史的足迹，继续秉持"中西会通、求真至善、登崇俊良、自强报国"的办学传统，知行合一、厚德载物，守正创新、引领未来。向着建设高水平综合性研究型大学、跻身中国优秀知名大学行列的目标迈进，为实现中华民族伟大复兴的中国梦贡献智慧与力量。

黄桂田

前　言

　　山西大学地处山西省太原市，是一所办学历史悠久、文化底蕴深厚的高等学府。清光绪二十八年（1902 年）5 月 8 日由英国传教士李提摩太和山西巡抚岑春煊共同创办的山西大学堂，至今已有一百多年的历史，是我国创办最早的三所国立大学之一，与京师大学堂（今北京大学）、北洋大学堂（今天津大学）一道开创了中国近代高等教育的新纪元。最初称山西大学堂，校址选在太原市侯家巷，设中学专斋和西学专斋，民国初改名为山西大学校，1931 年改名为国立山西大学，抗战期间，曾迁至晋南、陕西三原、秋林等地，于 1937 年至 1939 年停办。1949 年春，中国大学理学院并入山西大学。中华人民共和国成立初期，山西大学设有文、理、医、工、法 5 个学院，著名进步学者邓初民任校长。1953 年院系调整后，取消山西大学建制，文、理两院合并，改称山西师范学院，医、工两院相继独立建院，法学院称财经学院，后划归入中国人民大学。1954 年由太原市侯家巷迁至现校址。1959 年，再度组建山西大学，1961 年与山西师范学院合并，仍定名为山西大学。1962 年，山西体育学院、山西艺术学院并入山西大学。经过历代山大人的艰苦努力，昔日一处杂草丛生的荒凉之地已变成一所具有相当规模，充满浓郁现代气息的山西大学。

　　山西这块土地，是中华民族发祥地之一，华夏民族文明的摇篮，历史悠久，人文荟萃，孕育了深厚的文化底蕴。它扎根于黄土高原之上，黄河之滨，厚重的黄土沉积了丰厚的历史文化遗产，千百年来流淌的黄河水见证着文明历史的发展历程。阅尽千年的兴旺盛衰，不张扬，不媚俗，甘于寂寞，渗透到骨子里历练成宠辱不惊的内敛安静。

　　19 世纪后半期的清朝是一个各种思潮泛起大变革的时代，东西方文化交汇激烈碰撞，当时内外交困，割地赔款，无数有志之士寻求救国之策，在思索民族的前途。那时人们迫切需要接受西方科学思想，以此来改良社会。"西学东渐，兴学育才"，兴办现代教育模式，创建新的教育机构就成了当务之急。在这样一个大背景下，经过前期的酝酿整合，山西大学堂就在已有的书院基础上孕育而生了。至光绪三十年（1904年）清朝举行112次殿试，之后的1905年，实行千余年之科举制度即行废止。

之前乡试贡院教授的多是经史礼义，而大学堂培育的是通晓现代政治、经济、法律的专门人才，增加了法政理科，"中学为体，西学为用"。这种人才教育培养模式的转变探索，大学堂变成现代大学之身，预示着我国由一个封闭自固的封建社会迈向了一个现代民主的新型国家。

中国近现代史可谓历尽磨难，惊心动魄。1900年义和团运动，1905年废除科举制，1912年辛亥革命爆发、清帝逊位、民国肇始，中国两千年的封建帝制摧枯拉朽般被推翻，各路军阀混战的统治开始，1937年日本侵略中华大地，半壁江山沦陷，学校被迫迁移，八年艰难抗战结束，1945年日本宣布无条件投降，紧接着又是内战，1949年中华人民共和国宣布成立，1952年全国高等院校大范围院系调整，1966年至1976年"文化大革命"，1978年改革开放，至此中国才逐步走上正轨。如同社会变革发展一样，山西大学百余年的发展注定不会一帆风顺，单从山西大学校名的变迁就可以看出端倪：

1902年5月—1912年1月校名为山西大学堂；1912年2月—1931年6月校名为山西大学校；1931年7月—1937年10月校名为国立山西大学；1937年11月—1939年9月为山西大学停课时期；1939年9月—1943年4月校名为山西大学；1943年5月—1949年4月校名为国立山西大学；1949年5月—1953年8月校名为山西大学；1953年9月—1961年5月校名为山西师范学院（隶属国家教育部）；1961年6月—至今校名为山西大学。

早期的山西大学堂中西合璧、文理并重，办学思路开阔，育人理念先进，是我国近代高等教育重要的发祥地之一，也是三晋大地百年文化科教的重镇。历经一百多年办学历程，山西大学始终根植于华夏文明的沃土，秉承"中西会通、求真至善、登崇俊良、自强报国"的光荣传统，弘扬"勤奋、严谨、信实、创新"的优良校风，培育了三十多万名优秀人才，为我国高等教育事业的发展做出了重要贡献。

近年来，承载着"科教兴国、人才强国"的时代使命，山西大学实现了跨越式发展，成为一所文理工并重的高水平综合性大学。1998 年，成为山西省重点建设大学。2005 年，成为山西省人民政府与教育部共同建设的省部共建大学。2012 年，成为全国 14 所"中西部高校提升综合实力工程"入选高校之一，迈上了国家建设"有特色、高水平"大学的新平台。2014 年，具有 60 年办学历史的太原电力高等专科学校并入山西大学，学科结构进一步完善。2016 年，成为国家中西部"一省一校"重点建设大学。2017 年，山西省出台意见支持山西大学深入实施"1331 工程"，对标"双一流"实现率先发展。2018 年，在省部共建和"一省一校"建设基础上，山西大学正式成为教育部和山西省政府的部省合建高校，成为山西省高等教育的最优质资源。为推动山西大学全面发展，推进山西省高等教育事业发展进程，逐步建设更多的优质高等教育资源，解决学校发展空间受限的问题，不断改善办学条件，切实提高学校基础设施能力和教学育才能力，打造"有特色、高水平"一流大学，在山西省委和政府的支持下，山西省发展和改革委员会于 2013 年 8 月 8 日下文晋发改科教发［2013］1739 号批复山西大学东山校区建设项目：一是同意该项目在老峰村以西、岗头村以北、东山过境高速路以东选址实施新校区建设。二是同意学校规划总建筑面积 96 万平方米，分三期建设，一期为 2014 年—2016 年完成建筑面积约 40 万平方米，二期为 2017 年—2019 年完成建筑面积约 40 万平方米，三期为 2020 年—2022 年完成剩余工程。主要建设内容包括：教学、实验实习实训及附属用房、图书馆、体育场馆、会堂、学生宿舍（公寓）、食堂、后勤附属用房及室外设施配套工程等项目（不含教工住宅）。项目建成后，可满足约 3 万名在校生进行学习生活。三是项目总投资 57 亿元（不含与土地相关的费用），资金来源由老校区土地处置、政府投入、申请银行贷款、学校自筹和社会引资等多渠道筹措解决。

山西大学校园环境优雅,办学条件优良。目前拥有坞城校区、大东关校区、东山校区(在建)三个校区,总占地面积 3008 亩,建筑面积 110 万平方米。学校林荫遮道、花草围楼,处处散发着宜学宜居的人文气息,被省政府命名为"园林化单位"和"绿色学校"。图书馆馆藏文献 305 万册,电子图书 114 万余册,教学科研仪器设备总值 11.9 亿元。在建的东山新校区更将为学校人才培养和科研创新提供广阔的发展空间。

百余年的光阴,时间不长也不短,山西大学的百年发展代表着我国大学的发展历程,也见证着我国大学建筑从古典建筑向现代建筑转变的历史。山西大学建筑的发展同样经历了一番艰难跋涉的过程,正是在这历程中,山西大学的建筑发展形成了自己独特的风格,独具特色,它尤其表现在精神文化方面,在潜移默化中感受美,提高人们的精神境界,净化人们的心灵,能激发我们作为山西大学成员之一所具有的自信心和自豪感。山西大学是文化的圣殿,艺术的净土,精神的乐园。建筑是什么?它是人类文化的历史和记录者,忠实地反映当时社会特定阶段的思想文化、政治、经济、艺术的内涵,那是集工程技术与艺术为一体的学科,所以,从建筑发展的角度能够真实地反映山西大学百年建校历程。

本书从纯建筑的角度把山西大学的百年建筑史发展予以仔细罗列,归纳总结成六个发展阶段,选择各个阶段有代表性的建筑,向世人展示。循着时光的足迹,触摸山西大学百年建筑文化的发展脉搏,探寻其曾经拥有过的不寻常的往事……

编　者

2021 年 12 月 20 日

目　录

第一阶段　中西合璧时期 …………………………………………………… 1

一、引子 ………………………………………………………………… 2

二、中斋创办 …………………………………………………………… 4

三、西斋创办 …………………………………………………………… 6

四、临时校址 …………………………………………………………… 8

五、上海译书院 ………………………………………………………… 9

六、侯家巷校址规划建设 ……………………………………………… 11

七、影壁 ………………………………………………………………… 12

八、牌楼 ………………………………………………………………… 13

九、大礼堂 ……………………………………………………………… 15

十、图书馆 ……………………………………………………………… 18

十一、大成殿 …………………………………………………………… 20

十二、法学院大礼堂 …………………………………………………… 21

十三、博物馆 …………………………………………………………… 22

十四、机器房 …………………………………………………………… 22

十五、斋舍 ……………………………………………………………… 23

十六、工科教学大楼……………………………………24

十七、四块碑碣……………………………………………32

十八、山西大学……………………………………………39

十九、近代山西大学堂建筑分析…………………………41

第二阶段　窑洞时期……………………………………47

一、三原复校………………………………………………49

二、迁校风波………………………………………………50

三、秋林镇虎啸沟…………………………………………51

四、黄土高原窑洞…………………………………………53

五、克难坡…………………………………………………58

六、返回侯家巷……………………………………………62

七、解放战争期间…………………………………………64

第三阶段　醇和时期……………………………………67

一、侯家巷校舍修复………………………………………69

二、院系调整………………………………………………71

三、坞城校园的规划建设…………………………………73

四、老同志（或参与者）的回忆…………………………77

五、恢复山西大学…………………………………………82

六、醇和的校园……………………………………………83

七、主楼……………………………………………………85

八、北图书馆………………………………………………89

九、物理楼 ·· 93

十、体育馆（风雨操场）·· 97

十一、行政办公楼 ··· 102

十二、外语楼、大型仪器中心 ·· 105

十三、平顶楼 ·· 107

十四、南图书馆和分子所 ··· 109

十五、俱乐部 ·· 111

十六、北院一灶（大饭厅）··· 112

十七、南院二灶 ··· 113

十八、三至五灶 ··· 115

十九、后勤管理处楼 ··· 116

二十、文瀛学生公寓 ··· 118

二十一、艺术楼（现哲学学院办公楼）······························ 127

二十二、小品建筑之人防工事进出口 ·································· 130

二十三、毛主席塑像的前世今生 ······································· 134

第四阶段　改革开放初期 ··· 147

一、恢复高考 ·· 148

二、电子计算机教学办公楼（档案馆）······························ 149

三、新教学楼 ·· 151

四、专家楼、留学生楼区域 ·· 154

五、化学楼 ··· 157

六、生物楼 ··· 160

七、招待所楼 …………………………………………… 163

八、专修楼 …………………………………………… 164

九、培训楼 …………………………………………… 165

十、游泳馆 …………………………………………… 167

十一、澡堂楼 ………………………………………… 169

十二、小花园修建 …………………………………… 170

十三、花园水库建设 ………………………………… 175

十四、房屋产权的登记 ……………………………… 179

十五、校园供电 ……………………………………… 179

十六、小品建筑 ……………………………………… 180

第五阶段　渐入佳境时期 …………………………………… 189

一、科技大楼 ………………………………………… 191

二、数学计算楼 ……………………………………… 196

三、外国语学院楼 …………………………………… 200

四、外培楼 …………………………………………… 202

五、附小教学楼 ……………………………………… 204

六、幼儿园楼 ………………………………………… 206

七、山西大学图书馆（商学楼） …………………… 209

八、山西大学图书馆（商学楼）的设计 …………… 213

九、文体馆 …………………………………………… 219

十、保卫部办公楼 …………………………………… 224

十一、学术交流中心 ………………………………… 225

十二、新校门和广场 …………………………………… 227

十三、两座园子的建设 ………………………………… 232

十四、校园园区、道路的命名 ………………………… 234

十五、水的需求之自备深井水源 ……………………… 236

十六、中区供水站（消防水池）……………………… 237

十七、重点建设资金安排 ……………………………… 239

十八、小品建筑 ………………………………………… 239

第六阶段　佳景时期 …………………………………… 247

一、文科大楼 …………………………………………… 249

二、老干部活动中心 …………………………………… 258

三、文瀛苑 ……………………………………………… 260

四、百年校庆修缮活动 ………………………………… 264

五、体育场改造 ………………………………………… 270

六、南校区规划建设 …………………………………… 274

七、南校区基础设施的建设 …………………………… 275

八、艺术楼群 …………………………………………… 285

九、环资学院楼 ………………………………………… 293

十、令德阁 ……………………………………………… 295

十一、理科大楼 ………………………………………… 302

十二、新附小教学楼 …………………………………… 306

十三、多功能图书馆 …………………………………… 308

十四、量子光学科研楼 ………………………………… 319

十五、学生令德公寓区的建设 ……………………………… 322

十六、旧西校门的复原建设 …………………………………… 330

十七、南校门 ……………………………………………………… 338

十八、两座园子的建设 ……………………………………… 341

十九、供暖锅炉房改为换热站 ………………………………… 345

二十、垃圾站的建设 ………………………………………… 349

二十一、公共卫生间的改造 ………………………………… 350

二十二、小品建筑 …………………………………………… 352

二十三、石头的故事 ………………………………………… 361

建筑的保护与文化 …………………………………………… 371

一、建筑的价值和保护 ………………………………………… 372

二、山西大学的建筑文化概略 ………………………………… 374

校园环境与绿化美化 ……………………………………… 379

一、山西大学校园绿化美化建设总结回顾 …………………… 380

二、浅析山西大学校园园林化建设 …………………………… 387

三、谈谈高校建设中的生态化与园林化 ……………………… 392

四、谈谈高校学生公寓的园林小区建设 ……………………… 396

附 录 ………………………………………………………… 401

附录一：山西大学校址变迁 …………………………………… 402

附录二：山西大学基建费投资建筑已被拆除的项目统计表 …… 403

附录三：山西大学1953年—2002年逐年完成基建投资统计表 …… 409

附录四：山西大学 1953 年—2011 年逐年基建项目统计表…………410

附录五：山西大学 1953 年—2004 年逐年征用土地统计表………419

附录六：山西大学学生公寓建筑情况统计表…………………420

附录七：山西大学家属楼建筑情况统计表……………………422

附录八：山西大学教学办公及其他建筑情况统计表…………425

附录九：山西大学小品建筑基本情况表………………………430

附录十：山西大学平面简图………………………………………435

参考文献………………………………………………………………436

编后记…………………………………………………………………437

第一阶段　中西合璧时期

时间：1902 年 5 月建校—1937 年 11 月

地点：山西太原侯家巷

特点：相融

一、引子

　　鸦片战争以后，面对西方殖民主义的扩张，侵略者要求的割地赔款，清廷面临一系列内外交困的境遇，使得朝野上下强烈地认识到破除封闭的封建传统偏见，利用西方先进的科学技术来改良社会，"师夷之长技以制夷"，无疑是一条强国之策。1898 年的"百日维新"也就是"戊戌变法"，就是一场思想启蒙运动。其改革的主要内容有：学习西方，提倡科学文化，改革政治、教育制度，发展农、工、商业等。虽然变法最终以失败告终，但为近代教育思想启蒙运动的蓬勃兴起开辟了道路，促进了中国人民的觉醒。

戊戌变法发起人之一康有为　　　　戊戌变法发起人之一梁启超

位于巡抚衙门的教案纪念碑

　　义和团运动是 19 世纪末在中国发生的一场以"扶清灭洋"为口号，针对西方在华人士包括在华传教士以及中国基督徒所进行的大规模的群众暴力运动。当时"山西教案"爆发，这场运动席卷了山西省 79 个州县，外国传教士被杀，教堂、医院被焚毁，后果之严重，可谓全国少见。1901 年初，新任山西巡抚岑春煊先生电请在山西传教多年的英国耶稣教浸礼会传教士李

李提摩太先生

岑春煊先生

提摩太先生（Timothy Richard）来并（太原）处理教案问题。3月份，李提摩太向清朝廷全权议和大臣李鸿章和奕劻提议，以山西教案赔款 50 万两白银用于在太原创办一所近代中西大学堂，选拔全省优秀学子入学，学习近代学问，开发山西省人知识。对此李鸿章和奕劻表示赞同并电告山西巡抚岑春煊遵办。6月，耶稣教教会派出了教士敦崇礼、史密斯等 8 人来并商讨创办中西大学堂事宜，经过来来回回多次协商，于 1901 年 11 月在上海签订了《创办中西大学堂合同八条》。

二、中斋创办

清王朝为了维护其专制统治，迫于国内外各种压力，接受了"兴学育才"的教育思想，探寻一条教育改革之策，创办新的教育机构，建立新的教育模式，学习西方的先进文化。光绪二十七年（1901 年）初，慈禧太后下诏变法，要"取外国之长""去中国之短"，宣布实行"新政"。在"新政"推行的最初三年里，比较突出的有三件事，其中之一就是废除科举考试制度，设立学堂，提倡出国留学。引进新式教育模式，兴办各级学堂为其教育改革之主要内容。

光绪二十七年八月初二（1901 年 9 月 14 日），清政府下兴学诏："……除京师大学堂切实整顿外，着各省所有书院于省城均设大学堂，各府厅直隶州改设中学堂，各州县改设小学堂，并多设蒙养学堂……。"清廷即命各级书院分别改为大学堂、中学堂、小学堂，引进新式教育。1904 年 1 月，张之洞等制定通过了学堂章程，将普通教育分为初等、中等、高等教育，这就是具有近代化性质的"癸卯学制"。从 1905 年起，停止科举考试，一律从学堂选拔培养人才。中国延续了一千多年的科举考试制度，从此结束。

1902 年正月，山西巡抚岑春煊向朝廷上奏《设立晋省大学堂谨拟暂行试办章程》提出：每年筹经费5万两、建学舍、选生徒、订课程、议选举、习礼法共六条，获得朝廷的准奏。其中第二条"建学舍"：

> 省城旧有晋阳、令德两书院，令德逼近衙署，局势偏狭，晋阳在城东南隅，旁多隙地，现已就晋阳基址，派员详加勘估需用工料银两，就地实无从筹划，应请恩准作正开销。惟学堂工竣需时，刻下所调各属生徒陆续至省，未便令其久候，拟先借贡院略加修葺，即于四月初一日（阳历5月8日）开办。俟学堂落成，再令迁入。

山西大学堂中斋临时校址——乡试贡院

山西省府衙根据清政府所下诏书，在位于太原的令德堂与晋阳两书院的基础上创办了山西大学堂，接受了两书院的教师和学生，聘任教习，开始上课。山西巡抚岑春煊先生为山西大学堂节制，委派山西候补道姚文栋为首任督办（相当于校长），谷如墉为总理，高燮增为总教习，临时校址选在文瀛湖南的乡试贡院即石末中学专斋（今太原市儿童公园内）。这就是巡抚岑春煊在《设立晋省大学堂谨拟暂行试办章程》中所说的"拟先借贡院略加修葺，即于四月初一日（阳历5月8日）开办"的最初临时校址。

文瀛湖畔

三、西斋创办

1902 年 4 月，李提摩太先生偕聘请的教习抵达太原，应前之约准备开办中西大学堂时，方知晋省已准备开办山西大学堂，于是他建议岑春煊将山西大学堂与他拟创办的中西大学堂合并办理。双方经一个多月的磋商讨论，最终达成一致，同意合并办学，学堂名称仍为山西大学堂，合并后山西大学堂内设两部，一部专教中学，由华人负责；一部专教西学，由西人负责。双方共同签定了《中西大学堂改为山西大学堂西学专斋合同》二十三条，原《创办中西大学堂合同八条》作废。

合同生效后，山西大学堂就改制成为两个组成部分，一校两制，即山西大学堂原来部分改为"中学专斋"，总理为谷如墉，总教习为高燮增。拟办中西大学堂改为"西学专斋"，总理为李提摩太，总教习为敦崇礼。两斋在教学内容、方法上体现出很大差别，中斋仍沿令德堂书院旧制，分经、史、政、艺四科，循规蹈矩，仍有封建教育模式，学生不分班次，不分门类，均在一个可容纳200人的贡院"丰树堂"集中上课，学生以考取功名为目的。西斋在教学内容和方法上与英国学校基本一致，教师多为外籍人士，分班进行教学，教授课程为数学、英文、化学、物理、地舆、史记、生理、动植学、绘画、体操等近代学科，还开设物理化学实验课，各种课程均无中文教本。由此山西大学堂就成为了中西共为一体的一所新式学堂，中西方文化共融的教育模式在山西大学堂融会贯通。

　　1902年6月7日《中西大学堂改为山西大学堂西学专斋合同》二十三条签订后，岑春煊立即将太原城内最好的建筑物——皇华馆学台衙门西院的皇华别墅拨给西斋总办李提摩太先生，作为当时的西斋临时斋舍与教室，经修葺整理完毕，注册学生98人，山西大学堂西斋宣布成立，省城重要官员与士绅参加了山西大学堂中西斋合并后的西斋开学典礼。

　　至此包括中西两斋的山西大学堂正式成立。

山西大学堂西斋临时校舍——皇华馆（照片摄于1902年）

四、临时校址

从图片资料上看，中西两斋这两处临时校址建筑都为一排排的平房，灰砖墙体木构坡屋面曲线优美，房前连廊，具有典型的中国传统建筑风格，这些房屋分担着不同的功用。

中斋乡试贡院是朝廷会试的考场，"贡院"即开科取士贡献人才的地方，为一排排的号房。清政府废除了科举制度以后，兴办学堂，贡院也就闲置起来，后逐渐改为官府用房和民房。

西斋为中国传统的四合院建筑，皇华馆房屋整修后编为东西南北库五间教室，为甲乙丙丁戊五班上课之所用。西斋在总教习敦崇礼先生指挥下，开始对皇华馆进行整修，每天早晨6时，数百名工匠、瓦匠、木匠就开始工作了，清理杂草，拆建墙舍，幽静的小路也修出来了。西斋所聘化学教习瑞典人新常富带领工人将水泵与水管组装起来，栽电线杆安电铃电线，他亲自爬上高高的电线杆，把绝缘器拧紧，将电线在一个个绝缘器上穿过，把中斋与西斋连接起来（1000米左右），电话机放在接待室里，电话机上刻着"L.M 爱立信　斯德哥尔摩"。岑春煊看到学校的电话后，也要新常富为巡抚衙门安装一部电话。此时的校本部与中斋办公以及中西斋学生食宿都在贡院，皇华馆学台衙门西院的皇华别墅，则作为西学专斋办公、讲堂与西斋教习宿舍。

新常富在给母亲的信中写道："我们许诺在十一天内一切准备就绪，以迎接教学工作的开始。皇家花园里充满了田园诗般的恬静，这里有高大的垂柳和其他树木，有开花的灌木丛，有叽叽喳喳鸣叫的鸟儿，这一切，只有在这远离铁路和工厂的中国才能找到。"他将皇华馆称为"皇家花园"，对此有一个浪漫的描述：

不管人们对我们这个简陋的教育中心说些什么，不过有一件东西正是我们可以吹嘘的：我们有着世界上最具审美趣味的大学建筑物。每当太阳慢慢下落并透过那垂柳映照过来时，那建筑设计巧妙的美感，那和谐撩人的色彩就显现出来；那浑圆的屋顶、那别具风格的门廊就显露出它的光彩。傍晚，在我离开校园之前，有时不由自主地停下脚步，默默痴情地让目光溜过那迷人的斑斓色彩画面。

现在这些平房建筑不见了踪影，早已淹没在历史的尘埃里了。不过我们从化学教习新常富的描述中，仍能体验到最初的山西大学堂校园建筑所具有的中国传统建筑的特殊韵味。

五、上海译书院

《中西大学堂改为山西大学堂西学专斋合同》二十三条签订后，为解决西斋教材不足的问题，西学专斋总理李提摩太先生特地从西斋每年经费中拨出一万两白银，在上海设立了山西大学堂译书院，此为中国第一所大学译书院。初设于上海西华德路，后迁至江西路福慧里 210 号。最初译书院由李曼教授负责，后又聘英国人窦乐安（John Dorroch）博士主持。当初译书院设在上海，除了考虑李提摩太先生在上海主持广学会，便于就近指导外，还有就是经费比较紧张，用有限的经费尽可能多地翻译出版更多的教科书。

译书院自 1902 年设立至 1908 年因经费紧张而停办，六年的时间里翻译出版了《世界商业史》《天文图志》《地文图志》《应用教授学》《世界名人传》《中西合历年志》《迈尔通史》等二十余种高中等学堂、师范学堂教材和名著，为引进西方先进科学技术和人文思想做出了很大贡献。所译各类教科书，为当时许多院校所采用，补充解决了学堂教材缺乏的燃眉之急。这也是中西文化融合的标志，为引进和传播西方先进科技知识和学术思想起到了至关重要的作用。

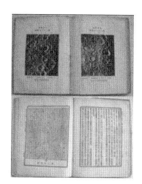

译书院所译《最新天文图志》

译书院所译的书

李提摩太先生和山西大学堂上海译书院职员合影

六、侯家巷校址规划建设

1902 年 9 月，建立一个新校园的计划通过了。1903 年春季，根据《中西大学堂改为山西大学堂西学专斋合同》二十三条中第八条之规定，大学堂"会请巡抚勘明地段"，以洋元四万之数购得太原东南角城墙根下——侯家巷民地 200 余亩，这里原是菜圃，由西斋总教习敦崇礼负责动工兴建校舍，一个崭新的校园建设规划开始实施。这就是位于迎泽区侯家巷 6 号的山西大学堂旧址［清光绪三十年（1904 年）建成］，位置在侯家巷北，上官巷南，东边是文津巷，西边与新寺巷接壤。

校园规划的设计图纸是这样的：校园坐北朝南，占地 10 余万平方米，整个校园分东西两区，中轴线从南至北贯穿其中，建筑呈中西结合风格，主要建筑都建设在中轴线上，照壁—两侧牌坊—大门—花池—大礼堂—阅览室—图书馆—大教室，其余建筑围绕这条中轴线而展开。西区西北角为一座文庙，殿前月台，文庙以西为中斋教习宿舍，其前建有中斋讲堂，再西边有瓦房二十排，每排十二间，是中西斋学生宿舍、灶房和厕所。东区是西斋，包括有阅览室、博物馆、外宾室、体育馆等，还有化学实验室、物理实验室、工程与绘画教室，皆配有专门设备，在东北角，将修建外籍教员宿舍，在南部，将修建办公室、中国教员宿舍与招待室。建校经费由 1901 年付给李提摩太 10 万两白银办学经费中支出。经过一年半的建设，整个校园于光绪三十年（1904 年）建成并投入使用，中西两斋同时迁入。东区建筑具有西洋风格，西区建筑则有中国传统特色，西斋位东，中斋位西，中西方文化在此交汇融合，校园整体布局合理，功能分区明确。当时中西教学内容相互渗透，中外教师交叉代课，新建校舍也尽显中西融合之风格。

这是一组典型的中西合璧的完美建筑群。

据政协山西省委编《山西文史资料》第二辑 35 页，冀贡泉《山西大学堂和争矿运动》中回忆山西大学堂创办时的校舍情形云：

> 1904 年，侯家巷新校址建成，中西斋全部迁入。中西斋 400 名学生自习与食宿的斋舍放一起在大学堂西侧，从南之北共 20 排，每排有正北房 10 间，每间容学生 2 人。紧挨斋舍的西北部为大成殿，殿前的广场，为每月的初一、十五，大学堂节制、督办、总教习对全体学生讲话的地方。殿往西是中斋教职工宿舍，宫殿式的九间大排房。正房居监督，配房住教员，往南的过厅与东西厢房，都是教室，这样好几进院一直到街墙，是中斋的地方，也是大学堂主要部分。殿东为西式房屋，有分立的西式教室，有教职员院等。在中西斋之间，有一个可容千人的无梁大厅作为大礼堂，供全学堂开会用。其前偏东有西式办公室一座。

这就是清末山西大学堂最初的校园建设风貌。

弹指间，时光已飞转百余年，当初学堂的多数建筑物已不存在，更不要说图纸资料了。征诸文献，寻根溯源，从仅存的照片中探寻具有代表性的山西大学堂校园主要建筑，以展示世人。

七、影壁

这里有我国传统的建筑小品——影壁和牌坊。

一条东西向大路横过校园大门前，两层砖筑拱形大门坐北朝南，设立在大门外的影壁正对着大门，和大门有一定的距离，它和大门外左右的牌坊组成了门前广场，增添了该建筑群的气势。在中国传统建筑布局中，往往在较大规模的建筑群大门前方都建有这种影壁，起到屏障的作用。影壁两侧还连着院墙类的墙体，其南面是一直延伸到南城墙根的楔形运动场。这座影壁是灰色砖筑，高大而厚实，尺度适宜，从底到顶全部用灰砖瓦砌筑，壁顶部分如同房屋顶一样，叠涩而出的砖体，其顶部悬山顶，面积不大，上面铺筒瓦，屋脊正吻、垂脊走兽一样也不少。壁身部分是影壁的主体，它占据影壁的绝大部分，是进行装饰的主要部位，将砖筑壁身的中心外表抹灰并涂白，使这部分与壁顶、壁身明显地区分开来，在色彩和质地上都有一个显著的对比，因图片不甚清楚，所以壁身主要部分看似一面白墙面，也许有装饰绘画。壁座部分是影壁的基座，采用了变异的须弥座形式。整座影壁的基调，基本上就是灰与白两种色彩，经典的色彩搭配，十分干净又素雅。为避免单调冷清，在影壁前砌了一花坛，略加点缀，栽植一些花卉植物，添了一些活泼气氛，从形象到色彩顿时鲜亮活泼起来，和牌楼一起成为校园大门入口的第一道佳景。

八、牌楼

　　牌楼一般是位于一组建筑物的前面，为了纪念某事或某人而建的一种古老的建筑小品，所以它的形象本身就很重要。位于校园大门前左右两座牌楼大小形制一样，建于 1904 年，原物已毁，留下的仅仅是图片资料。从外观看它应该是明清时期最常见普遍的形制，这两座牌楼是四柱三开间三楼木构，由单排立柱支撑着屋顶的重量，柱子下部由夹杆石夹住，由于顶部的重量容易造成整体的不稳定，在柱子两侧加戗木斜撑于地面，屋顶适中，正脊两端有正吻，硬山顶，三楼，屋顶由硕大的斗拱支撑着。

　　牌楼既为标志性建筑，又具有表彰功名的纪念性作用，所以牌楼上的题字内容很重要，一般题写在牌楼中央开间上方的显著位置——额枋上。一座大门式牌楼上题"尊广道艺"，出自班固《后汉书》卷三《肃宗孝章帝纪》，另一座牌楼额坊上题字"登崇俊良"，出自唐代著名文学家韩愈《进学解》，这也是建校初期的校训，

山西大学堂校训拓片

意为尊崇传授人文和科学知识，推举尊重培养有才识的人才。两座牌楼是当时最普遍的形制，它们于1917年因修建工科教学大楼而被拆除。

这影壁和牌楼应该是山西大学百年建校史上最早的建筑小品，它们早已淡出人们的视野，只有从史海钩沉中再现曾经的辉煌。

山西大学堂大门牌楼、影壁（1904年）

九、大礼堂

进入校门，正对着校门的是一片水池和花坛，绕过花坛便是全省最新式、最大，也是唯一的一座无大梁和内柱的新式建筑——大礼堂。建于1904年，由西斋教习瑞典人新常富亲自设计，内部有相隔的单座位300个，有讲台（像戏台一样），属于中式建筑，十二开间，灰砖砌筑，坡屋面，一层长条瘦高窗，二层窗户矮些（后来改建），大门口避风阁凸出主体，白色涂饰，双扇木门，顶部圆拱形。无梁大礼堂，屋架是桥式屋架，跨度较大，卷棚顶上铺灰瓦，这种结构在山西大学建筑发展史上是绝无仅有的，而且又是山西省的第一座大礼堂，所以它的建筑意义非同寻常。看似简单的外部造型，实则内部不平凡。大礼堂后的一排房屋即为大学堂的图书馆（藏书楼）。此外还修建了理化实验室和一座高等化学实验室，为分析和研究山西矿产资源创造了有利的条件。

大礼堂曾经举办过的活动有：

孙中山先生于1912年9月19日北上山西曾在这里为山西大学校师生、山西军政各界人士发表讲话《谋建设须扫除旧思想》。

1919年10月，北京大学文学院院长胡适陪同美国教育家、哲学家杜威与夫人来太原参加全国教育联合会年会。10日下午2时，杜威博士在山西大学校大礼堂做了《品格之养成成为教育之无上目的》的讲演，由胡适口译，邓初民记录，接着胡适做了《娘子关外的新潮流》的讲演。13日上午9时，杜威博士再次在山西大学校大礼堂为山西省城大学专门以上学生做了《高等教育之任务》的讲演。

1937年9月20日，第二战区民族革命战争战地总动员委员会在此召开成立大会，会议由爱国将领续范亭主持，周恩来、彭德怀等中共代表应邀出席，周恩来还在此做了重要讲话。作为主会场，这里也是战动总会筹备处所在地。

1937 年 10 月，丁玲所率西北战地服务团抵太原后，应邀为国立山西大学留守师生和广大人士在大礼堂发表了讲演。宣传共产党抗日救国纲领，号召各界人士支援前线。

1946 年 5 月 1 日，在校大礼堂举行山西大学成立 44 周年庆祝大会。杜任之训导长云：民国前为山西大学的黄金时代，民初为无声无息的时代，抗战前数载为有声有息的时代，战时为艰苦奋斗的时代，胜利后的今天是山西大学静养埋首图谋未来之光大的时代。

这是八年抗战后返回太原侯家巷校址的第一个庆祝日。

这里又曾是学校举办各类纪念意义活动的场所，也是学生们经常集会讲演学习的地方，所以这座大礼堂非常具有历史人文纪念意义。

大礼堂曾有过的修缮活动：

其一：1952 年，将大礼堂扩建为二层。大礼堂原为一层明柱，桥式屋架，每端座在墙内支柱上，墙壁厚约 50 厘米。改为二层，取消明柱，需要在一层的基础上提高梁，但无法提高柱，而墙本身是封闭后做成的，砌体疏

山西大学堂大礼堂（1904）

大礼堂内部

山西大学堂开学（拍摄于 1907 年）

（在山西大学堂大公堂内，巡抚、校长、督学、藩台、臬台、道台、知府合影）

松，不能承受屋架，于是改为柱上架横梁，然后将屋架置于混凝土梁上，圈梁之上砌筑了高标号水泥砂浆砖承重。室内西部增加了一层观众席，约占平面的三分之一。主体建成后，黑乎乎的没吊顶，于是补做了顶棚，感观大为改善，效果很好。

其二：该礼堂于 1998 年太原师范专科学校整修校园而被拆除变成操场，非常之可惜，遗憾的是历史无法复制。山西大学于 1998 年拆前曾派人拍摄该大礼堂照片，今存山西大学档案馆。

十、图书馆

大礼堂后面的图书馆，建于1904年，单层砖筑，人字木构架，上覆灰瓦，四角起翘，大卷棚瓦屋面，两侧山墙屋脊有凸起的起脊向前后延伸，屋顶上凸起有四方钟塔，塔顶为四角攒尖顶，十三开间，有宽大的木制窗户，前面柱廊，12根木制柱子立在石柱础上，一字排开，支撑着深远的出檐，典型的中式建筑，四周栽植了一些树木。馆内既有国内新近出版的各类教学参考书和西方精品文学丛书供学生们使用，又有李提摩太先生赠送的大量西文书籍及中英文杂志。图书馆还是平时教习讲演的场所，据说每逢讲演时间，都有一位鼓手击鼓以召来听讲者，暮鼓晨钟，书声朗朗。

图书馆是一座大学的灵魂，这座山西大学中最早的图书馆，面积不大，却发挥着巨大的作用。就馆藏而言，所藏书籍在当时可谓国内上乘。

1904年山西大学堂图书馆

图书馆曾有过的修缮活动：

其一：屋顶上的钟在 1917 年学校新建工科教学大楼时被拆下，安放在所建大楼的顶层。

其二：1952 年，学校改造图书馆，扩大了面积，增加了排间，局部增加了深度，除屋顶相应增加，换瓦面工程不大。

在山西大学堂读书的女生

1907 年山西大学堂将去日本的学生与教习

十一、大成殿

　　校园的西北部坐落着一座古朴的大成殿（文庙），殿内设孔子牌位，红砖黄瓦，典型中式建筑。殿前有月台，可容 500 人同时行跪拜礼。据云，每逢初一、十五，全校教习、学生都要齐集大成殿礼奠至圣先师。后改为幼儿园，后来疏于维修逐渐被拆掉。

山西大学堂抚台各官并教习、教授与职员开学合影

十二、法学院大礼堂

　　法学院大礼堂，属西式建筑，大门居中，门顶上"礼堂"两个字点明了该建筑的名称，柱间每跨有两个并列的高大的窗户，建筑外表门窗均为尖拱状，白色门窗套凸出，顶部拱形亮子上有花瓣线条装饰。整座建筑呈工字型，工字边外墙四角上凸起的砌块，箍住该建筑工字边的八角，给建筑物带来错落有致的立体感，砖砌灰色外墙是它的主色调，主体墙顶有一些花饰和砖叠涩出女儿墙，方方正正几大块，中间对角交叉线，比较厚实。筒瓦铺成坡屋面，门前是高度适宜的平台，一处踏步台阶可供三面上下，这是法学院大礼堂的建筑直观表现。

法学院大礼堂

十三、博物馆

1905 年修建的大学堂博物馆有着宽敞而明亮的房间，位于法律与文学专业的建筑物之间，藏有各种各样分类收集的矿物标本。这一切对于保护与开发山西省的工农业资源，了解山西省的自然历史，对于当时山西省 800 万人民的思想开化和教育进步，是很有帮助的。

十四、机器房

1905 年，在校园的中斋教习宿舍前修建了一个机器房，房顶有烟囱，于 1907 年添置了水管式蒸汽锅炉、25 马力的快速蒸汽机和直流发电机。这些机械和发电设备是在英国拆成便于运输的小零部件，海运到天津，再由天津用骡马驮至太原，担任机械和矿山工程专业的教授威廉姆斯教习率领工匠学生将它们安装起来。这里的小型发电设备在山西也是第一家，机器房不仅为大学堂工程车间的各种试验设备提供动力，也给大学堂全校教学与生活提供了照明用电。

山西大学堂实验室内景

十五、斋舍

校园西部从北向南依次排列着 20 排中式平房，系两斋学生宿舍，每排 12 间，靠两端的房子为灶房和厕所，这些平房至今尚在。

平房

西学专斋教习瑞典化学博士新常富在所著《晋矿》中，对山西大学曾有以下描述："是校建于省垣之东南隅，地势宽展，规模宏大。诚不愧为大学之名焉。校内分中、西两斋，中斋属华人办理，西斋为西人所管辖。中斋之内学生之膳宿附焉，西斋之内有大

山西大学堂外教苏慧廉一张模糊的大胡子照片

礼堂、博物馆、藏书室、办公室、应接室各一所，其构造不为不善焉。它如教员之住宿舍、休息室等亦无一不备，其布置不为不工焉。一千九百零七年间，西斋又自购电机一副，以供西斋内外院舍一切电光之用，从此大学堂内辉煌异常，明亮夺目，其建筑不为不精美，其经济不为不多焉，其人才不为不众焉。总之大学一堂，建设完全，已无遗憾；人才荟萃，大有所观。"此外，兴建大饭厅，上自监督，下至学生，都同堂共餐。还改建了学生自习室，改良了浴室和厕所，增设了学生应接室，使学校的面貌更为可观。山西大学堂在创办十年期间的校舍建筑，尤其是西斋所开设的学科，购置的图书仪器，修建的物理化学试验室，以及其他教学设备，为以后山西大学文、法、理、工各科的发展奠定了基础。

十六、工科教学大楼

至清宣统二年（1910 年），山西大学堂已开办 8 年整，省府出经费 50 万银两已全部付清，根据《中西大学堂改为山西大学堂西学专斋合同》二十三条之第二款规定，"如未届十年，五十万之款项用尽，亦即作为期满，交由

晋省官绅自行经理"。10月，李提摩太赴英参加世界耶稣教会议后，在返回中国的途中，接到山西巡抚丁宝铨与山西省咨议局议长梁善济的电报，请他速来太原商谈明年西斋移交事宜。11月上旬，李提摩太决定提前辞去他的西斋总理职务，最后一次来太原办理了有关移交手续，将西斋管理控制权提前交与山西当局，因为他深信近代教育已在山西省深深扎根。巡抚丁宝铨和咨议局议长梁济善接受了他的辞呈，将西斋正式收回由省里负责办理，并答应了李提摩太提出的与他所聘的西斋中西教习继续签订延聘合同的要求，允诺继续扩大办理西斋。西斋教习大部分按合同解聘离晋，也有的继续留任。1911年10月，辛亥革命太原起义爆发，因军变，山西大学堂暂行办理，外国教习回国，中西斋教习与学生以及两斋的职员、工役均先后离去，此时西斋由高大龄司库负责看护，他派工匠将中斋通往西斋的门用砖砌死，并将新常富的外文名片放大后贴在前后门与门外的墙上，阻止了无组织无纪律的士兵的洗劫。中斋的教室宿舍与所存校部文档均遭乱兵洗劫与毁灭而遗失，唯西斋有高大龄司库的精心维护，实验室、图书馆、博物馆、标本室等都被完好的保存下来，为民国后的开学创造了条件。不久辛亥革命推翻了统治中国两千多年的封建君主专制制度，中华民国成立了。

　　1912年民国元年伊始，中华民国教育部颁布了新的教育法令。遵照新的"教育宗旨"规章，山西大学堂改名为山西大学校，监督改称为校长，中学专斋与西学专斋的建制也同时取消。设立了预科和本科，预科分为一、二两部，一部为文法科，二部为理工科，均修业三年，本科分文法工三科。由此山西大学校便奠定了以后文理多科的综合性大学的基础。山西大学堂初创十年，中斋和西斋共存于此，两斋的课程亦趋于一致，成为中国传统文化与西方文化相融相通的楷模，使得山西大学在创办的初时就形成了开放式、综合性的办学风格。

　　民国以后，称山西大学校期间，随着招生数量的扩大和工科的发展，1917年将原大门及门前左右两座牌坊、门内花坛水池全部拆除，仅留下了影壁，修建了工科教学大楼及围墙大门、门房于大礼堂前，并将1911年所镌《山西大学堂设立西学专斋始末记》《山西大学堂西学专斋教职员题名碑》两块碑嵌入教学大楼一进门的左右两侧墙壁内。留下的影壁以南为宽阔的楔形运动操场，操场南边即是太原的南城墙根。

工科教学大楼（主楼）是山西省高等教育早期所保留的唯一历史遗存建筑物，也是山西大学建校初期最重要的地标。高时臻校长在任期间，筹措经费修建了该楼。楼长 79.34 米，建筑面积 4862 平方米，坐北朝南，主体建筑二层，中央局部三层砖筑，最高处建有钟楼，地下室储藏物品用。外墙色彩为灰色，窗套、山花及檐口为白色，楼立面为英国中世纪城堡形式，具有西方古典建筑风格。木制的圆拱形大门敦厚结实，两根有装饰性的半圆门柱分立两旁。主楼内中部一层为前后相通的大厅，大厅内四根粗大的通天柱上部相互连接成圆拱形，两侧有木楼梯通向二层。东西两侧二层楼，中间为走道，南北为开间不同的房屋，包括办公室、地质标本、矿物标本、电气试验、幻灯室与教室共计 70 余间。最高一层为放置大钟与蓄水池之所。楼顶上的避雷针是一百年前科学技术的体现，使得大楼显得非常挺拔。大楼、钟楼与避雷针形成"山"字，钟楼与楼体形成"西"字，意指山西。整座大楼将"山西"二字巧妙地设计进去，其中西字既是"山西"之"西"，又是"西斋"之"西"，充分体现山西大学堂中西文化交融的寓意。外观上，一层白色圆拱门窗套，二层白色方框窗套，窗口上装饰有罗马柱，拱心石装饰，木制窗户，显得有些厚实，灰色的墙体，由砖叠涩出整齐的白色花边女儿墙体，建筑物中部有平台，上建方形钟楼一座，悠长的钟声伴随着学子们度过了一年又一年求学的时光。醇和的西洋建筑，窗套局部有凹凸有致的雕塑，敦实而灵巧，大拙才能大巧。两侧山墙是山花几何形体，四个小立柱组成一个立柱群分侍在建筑物屋顶转角处，屋面采用人字红瓦坡屋顶以利排水，这种兼容并蓄的特质正反映了那个时期中国传统建筑观逐步接受西方现代主义建筑观。该建筑现在位于太原市侯家巷太原师专附中校园内，1996 年已被山西省人民政府批准成为省级文物保护单位。

山西大学堂主楼

主楼钟楼

主楼西山墙

侯家巷工科大楼北立面照片

工科大楼窗户

工科大楼窗户

1917 年修建的大门与围墙及门房，与上面建筑物风格如出一辙，拱形的大门、列柱式立柱围墙、柱头花饰、须弥基座、白柱灰墙是它们的特质。门房前是两扇长方形窗口，木质红色窗户，上部扇形白窗套装饰，居中的拱门上拱形门套，木质红色门扇，门前有一过廊，柱础上立着四根六角红木柱支撑着过廊木制梁架，花边女儿墙围绕着门房檐口四周，侧墙上还开有一扇门。白灰红搭配，教学楼与围墙大门及门房一起围合了一个时代的记忆。

曾有过的修复：

其一：1948 年 1 月 16 日凌晨 2 时许，学校教学主楼东楼失火，着火原因，系冬季夜间取暖炉中的红炭滚落引着了木质地板而起火。教学大楼东半部及中部上层以及楼内什物除部分抢救出来外全被焚毁，计有教室 7 间，教务长办公室、校长办公室、训导处办公室若干间，学术文件大部分抢救出，损失不多，在 400 亿元（当时物价计），被焚毁的大楼东侧黑黢黢的，一派残垣断壁景象，那时候学校没时间也没力量去整修。直至 1950 年 5 月 30 日下午 7 时 30 分，学校《第二十五次常务委员会会议记录》校长办，主席报告关于修建大楼方法与预算有三种：1. 照原来规模全部修建，需小米 45 万斤；2. 只修二、三层需小米 32 万斤；3. 只修屋顶、全部门窗和第一层天花板隔墙需小米 26 万斤，请赵宗复副校长考虑决定。最终定下按照原来规模全部修建。

修建工程规模不大，比较麻烦。修缮主楼的消息一经传出，就来了几家营造作社。当时有关工程上的章程都无依据可循，只有自行估价做标底进行

侯家巷工科大楼北立面局部照片

侯家巷工科大楼屋面照片

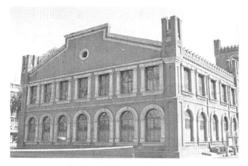

侯家巷工科大楼西立面照片

侯家巷校门照片

侯家巷门房照片

侯家巷校园围墙大门

侯家巷校园大门照片

侯家巷校门栏杆照片

侯家巷校园栏杆照片　　　　　　　　　山西大学堂校门

招标，同时听取参标者的陈述，最后选定新生公司来负责施工，这家公司费用不仅与所做标底接近，而且提出的施工方案可行，关键是恢复烧毁后将断掉的木大梁。桥式屋架，构建又长又大，买不到同样的红松，施工方曾留用的日本技术人员提出采用夹板接的方案，而且敢用工程造价作抵押。经建设方同意后，进行施工，修复后的效果很好。

其二：1998年太原师范专科学校对工科大楼进行了原样整修与维护。该楼经过一年零九个月的艰苦修缮，如今这座造型优美、具有西式建筑风格的建筑又重新展现在眼前。

其三：2001年拱形大门及围墙被局部复制在坞城路山西大学校园内步行街北面，精致的建筑小品，时代的痕迹。

作为山西大学百年老校的见证，工科教学大楼及前面的门房、大门围墙应用现代绘图技术，将它们用建筑的语言——图纸记录下来，永久保存。

构成建筑的基本要素：功能、结构、材料、艺术等，首先它要有使用上

山西大学堂主楼全景照片

的功能，其次是艺术上的视觉享受。工业化的革命生产了水泥、钢筋、玻璃等建筑材料，使得建筑有了更大的发展空间。我们现在研究这些旧建筑，绝不是"发思古之幽情"，一座大学的发展不能没有实在的记忆，也不能没有实在的依托，表面上它是研究过去的建筑文化，实际上它既与过去有联系，又与现在甚至将来也有密切的联系。

　　此阶段这些富有历史文化价值、艺术价值和感情价值的老建筑，灰白搭配，简单又质朴，古拙又醇和，兼容又并蓄，绚丽又雅致，精致又亲切，飘散着淡淡的忧郁，特定时期，特定神韵。

十七、四块碑碣

　　其一：1904 年 6 月，中斋总理谷如墉（山西神池人，进士出身，曾任户部主事，晋阳书院山长）离校赴京，山西大学堂在校学生为纪念其对创办大学堂时所作的贡献，在大学堂立碑以示纪念，山西省图书馆藏。碑云：

中斋总理谷如墉

《总理山西大学堂户部主事阜塘谷老夫子德政碑》

山西于古文献之薮萃也，魏晋五季之世，为胡羯所躁躏，风流颇少替，然唐宋承平时，人士以行业著者，仍不后于天下，顾其所谓一二贤豪，间多崛起寒门，其能以道义学术私授受者，辄不幸为变乱所挠，而其学，固亦不足以御变乱，夫得所籍手以有为于乡党，岂非志士仁人之愿，也变巫而以常学当之，亦古人之所饮恨也，庚子拳变，吾山西受创最深，盖以固陋之学不足以牖民而适阶之厉也。天子既明昭天下，设立学堂，而吾晋于壬寅之夏遂克尽所措施，而神池户部主事谷公阜塘实综其事。当是时，教案既清，浮言猥起，公乃因势利导，合中西于一治，以涤旧污，而焕新猷，而晋人士，遂化厥拘，嘘声气翕，应抉册以赴者，相望于道。成立之速，尽为天下先，盖三晋自昔未有之举，而公适承其流，衿缨之士，所为怍舞，庆幸于此也。岁甲辰公以此事大定，将回京供职，诸人士既挽留不获，则相与念公则始之勤，其意气激扬，是以感动人心，而成此巨务。天道之更革，人事之推移，均有不偶然者，乃立石于庑以识。他日晋士果大有所成，足以御侮作新，不至如古人之学以变乱，扰者其端，盖自公发之，此又将为三晋千百年之故寔，而非徒景慕之谊，所宜然也。受业泽州府郭象升撰文、受业晋阳高县李广勖书丹、受业大同县兰承荣篆额，清光绪三十年岁次甲辰榴月大学堂肄业生全立。

　　其二：1906 年，西学总教习敦崇礼病逝，学校在他的墓前立大理石碑以示纪念。1917 年修建工科教学大楼时，在大楼正门内西侧壁上镶嵌了一块五尺见方的大理石碑，以纪念他对西学专斋所作的贡献。抗战爆发后，山西大学辗转不定，1946 年重返太原，"校址虽在，景物全非，敦先生纪念碑，亦被曳倒，投掷榛莽中"，时任校长徐士瑚决定重建敦崇礼先生纪念碑，遂据《山西大学堂西学专斋一览》所载原碑铭，刻石树碑，现师专内尚存残碑。碑云：

《前山西大学堂西学专斋总教习敦崇礼事略》

　　前总教习敦崇礼君，英国人，肄业于格拉斯哥大学，得举人学位。卒业后，复至奥斯福大学，从费尔边及理雅各两先生游，学亦大进。一千八百八十八年，由英国浸礼会，奉派来华，先至山西，充传教士，旋又派赴陕西，君遂久居于陕，名誉籍甚，颇洽时望，其地官绅，交口诵之。庚子拳匪祸乱，联军入京，英政府聘君襄办北京地方事务，嗣因陕西兴祲，君乃回陕振饥，民活无算。庚子年，山西拳匪肆虐，恣害教士，中国政府，即以此项偿款，与西教士和平商议，议定设立大学堂于太原，由督办李提摩太，延君充任大学堂西学专斋总理兼任教习，因君娴习中国方言，且闻见博洽，尤能热心教育，以推广其规模，故君任总理之职必能胜任而愉快也。即充任总理，君竭力经营，克尽厥职。大发智力及精神二者，以贯注全校，是即大学堂之厚幸也。一千九百零五年，格拉斯哥大学以君尽瘁教育，乃以进士学位贲之，不幸于一千九百零六年八月，以积劳患肺痛卒，年仅四十五岁。其卒业，唯独西人为之痛惜，凡中国官绅士民，以及列弟子籍者，莫不悲悼，同声叹息。君才识高迈，迥出恒等，且勇于任事，遇中国各种利益相关之事，莫不尽心代筹，固不独教育一端而已。

一千九百零六年九月　山西大学堂　立

图为敦崇礼墓，位于榆次乌金山水晶院东 50 米处的送神坪上，墓前竖有一座欧式墓塔以作纪念。后来为更好地保护这一遗存，他的棺椁被移迁至九峰塔下西南部新建墓葬和纪念馆。

其三：1911 年 8 月山西省咨议局议长梁善济撰《山西大学堂设立西学专斋始末记》《山西大学堂西学专斋教职工提名碑》，由刘笃敬书，镌刻两块石碑嵌入 1917 年修建的工科教学大楼进门内左右两侧墙壁内。同时，做银牌两块（110×121 平方厘米）交苏慧廉带回英国赠李提摩太以作为纪念。碑云：

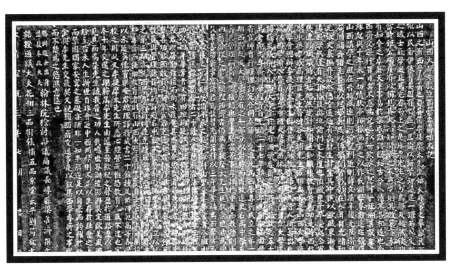

镶嵌在西学专斋大楼内墙壁上的《山西大学堂设立西学专斋始末记》碑文

《山西大学堂设立西学专斋始末记》

　　山西之有西学专斋也，自英儒李提摩太先生始。夫非常之举，黎民所惧，以民俗伊塞习安固有之区，一旦输以新学知识，遂一跃而入文明之域，士气学风且驾它省而上之，是非李先生之力，乌能及此。然使非当事钜公硕彦，有以独见其大，而知斯举之不可缓，则其效果亦未必有如今之卓著。天下事易于乐成，难与图始，古今人情不甚相远也。今西斋交还行有日矣，不急为记之以示饮水之思，可乎？谨溯其设立之缘起，与十年来一切情状事迹，撮而书之，以做我国学界前途之观感。山西讲学之风在昔特盛，远则河汾龙门，近则薛文清、辛复元及潜邱石洲顾斋诸先哲，或以理学著，或以博学闻，皆彰彰在人耳目。光绪初元，张文襄抚晋，设令德堂，选通省高材生肄业其中。后以欧风东渐兼讲西学，然仅有天算、格致、舆地诸门，它未迫也。洎岁庚子拳变起，全省几遭蹂躏，识时者始幡然变计，知开通知识非教育不为功。是时，西林岑中丞，孝感高理臣先生，晋绅谷阜塘先生方相与筹立山西大学，适广学会总办李提摩太先生，因晋省耶稣教案赔款为晋人所筹出也，欲以西学输入晋省，设立中西大学堂。西林岑公因晋已自立大学，遂博采众议并入山西大学堂，于是有西学专斋之设。所有赔偿之五十万金即为专斋办学经费。自光绪二十七年始，以十年为期，期满由晋省官绅自行经理，订定合同，奏请允准，此为西学专斋成立之第一期。西斋既成，大学堂原有之一部分以对于西斋，故遂更名为中学专斋；其管理两斋之总机关与学生膳宿等事，专隶于中斋，而教务则由两斋分理之；于是，总理西斋者仍为李提摩太先生，延敦崇礼君为总教，毕善功、新常富诸君为教习，先开预科，以三年毕业，此为西学专斋成立以后之第二期。屈指年来之进步，预科由甲至辛毕业者八班，由预科而选送欧洲留学二十余人；专门科分法律、矿学、格致、工程为四，以四年毕业者又有四班，均廷试得奖，联翩而上。稍有憾者，则总教敦君以劳绩致疾而殉，未获竟其志耳。今总教苏慧廉君、副总教为毕善功君、西教员为新常富君、克德来君、卫乃雅君、华林泰君，其余华教员与管理诸员均别详题名中，兹不复赘。此为西学专斋成立以后之第三期，亦为西学专斋商同设立时至完成之最后期。其附设于西学专斋而补助教育者，则由山西大学堂译书院，自壬寅在上海开设以来，延英儒窦乐安君总理译务，成书二十余种，足供师范高等各学校之用，此又李提摩太先生所悉心经营惟恐教育之或不逮也。客冬，十年交还之期将届，李先生由沪至晋，观祝之声盈于道路，致以一见其面为荣，先生诚我晋之功人哉！噫！世界潮流澎湃莫定，欧美风雨纷至沓来，人生斯世自非会通中西两学，则不足以生存于社会之上，而巩固国家安宁之基础，亦断非一知半解遂足以自豪而夸耀于世。余与李先生交最契，又亲预西斋交还事，是以叙集西学专斋之事实而不为禁为之悠然竟远也。赐同进士出身诰授奉政大夫翰林院检讨咨议局议长崞县梁善济撰文、诰授通义大夫花翎三品衔候补五品京堂太平刘笃敬书，大清宣统三年七月吉日立。

其四：《山西大学堂西学专斋教职员题名碑》

头品顶戴二等双龙宝星三代正一品封典英国道学博士文学翰林西斋总理李提摩太、一品封典英国格致举人文学翰林西斋总教敦崇礼、二品顶戴英京大学堂士王家地学会员西斋总教苏慧廉、二品顶戴二等第三宝星英国大律师格致举人法律进士西斋副总教毕善功、三品顶戴三等第一宝星瑞典国格致博士工学士西斋化学教员新常富、美国格致博士西斋工学教员裴爱仁、三品顶戴英国格致博士西斋文学教员燕瑞博、美国格致秀才西斋矿学教员莱门义、英国格致举人机器矿务公司会员西斋矿学教员李恒礼、美国哥伦比亚大学堂文学毕业士西斋文学教员马尔东、英京师范学堂教员文学博士西斋文学教员克德来、英国陆军武员西斋体操教员季成信、三等第一宝星英国格致博士矿务工程研究会员西斋矿学教员卫乃雅、英国格致进士西斋物理学教员华林泰、英国格致博士西斋工学教员欧师德、五品顶戴候选知县西斋化学教员叶殿荣、候选县丞山东文会馆毕业生西斋物理教员李天相、候选通判香港皇仁书院英文高材生西斋文学教员宋士龙、候选盐大使山东文会馆毕业生西斋数学教员陆之平、花翎三品衔道员用直隶候补知府西斋生理教员倪文德、五品顶戴候选县丞西斋文学教员张春江、监生西斋算学教员余荜岫、监生西斋工学教员苏以昭、试用府经历西斋工学教员宋镝鸣、山东文会馆毕业生西斋数学教员冯文修、候选巡检西斋矿学教员陈占鳌、廪贡生西斋国文教员吴长吉、福建英华书院毕业生西斋文学教员黄锐、县丞职衔福建格致书院毕业生西斋物理教员邵绎、福建英华书院毕业生西斋文学教员刘复、山东文会馆毕业生西斋工学教员郭凤翰、补用同知直隶州知州西斋中律教员张鹏一、学部小京官西斋国文教员郭象升、县丞衔天津新学大书院科学士西斋矿学教员钱宗渊、候选从九品西斋文案员哈德馨、候选知县西斋庶务兼会计员高大龄。

　　1951年4月18日，学校举行第五十八次常务委员会议，决定将西学专斋总教习敦崇礼纪念碑、总理李提摩太纪念记及西斋教员题名石刻，拓印若干份作史料，于校庆纪念日撤除之。

　　据温秉钊同志回忆："有一天，赵宗复校长找到我，让我把主楼楼梯间嵌着的一块石碑拆掉。此碑为原山西咨议局长崞县梁善济撰文，太平刘笃敬书，碑文为《山西大学堂设立西学专斋记》，并镌刻石碑嵌入主楼进门墙壁内。我想这是很有价值的文物吧，毁了恐怕对前人不敬，对后人不齿，抹杀历史也不好，不如留下来作山西高等学府的见证。但是，我担心自己的水平说服不了校长。于是，我告诉在学校做零工的五台人杨自振，到消耗品室领取几张有光纸和墨汁来。当他拿来纸和墨后，我教给他拓碑，共拓了三片。之后，就让他用红泥麦秸在碑上打底，上用白灰砂浆罩面，与外面抻平，不使露出痕迹。拓成的字，我自己留了一片，交图书馆薛愈两片。此事虽非大错，然未按校长的指示办，心中每以为歉。'文革'后，薛愈告诉使用单位太原师专，又将碑显现出来，作为历史的见证。"

十八、山西大学

1931 年 7 月，遵国家教育部所颁文件《大学组织法》《大学规程》，学校制定了《修正山西大学组织大纲》（15 条）第一条即为：遵照中华民国教育宗旨及其实施方针以教授高深学术养成专门人才，应国家需要为宗旨。山西大学校重新改组称为山西大学，校长仍为王录勋。学校设立文学院、法学院、工学院，后来又增设理学院和教育学院。五个学院 17 个系，率先实行学分制。所开设的 32 门课程代表了当时国内高等教育的领先水平。浓郁的文化氛围，自由的学术气氛，吸引国内名宿云集。

1933 年 12 月，据《教育部督学视察山西省教育报告》（督学为戴夏）中称："山西大学，须添设科系，增加预算，招聘良师，改进课业，提高程度，汰除冗员，充实设备，必要时以国家之力，促其革新之实现，独立各学院及专科学校之科系重名者，应力求与山西大学归并，办理失宜，成绩太差者，宜尽先饬停。督学视察山西大学报告共分十部分，择其有关者录之：一、沿革：肇造于前清光绪二十八年，由晋抚岑春煊奏请开办，先是庚子教案赔款五十万金，已与英人订立合同，在晋创设中西大学堂，旋经广学会总办李提摩太，以款系晋筹，与我官绅协定归并办理，约期十年交还自办，于是改中西大学堂为西学专斋，而原奏拟设之山西大学堂，命曰中学专斋，分奏中英政府准备案，统名为山西大学堂，宣统三年六月，原订合同期满，晋抚丁宝铨暨咨议局局长梁善济，邀请英人李提摩太践履前约，收回自办，改名为山西大学校。二十一年遵照大学组织法，重新改组。……六、校址：地点在侯家巷，面积 129.4 亩。地基广大，环境幽静。建筑西式居多，坚固适用，校舍计有办公室 47 间，各学院教员预备室 23 间，教室计有工学院大楼 48 间，工学院绘图室 3 间，各学院暨高中教室 69 间，共 120 间，实习研究处所，计有机房 28 间，电机房 11 间，试验场 12 间，各种研究会 23 间，审判实习社 4 间，运动场 27.5 亩，图书馆 11 间，各学院书报室 15 间，职教员宿舍 69 间，学生宿舍 305 间，礼堂一座，校园 80 亩，厨房 69 间，厕所 23 间，其他 124 间，容量足敷需要，惟工科实习场所，位置湫隘，屋宇窄小，设备简陋，布置凌乱，保管亦不得法。……工科实习场所，其位置、容量、布置、保管，俱嫌失宜，健身房浴室未见兴筑，亦属非是，均应分别整顿，其他部分校舍，则大都属于宽绰，布置整治，可告无疵。"

作为三所国立大学（京师大学堂、北洋大学堂、山西大学堂）之一的山西大学，在 20 世纪初曾享誉海内外。正如英国剑桥大学中国高等教育研究专家威尔森 1991 年在其著作中写道："本世纪三十年代的中国高等学校著名的是'北京大学、山西大学、北洋大学、东南大学和清华大学'。"可见山西大学的影响力之深远。

这段时期应该是山西大学最为辉煌的时期。

山西大学堂是山西大学的前身，创办于 1902 年，是我省高等教育的发祥地，山西大学堂开创了我省现代教育之先河，是我国最早的新型大学之一，与京师大学堂和北洋大学堂并称辛亥革命前国内公有的三所大学，在我国高等教育史上具有重要意义。

挂牌保护

光绪三十年（1904年）秋，山西大学堂侯家巷新校园落成。位于五一广场东侧，现太原师范学院附中校园内，修建于1917年的工科教学大楼是山西大学堂建校初期唯一的历史遗存，工科教学大楼及其所在地（这里尚存1904年所建20排中西斋宿舍）在1996年被山西省政府列为省级重点文物保护单位。

太原市文物局于2003年3月在太原师范专科学校镶有一块石牌，上镌刻有：山西大学堂是1902年英国传教士李提摩太利用"庚子赔款"创建的一所中西大学堂。学堂由中学专斋、西学专斋两部分组成。山西大学堂、京师大学堂、北洋大学堂为全国最早的三所大学。该学堂为山西大学的前身。现存西学专斋工科教学楼，为中西合璧式建筑。系山西省重点文物保护单位。

十九、近代山西大学堂建筑分析

山西大学这所学校的办学传统，是在其所处的整个社会变革中不断演变和逐步形成的。它既要接受符合时代要求的先进的教育思想和制度，又会受到传统教育思想和制度的影响，创办于清光绪二十八年（1902年）的山西大学，是我国近代高等教育史上创办最早的新式大学之一。它根植于华夏古老黄河文明的沃土中，诞生于中华民族觉醒的20世纪初，是清末"欧风东渐，只学育才"的产物。山西大学堂新校舍位于现太原市迎泽区侯家巷6号，现为太原师范学院附属中学使用，原占地18万平方米，建筑面积3.8万平方米。

综合性大学的办学风格

山西大学堂的教育方法，与孔孟儒学和封建科举制度相比有很大的进步。它在中国教育史上首立中西两斋，建立了完整配套的教育体系，在办学中注意向外国学习先进的教育方法，制定新式学堂章程，延聘中西教习。广设中西课程，为青年们探索西方先进科技知识和民主思想创造了条件。中西文化共融的教育模式由此独创，中国传统文化和西方文化在山西大学堂里中西合璧，融会贯通。山西大学堂是中西文化相融合的产物，中西会通是山西大学办学传统的一个特色。中国近代高等教育从建立之时起，就受到了中外两种思想的影响。一方面，几千年中国传统文化根深蒂固；另一方面，西方的文明与思想充满活力，吸引着觉醒的国人。所以"中学为体，西学为用"成为当时高等教育的主导思想。

在山西大学堂中学专斋与西学专斋开办之初，招生数很少，为各 200 名学生，待遇也相同。但在教学内容、方法和教学制度上却有很大差别，处处都体现出中学与西学的不同。中学专斋在办学体制上仍保留了浓厚的封建教育色彩，教学内容、方法沿袭书院，课程分为经、史、政、艺四种，教学方法循规蹈矩。西学专斋初办时只设预科，教学内容和教学方法基本上与英国学校相同。多为外籍教师，也有少量华人教师。所授课程是中国学生闻所未闻的文学、数学、物理、化学、工学、格致、法律、世界史、英文、美术、地理与博物等科目，并开有物理和化学实验课。山西大学堂一校两制、融合中西的格局基本形成。一部专教中学，由中方负责；另一部教西学，由李提摩太负责。

中斋基本承袭书院旧制，上课无定时，不分门类，不分班次，采取集中授课的方式；学生上课时唱名进入教室，教师坐在教室中央的暖阁里授课；师资多为晋阳书院和令德堂书院的旧儒；学生则以参加科考，获取功名为目的，封建教育的气氛很浓。

西斋主要是在学习和借鉴英国教学模式。负责人李提摩太受英国浸礼会派遣来华传教，游历中国内地，他最关注和投入的事情，一是传教，二是办学。当然，在他看来，办学可以很好地促进传教。山西大学堂西斋创办时，订课程、聘教习、选学生"均由彼主政"，自然会贯彻他的教育思想，以英国模式为基础，兼顾中学传统，博采西学长处的教学模式得以逐渐在山西大学堂形成。作为西方的传教士，其创办大学的出发点是很清楚明白的，那就是为实现其传教目标而服务的。但山西大学堂的创办，特别是由于李提摩太的作用，在客观上使山西大学堂较早引进和传播了西方先进的科学技术和学术思想，点燃了中国近代科学文明之火，对于近代学制改革和新学体系的建设具有较大的影响。西方传教士来华兴教办学，目的当然是为了"（教）化中国"，亦即是使中国"基督（教）化"，但结果更为明显的却是自身的"中国化"，以基督教普度众生的"化中国"宏图虽然未能实现，但作为"中国化"的主题的中国确实也在变化之中。这样，以英国模式为基础，兼顾中学传统，博采西学长处的教学模式得以逐渐在山西大学堂形成。

中西合璧的建筑风格

（一）建筑布局的形成

中国近代大学教育起步阶段基本取法日本的大学教育，所谓"远法德国，近采日本，以定学制"。成立于1898年的京师大学堂，"是效仿日本的最初成果，京师大学堂成立后'不光是规章制度、课程设置，就连房屋式样、学舍间数，也参考了日本的式样'"。山西大学堂由中国官方和英国传教士合办，这样的办学背景，造就了山西大学堂鲜明的英国式大学教学特色，这在中国大学教育起步阶段是具有独创价值的。什么是英国教学模式呢？德国哲学家、教育学家包尔生在《德国大学与大学学习》一书中提出大学的三种不同风格即"英国风、法国风、德国风者是也"。他认为"英国风之大学"的特点是："大学教育之目的，在造成绅士必需之资格而与以深邃之教养。彼科学之研究，职业之训练，实在大学正当权限以外。"显然，这里所讲的是英国大学教育的老传统，而对山西大学产生最直接影响的是19世纪中期在英国兴起的"新大学运动"。在"新大学运动"中成立的一批城市大学在培养目标和课程设置以及所培养的人才都与传统大学有很大的不同，"大学不再是培养年轻绅士的机构，而是成为近现代工业和社会的中心发电站"。

在此基础上，一座现代化的大学在山西诞生了。新校舍规模宏大，布局整齐，新型建筑出现，校园主要建筑有影壁、牌楼、大门，门内为花园，花园北为大礼堂，后有图书馆、教室。学校西为 20 排中西斋学生宿舍，每排12 间，中西斋学生合住，后面中式瓦房为中斋教习宿舍，校园西北为大成殿。中轴线以西是中斋讲堂，以东为西斋教室、西斋教习宿舍、物理化学实验室、标本室、图书馆、博物馆、体育场、办公室、应接室等。山西大学堂除工科教学大楼外，所有建筑在学校投入使用前基本全部建成。整体布局合理，功能划分明确。此外，英国大学教育长期坚持的学院制、导师制和寄宿制传统对山西大学堂也有直接的影响，山西大学堂分为中、西斋，内斋独立办学，在规划设置上，西面为中斋，东面为西斋。各斋设有不同学院，各学院独立分区。在引进西方寄宿制的同时，引进了成行列式排布的学生宿舍。这种外来模式的布局方法影响了山西近代一大批学校的建筑布局模式，以后成立的许多学校都开始重视校园的布局。合理的功能分区、理想的建筑排布，这都是在较为先进的办学指导思想下促成的。

在山西大学堂布局设计建设中，中国人作为学校的所有者和使用者，不可避免在设计中具有一定发言权。中国作为文明古国，在长期的生存和发展中，形成了一套自己独特的建筑思路，封建的等级制度在任何时间、地方都显得尤为重要，而体现等级制度的中轴对称更是不可缺少，校园中的主要建筑影壁、牌楼、大门、大礼堂、图书馆都位于这条轴线上。另外，院落式的布局在传统建筑中也不可缺少，除学生宿舍以行列式排布外，其他建筑均以院落式布局。

（二）建筑形式的形成

在山西大学堂的建设中，不仅在校园布局中体现出文化的渗透、传播，在单体建筑形式中，也能体现出"（教）化中国"的宏图。英国教育对中国的影响比之于武力入侵和经济掠夺，也许并不十分显眼，但决不是无所作为，更不能轻言"影响甚微"。西斋的多数建筑都具有西方特点。大礼堂为当时全省唯一无大梁和支柱的最新建筑（瑞典人新常富设计），有能容纳彼此的单座位 300 个（讲台在外）。大礼堂从外观看起来像一座二层建筑，下面窗户是上窗高度的两倍，入口呈矩形向外突出，图书馆屋顶正中突起钟塔，这些都具有西方建筑的特征。东区建筑具有西洋风格，西区建筑则有中国传统特色。

但同时欲使中国更"基督（教）化"的想法却使其自身明显地"中国化"，作为学校建设筑要负责人之一的李提摩太，在中国多年，他了解在近代中国教育传统的变革中，教育制度的改革要比教育思想的转变容易得多。尽管当时书院改为大学堂，但是山西大学堂的毕业考试仍然仿照科举的方式进行，并按封建等级授予科举出身资格，西斋学生毕业也同中斋学生同时于省城进行统一毕业考试。封建的教育思想在近代中国教育制度中根深蒂固，在建筑方面也同样，适当吸收一定的外来建筑模式后，建筑需要更多的中国化。大成殿是红墙黄瓦的（内有孔子牌位），类似文庙内的大成殿，殿前高台可同时容纳五六百人向孔子行跪拜礼。图书馆位于总平面中轴线上，屋顶为中国传统的卷棚顶，从瓦，虽屋顶正中突起钟塔，但主体是青砖灰瓦，这些都是中国传统建筑特征。而中斋的建筑体现出的中国传统建筑特征就更明显了。

（三）建筑布局分析——工科教学大楼

1917 年山西大学将原大礼堂前的花园拆除并修建了工科教学大楼，现存西学专斋工科教学大楼属西方折中主义建筑形式，1996 年被列为省级重点保护文物。

山西大学工科教学大楼建筑坐北朝南，分中央与左右两翼，中部三层（顶层为钟楼），两翼有二层，地下有一层。南立面长 79.73 米，进深 20.08 米，建筑面积约 3200 平方米，中部高 24.25 米（钟楼高度计算在内），两侧高 12.25 米，侧立面高 15.33 米。

建筑平面呈"凹"形，以门厅为中心对称分布，北向中央部分向内退进，建筑有南北两个入口，室内共有四部楼梯，大厅内有四根圆柱，柱子从一层贯通到二层。一层与二层平面布局相同，采用纵向展开室内空间，建筑的顶部为无大梁的设计手法，增加了开间的长度。钟楼平面尺寸为 7.39 米 ×

6.22 米，设有四根方形角柱。

　　建筑物的南立面横向分三段，两翼底层、中层、顶部的比例为 5：5：2；纵向分五段，从左到右的比例为 5：5：2：5：5，其借鉴法国古典主义构图原则，显出端庄稳重之美；南立面中央部分共三层，底层、中层、钟楼的比例为 2：3：3。建筑顶部退层形成一座钟楼，钟楼顶部与两翼顶部的装饰样式一致，采用阶梯型砌砖。钟楼成为整座建筑的构图中心，也是视觉中心，南立面两翼为四开间，一层窗户为拱券式，二层窗户为平券式。一层圆窗与建筑的原拱入口呼应，同时与二层方窗形成鲜明对比，窗户有拱心石装饰。该建筑与列柱式围墙和凯旋门式的大门组合在一起颇为壮观。

　　山西大学以其融合中西、取法英国的独特的办学模式、教学风格和组织形式成为近代中国最早的三所大学之一，为山西高等教育乃至全国高等教育的创立和发展做出了贡献。在这样一个充满着英语、英人、英风的校园环境和人文氛围中，中国模式也起着重要作用。中西合璧，相得益彰，成为中国传统文化与西方文化相融相通的典型。

第二阶段　窑洞时期

时间： 1937 年 11 月—1949 年 5 月

地点： 山西平遥、临汾、运城；陕西三原县城、宜川县秋林镇虎啸沟土
窑洞、韩城；山西吉县克难坡；河北北平、张家口

特点： 流亡

这是山西大学流亡的年代，一段颠沛流离的记录。

1937 年 7 月 7 日，驻扎在北京郊区宛平城外的日本侵略军突然向卢沟桥发起进攻，第二十九军奋起抵抗，爆发了震惊中外的"七七事变"，日本开始全面侵华。随着日军的步步侵入，中国半壁江山相继沦陷，中国的文化教育事业也遭受到了前所未有的沉重打击。8 月初，日军开始轰炸袭击太原，山西大学奉山西省政府令转移迁校晋南，法学院迁往平遥、校部及理工学院迁往临汾、文学院迁至运城。王录勋校长与一批师生留在太原办理物品外运、经费分送、看管校产等事务，至太原被日军占领前夕，才离校南下。9 月中旬各院陆续开始上课。但因军情紧张，到校学生不足半数。11 月日本军占领太原，太原沦陷，山西省政府下令各大、中专院校停课解散，一切图书、仪器、档案等物品均移交当地县政府保管，1938 年春，日军南进，晋南各县也相继沦陷，山西大学所有校产均遗失殆尽，荡然无存，学校师生分散四方，各奔东西。

山西大学这所著名的大学在日本侵略者的炮火下遣散停办。

从此，拥有 35 年建校历史的名牌高校开始了长达十几年的艰难奔波历程。山西平遥古城、临汾市区、运城的大院，陕西三原县城、宜川县秋林镇虎啸沟土窑洞、韩城，以及山西吉县克难坡等都留下了山西大学流亡的足迹。

一、三原复校

时光到了 1939 年夏初，距当初山西大学遣散已有两年的光阴了。在重庆工作的原山大工学院院长王宪、教授常克勋、教授兰锡魁等向行政院院长孔祥熙提出恢复山西大学的建议，并得到赞同。正在重庆出差的第二战区司令长官部梁化之闻讯立即电告阎锡山。对于在战火中星散的山西大学，阎锡山总是念念不忘，得知此消息后，认为山西大学由国民政府负责复校的话恐怕日后难以控制，急令省政府准备复校筹备工作。抢先一步于 7 月 5 日和 20 日在二战区军报《阵中日报》上刊登了山西大学复校通告：查山西大学业经本府决定恢复上课，工、农两专学校，亦暂并入该大学办理，除开设院系由本府按需要统筹调整外，希该校教职员，速将本人简历、原任职务或科目及现在通讯地址函报本府，已备召集，特此通告。又于 8 月 1 日在《阵中日报》上刊登山西大学复课筹备委员会及省政府通过的简章十一条，其中第一条称"本省为抗战期间继续推进人才教育起见，特设山西大学复课筹备委员会，筹备复课事宜"。消息传出后，时任二战区长官部上将参事方闻与山西省建设厅参事徐士珙将此消息电告原山西大学英文系主任徐士瑚教授，邀请其火速赶赴陕西秋林镇与第二战区司令长官阎锡山商洽复校具体事宜，此时的徐教授正在陕西城固西北联合大学教书。

9 月，经阎锡山与赵戴文商定，山西省政府给徐士瑚汇款 15000 元，让其负责办理山西大学招收新生、聘请教授、购置图书仪器等事宜。徐士瑚教授在国难当头之时担当起山西大学复校之重任，在接到省府电令后，便开始复校准备工作。首先聘请教授和职员，经过入学考试录取新生百余人。11月初全体师生抵达陕西省三原县城，山西省政府原令山西大学北上陕西省宜川县秋林镇开学，因军情紧急，只得命令在陕西三原县城就地觅址开课，经多方洽商，徐士瑚教授与陕西教育厅长王捷三协商，租借到陕西三原县南城三原女中校舍作为临时办公、上课的地方，经修缮，整理出教室 8 间、办公室 20 余间作为校部办公、上课及文法学院学生食宿之所，在县城内的山西街又租了一个大货栈作为工学院学生食宿的地方。同时从西安、汉中等地购置了一批教科本、图书和教学仪器，并从西北联大聘请了教授、副教授，开始上课。

在 1939 年 12 月 23 日，山西大学在陕西省咸阳市东北部的三原县城正式复校开学了。

1940 年 5 月的《阵中日报》上介绍山西大学复校办学的艰苦和师生们的学习环境：

山西大学校长由阎锡山兼任，副校长冯纶，教务长徐士瑚。设有文法工农与川至医学专修科，现有教师三十余人，其中教授与助教各五六人。

图书增购，限于经费，颇感困难。每年经费，除教授职工薪金、学生贷金外，没什么余款。山西大学经费短少，在全国各公立大学中比较，当数第一。全校现有学生150余人，女生占十分之一，该校招生，又因学校设在战区，学生大都服务抗战甚久，深知这环境的来之不易，故刻苦向学，深思苦学，具有踏实求学的作风。自由研究学术风气极深，各种功课除四五种印刷讲义外，余均教师讲课学生作笔记。办公室、教室、宿舍都是租佃民房，大的教室有一个，可容五六十人，小的有四个，每室可容十来人。斗室讲学，颇有绛帐遗风。

二、迁校风波

徐士瑚主持校务后，从四川三台的东北大学聘请了留英时的同学周传儒教授为文学院院长兼训导长，根据教育部令，周传儒在来山大之前须到重庆国民党中央训练团受训，参加了国民党。三原复校后，胡宗南所辖陕西地区三青团准备与山西大学建立关系，徐士瑚让周传儒处理此事。1941年春，周传儒和三原县三青团团部联系，在山西大学建立起了三青团总团部，与胡宗南领导的三青团发生了密切的关系。7月，徐士瑚在重庆办理公务，周传儒与胡宗南三原驻军十六军政治部联系起来，率学校三青团员与部分教师掀起了改省立山西大学为国立的风潮。在十六军的支持下，周传儒率人占领学校，并将部分行政人员赶出学校，变卖校产。阎锡山闻讯后，急电徐士瑚立即返校，将学校迁往二战区长官司令部所在的宜川县秋林镇虎啸沟，"即使无一教授、无一学生北迁，也要将山西大学的牌子扛回来"。三原县国民党势力多次干扰了学校的教学工作，正常的教学秩序被打乱，无法正常上课。10月，鉴于陕西三原政治环境无法上课，奉山西省政府令，大一、大二、大三年级学生90多人，医科学生60多人，教职工60多人在总务长王友兰率领下，乘骡车离开三原县，其余教授、讲师13人，学生178人没有北迁。经过几个月的争取，徐士瑚的努力无法成功，只好放弃了惨淡经营了两年的校产。12月底徐士瑚也只得偕同工学院院长王之轩、新聘训导长邹曼之、历史系主任马非百、教授范云峰、沈晋乘卡车北上，迁至陕西宜川秋林镇虎啸沟作为新校址开学上课。而周传儒在学校北迁后，去胡宗南为校长的中央军校第七分校当了上校教官，部分闹事学生继续活动至1942年春，将一万多册图书和仪器等校产全部变卖，人员也各自星散。

三、秋林镇虎啸沟

秋林镇，地属陕西省宜川县，在宜川县北，距城约30里。据《关中志》载，秋林在春秋时期属秦国，晋公子重耳（即后来的晋文公）避难于秦，即住于此。秋林镇有居民百余户，东距黄河渡口小船窝60里，由小船窝渡河北上 5 里，即是战时第二战区司令部与山西省政府所在地——山西吉县克难坡。1939 年 1 月阎锡山带领二战区司令长官司令部移住秋林。山西大学 1941 年 10 月迁到秋林时，阎锡山已于 1940 年 5 月离开秋林移驻山西吉县克难坡了。山西大学迁到秋林后，就在一条山沟里安住了下来。秋林镇地处黄土高原，非常荒凉，也十分贫困。北面距秋林镇 2 里的地方有两条沟，当时山西大学所在的虎啸沟原名火烧沟，二战区司令阎锡山将其改为虎啸沟。

虎啸沟是一条小沟，一道清澈的山泉从山崖上直泻而下，水流不大，从山泉旁的小路上去，就进入了僻静的山沟里。这条狭长的沟道幽幽深深，时窄时宽，绵延五六里。沟里两旁在盘旋的土坡上打有 100 多孔窑洞，除随营总校、民族革命军事研究院、第一儿童教养院和山西省立科学馆占用 30 余孔外，山西大学迁往此处后就分散在其余 70 多孔窑洞里，师生们工作学习在这些窑洞里，工学院和文、法学院师生住东半山，医学专修科师生住西半山，当时图书馆有两孔窑洞，办公室、阅览室各一孔，书库一孔，医院一孔，工学院实习要到很远的地方去。这里没有街道，没有电灯，没有车马行的路，只有泥泞的土路，来来往往全靠两条腿行走，东西物品靠人肩挑背扛，牲口只能驮送粮食杂物，这里的一切均原始简陋，看不到一丝丝现代文明的痕迹。

山西大学当年的校门用两根木柱横支着一块木板，上书"国立山西大学"六个字，一面是楷体，一面是隶体，都是田润霖教授手书。进了"校门"，左边原有收发室，右边坡上是总务处，向前走有三孔窑是供销合作社。在两条小溪汇合处形成一个平坝，盖有房子，是学校办公室、图书馆和教室。体育场只够容纳一个篮球场，当年周围有些锻炼器械。马号沟（支沟之一）里喂养着作为运输工具的驮骡和加工面粉的磨坊。沟底有一个较大的土窑洞礼堂，两头贯通，是全校师生上课和集会的地方，里边的桌椅板凳是将一根粗椽锯成两半，安上腿供学生上课。学生们住的窑洞很深，一侧有土炕，炕上什么也没有，学生按报到先后，床铺位置从窑洞门口向内排列。

沟的深处是医务所，一块大木牌立在右端，上班时出示"开诊"，下班后为"停诊"。山大校门外是一所小学，全称为：山西省第一儿童教养院，是专为收养难童设立的，也收公务人员的子弟。从校门进去，首先见到的是一个较大的石拱形废墟，是小学的礼堂，也是六年级的教室，沿着山坡一路看过去，点缀在山崖上的都是土窑洞。

学校迁到虎啸沟后奉兼校长阎锡山的命令，于12月1日到克难坡集训了一个月，以消除学生们在三原县时受到国民党与三青团的不良影响。1942年1月初，学生们回到虎啸沟正式开课，上课没有课本，用白麻纸钉成笔记本，老师在黑板上写，学生在下面用铅笔记，各方面条件都很差。

虎啸沟虽交通不便，环境闭塞，生活较艰苦，但是比较清静，适宜读书学习。

四、黄土高原窑洞

黄土高原位于我国北方地区与西北地区交界处的黄河流域地区，是世界上最大的黄土堆积区，是中华民族古代文化的摇篮，同时也是生态环境最脆弱的地区。除少数石质山地外，高原上覆盖深厚的黄土层，黄土厚度在50～80米之间，最厚达150～180米。气候较干旱，黄土颗粒细，土质松软，由于缺乏植被保护，加以夏雨集中，在长期流水侵蚀下地面被分割得支离破碎，形成沟壑交错其间的沟沟坎坎，而这沟壑正是黄土高原的基本特征，世代的华夏子民就生活在这片土地上，创造了这里独特的建筑——窑洞。

窑洞是中国北方黄土高原上一种独特的民居建筑形式，它浓缩了黄土地的别样风情。深达一二百米、极难渗水、直立性很强的黄土高原，具有垂直纹理且结构均匀致密不易坍塌等特点，十分利于窑洞的开挖，为窑洞提供了很好的发展前提。气候干燥少雨、冬季寒冷、木材较少等自然状况，也为冬暖夏凉、十分经济、基本不需木材的窑洞，创造了发展和延续的条件。窑洞防火，防噪音，冬暖夏凉，既节省土地，又经济省工，确是因地制宜的完美建筑形式。沉积了古老的黄土地深层文化使得生活在那里的人民创造了窑洞艺术。

黄土高原风光

由于自然环境、地貌特征和地方风土的影响，窑洞形成各种各样的形式。但从建筑的布局结构形式上划分可归纳为靠崖式、下沉式和独立式三种形式。靠着山崖或沿着沟布局，窑洞常常呈现曲线或折线型排列，在山坡高度允许的情况下，有时布置几层类似楼房的梯式窑洞，往往一户一个独院。高高低低错落有致，一条羊肠小道弯弯曲曲行进在各窑洞之间，将它们连接起来，有和谐美观的建筑艺术效果。窑洞一般修在朝南的山坡上，背靠山，面朝开阔地带，少有树木遮挡，十分适宜居住生活。依崖坐北朝南横向挖洞，洞呈长方形，宽约4米，纵深约5米，高约3米，洞顶为圆拱形，这使本来就比较宽敞的窑洞显得很高，空间很大。洞口装上门窗就成了简易房屋，从中间一孔窑的里壁向内开有隧道式的小门，通向旁边另一个窑洞成为套间。窑洞内两壁的黄土面被刮切得十分平整光滑，窑壁用白石灰涂抹，使室内更为干爽清洁明亮。为了保护窑洞表面少受雨水的侵蚀，有的用砖或石贴在窑洞面壁上。

山西碛口窑洞

窑洞

　　窑洞的门窗或许是整个窑洞中最讲究、最美观的部分。拱形的洞口安装门窗，上为窗，下为门，门窗合一，门联窗，窗户上糊白麻纸，一般是门上安由木格拼成各种图案的拱形高窗，尽量多采光，窑洞的窗户是窑洞内光线的主要来源。为了美化生活，窑洞的主人们以剪纸装饰窑洞门窗。根据窗户的格局，把剪纸窗花布置得美观而又得体。窗花贴在窗外，鲜艳的色彩，简洁的造型，给单一的建筑布局增添活泼亮丽的元素。窑洞内四周墙壁上经常贴着各式各样的装饰画，室内一侧为土炕，尤其在炕周围的三面墙上约1米高的地方贴着一些绘有图案的纸或拼贴的画，称其为炕围子。炕围子是一种实用性的装饰，它们可以避免炕上的被褥与粗糙的墙壁直接接触摩擦，既保持清洁，又美化居室。黄土地上的土窑洞或许意味着贫穷和俭朴，生活在土窑洞里的人们过着简单却并不单调的日子。在每户窑洞门前，通常都被平整

山西剪纸

出一个小小的庭院，窑洞的主人还在院子里沿院墙植几株大树，院中种植一些蔬菜和果树，绿意和花香让黄土高坡上的窑洞充满了生机。一片黄土高原的农家风情。

窑洞有厚黄土层包着，隔热保温，冬暖夏凉，原始的居住环境保持着农耕时期的生态平衡，四周环境闭塞，只有西北风从坡上刮过，交通不便，一切均原始简陋。同时又是一处清净修身养性的地方，人们可以安安静静地来读书学习。小小窑洞浓缩了黄土地的别样风情，渗透着人们对黄土地的热爱和眷恋之情。

物质虽简，精神尤佳，在困境中积蓄力量，在孤苦中坚守信念。这就是文明的魅力，无论怎样的困苦，人类追求文明的力量能穿越时空。

黄土高坡上的窑洞这一建筑形式，虽然不是山西大学所独创，但是在山

窑洞

窑洞

窑洞门

窑洞内景

西大学最为困难时期，厚实的黄土地敞开了它宽厚的胸膛，以它千百年来的沉稳承担了非常时期延续三晋大地文明的重任。

如今的虎啸沟依然荒凉寂寞，交通依然不便，但挡不住人们追寻的足迹，探寻往日的时光，找寻曾经的旧梦，渗透着人们对它的热爱和眷恋之情。

黄土高原上特有的建筑——窑洞成了战时山西大学的建筑印记。

山西黄土高原风光摄影

五、克难坡

山西吉县克难坡也曾是山西大学避难的地方。

1942 年 8 月开始，住在虎啸沟里的第一儿童教养院发生了斑疹伤寒疾病，并且逐渐蔓延到秋林各地，有几名教师先后被伤寒传染后病逝，于是虎

克难坡石碑

啸沟内人心惶惶，师生们谈瘟色变，部分外籍师生相继离校去了大后方，无法开展正常的教学工作。为避免疾病继续蔓延传染，又鉴于虎啸沟卫生环境恶劣、人心不稳，阎锡山召集教育厅长刘逢炎和徐士瑚教授等开会，决定迁往山西吉县克难坡以避伤寒。1943年1月学校全部迁至克难坡，在四新沟恢复生活教学活动。

克难坡位于黄河东岸，距山西省吉县县城西北60里处，西与壶口瀑布相邻。村东西长约2里，南北宽约1里，乃一座三面临沟河，一面通高原的葫芦状独立山梁，地势险要。克难坡是个黄土山头，是由由西向东并列和从北到南倾斜的五条沟梁组成，阎锡山根据自然地形分别将五条沟梁命名为：一新沟、二新沟、三新沟、四新沟、五新沟。抗日战争时期阎锡山将这里定为营地，将南村坡改为克难坡。经过两年多的修建，终于将这个弹丸之地修建成了一座窑洞叠立，颇具规模，可容纳两万余人的山巅小城，成为第二战

黄河壶口瀑布　　　　　　　　　　　　克难坡远眺

区司令长官部与山西省政府等首脑机关驻地，是抗战时期山西省的政治、经济、文化中心。

紧靠黄河边上，童山濯濯的山头，挖起了大大小小、高高低低的窑洞，从河边上山，第一道关口便是十多丈深的土洞，即城门。一进城，是党政军民学住的窑洞，阎锡山公馆背后有一块小台地，建了一座"望河亭"，亭前石柱上有阎锡山亲书的对联，东西两面均有匾，西匾题曰：望河亭，东匾题曰：北天一柱。存留至今的建筑有阎公馆、实干堂、进步室、批评室、克难室、竞赛室、检讨室、真理室及望河亭、忠义祠等。除满山遍野的200余孔土窑洞外，重要建筑均为石头干砌，建筑技巧堪称一绝。莅此可访史怀古、别有风味。

山西大学住的克难坡四新沟在三新沟之东，住有运输社和工程人员等。沟北部是庙儿梁，设有问事处，是进出克难坡的门户，有大道直通县城。每

望河亭

窑洞内景

望河亭前

阎锡山克难坡旧居

国民党第二战区长官司令部旧址

座窑洞住 8～10 人，上课吃饭都在窑洞里。图书馆没有搬来，又无法参加社会活动，气氛中显得比较沉闷寂寞。

　　1943 年 4 月份，教育部通知山西省政府将省立山西大学改为国立山西大学，经费全由教育部核发。期间，学校也大力改善了虎啸沟的卫生环境情况，并修建了简易平房划分出图书馆 5 间、教室 15 间、办公室 10 间，作为办公上课之用。1943 年 10 月学校奉山西省政府令，全校教职工分批西渡黄河，迁回陕西宜川秋林虎啸沟。

忠烈祠

八大处

六、返回侯家巷

1945 年 8 月，日本战败，向联合国宣布无条件投降。山西大学全校师生无不欢欣鼓舞。9 月中旬开始，山西大学停课，全体师生分批离开秋林虎啸沟，东渡黄河，返回山西，当师生们到达山西临汾时，由于"上党战役"，同蒲铁路中断，不得不折回陕西省，在陕西韩城县暂借城内后方医院的空房重新恢复上课。直到 1946 年 3 月，山西大学师生才全部返回太原侯家巷老校址。

徐士瑚代校长于 1946 年 2 月检查位于太原市侯家巷的校址现状，对中央社记者谈起情况：八年抗战后的国立山西大学，战前辖文、法、理、工四学院，"七七事变"后，文学院移运城，理、工学院移临汾，法学院移平遥，重要图书仪器全部携出，太原留守，仅校舍校具发电厂、工学院实习工厂而已，晋南吃紧，学校奉令解散，公物移交当地县府保管，晋南失守，公物全部损失。太原校址，日军入城后，据为兵营，器物大部分烧毁，后又为警厅宿舍、工业学校校址。1945 年光复，驻校各机关多被接受管理，均未迁移。1946 年 1 月初，工业学校移出，器物全部携走，并将电线楼板破坏甚多，嗣又为训委会、工兵团、侦缉队、救济分署分住。今视察学校，房屋倒塌，水电设备所余无几，树木原数百株今多已不存，估计修葺房添购用具，需款亿元以上，如恢复发电厂、实习工厂及全部图书仪器，需款更巨，目前除进行收回校舍以便整修外，即应请示教育部拨款恢复。

位于太原侯家巷的原校址，已经面目全非。在日伪占领时期，曾利用山西大学部分校舍和留下的图书设备，办了一个职业学校，成了兵营、宿舍，其余房屋被几个单位分别占用。原工学院的附属实习工厂和二十余部机床，先为日伪省政府修械所占用，后由阎锡山制造军火的晋兴机械公司所接收。山西大学师生返回太原侯家巷校本部后，为了追回校产，组织成立了维护校产委员会。先向太原警察局要回被占用的两排宿舍，又向山西晋兴机械公司要回实习工厂，但工厂里的原有设备被搬走，丢下几部破旧机床。迁走单位留下来的破旧房屋，除了一堆堆的炉渣垃圾外，什么也没有。战后所留办公设备及其他财产均被接收单位劫掠一空，连一条电线也未留下，残垣断壁，大树也损毁殆尽，满目疮痍。经过八年的严重破坏，要恢复到战前的面貌可不是容易的事。

既然回来了，重拾希望，再从头一步一步做起吧。学校收回校舍并修复了一些建筑。1946 年 5 月 1 日，全体师生员工四百余人，在本校大礼堂，首次举行了返并后的山西大学成立 44 周年纪念及开学典礼大会，并于当日正式开课。6 月份徐士瑚先生去南京一方面向教育部汇报工作，一方面提出增加经费，改医学专修科为医学院，争取外汇美金一万元，派 1～2 名教授去美考察、进修，均得到批准。又去上海联系联合国救济总署，拨给学校医院 100 张病床及配套设备，还有数台拖拉机及机床。又去北平购买了图书仪器。学校经两年多的努力可以说已初具规模，教学与基础课实验基本能正常运转。各种学术团体又开始恢复活动。运动场整修完毕，各类活动场地和器械也配置齐全。学校还重新修复了被日伪毁坏的本校总教习英国人敦崇礼纪念碑。

1947 年学校编印了《国立山西大学一览》，封面由校长徐士瑚题写，首附手绘校园 1600：1 平面图及标识，学校的沿革及各种规程。从这张平面图中可略知当时的校园建筑布局。

徐士瑚题

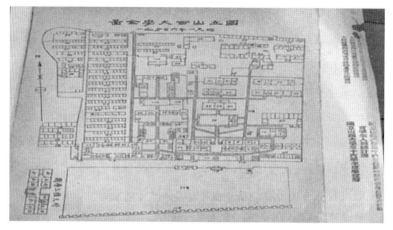

一览之 1600：1 校园平面图

七、解放战争期间

解放战争期间，山西大学迁往北平中南海瀛台，后至张家口德王府邸，最终又回到了太原根据地。短暂的辗转停留，续写着山西大学的足迹。

1946 年 6 月底，在美帝国主义的支持下，国民党政府撕毁停战协定，对解放区发动进攻，全面内战爆发了。7 月 1 日，徐士瑚正式被任命为国立山西大学校长。1948 年春，中国人民解放军解放了晋中广大地区，5 月中旬，阎锡山的主力部队被歼，太原陷入解放军队伍的重重包围当中，成为一座孤城。然而，阎锡山并不甘心失败，发布《告全体同志书》，号召太原市全体市民进行"保卫太原总体战"，强迫市民签名应战。为避免学校师生参加阎锡山部队导致不必要的牺牲，在山西大学教职员工大会上一些进步人士提出了迁校北平的主张，得到了广大师生的支持，在校内掀起了迁校运动。经多方联系，解决了迁校经费问题后，从 7 月 10 日起，学生们和部分老师分批乘飞机抵达北平。

学生到北平后，分散住在东四七条 39 号阎锡山公馆内、前门外、东交民巷、苏州胡同等处。学校迁委会派代表找到傅作义和一些知名人士，要求解决临时校舍问题。8 月 12 日，在不得已的情况下，部分师生强行搬进了中南海勤政殿和瀛台，北平当局派军警予以包围。山西大学迁委会随即发表《告各界同胞书》，指出："今日国家内战不止，人民生死于虎口，逼迫我们于此地，谁要我们不能读书而流亡北平呢？如果当地政府及社会贤达之士，能给我们同情的援助，我们又何敢固执我们的意见？"并发表《告全国同学书》，号召团结一致，共同斗争，反对独裁。傅作义也分别向南京教育部部长朱家骅和山西大学校长徐士瑚连续致电，请迅速派人解决山西大学问题，并拨出张家口王府一座，作为山西大学临时校舍暂住地。

9 月初，山西大学学生乘卡车离开了瀛台奔至西直门车站，登上七辆货车专列前往张家口去了。张家口的校址是日伪时期的德王府邸，规模宏大，抗战胜利后划归为察绥物产陈列馆，分前后两院，均为平房。但对三百多名学生来说，局促狭小，既无教室可供上课，又无桌椅黑板。住处亦很困难。在这里，师生情绪随战事的发展变得十分不安，特别是到了冬天，天寒地冻，学生衣单被薄，生病的很多。无奈之下，请示徐士瑚校长，要求返回北平，这些学生于 10 月底再次返回北平。

德王府

　　山西大学校本部办公室设在北京东华门西靠南河沿大街、东临北京饭店的南夹道西侧北平梨园公司办公大楼（一幢二层小楼）内，文、法学院在东交民巷井陉煤矿公司大楼内，工学院住在东总布胡同一所大院和西河沿，医学院住在东单苏州胡同棉产公司大楼和西河沿等地，另在西河沿与朝内大街也有学生宿舍，各院陆续开始上课。

　　1948年12月7日，蒋介石派国民党中央青年部部长陈雪屏在中南海召集北平14所国立大专院校校长开会，向各校校长和教授传达离平南下的命令。山西大学校长徐士瑚参加了这次会议。在徐士瑚校长、杜任之院长的带动下，山西大学无一教授离平南下，与师生们一起共同迎接北平的和平解放。

　　1949年1月31日，北平和平解放。迁往北平的山西大学全校师生，欣喜万分，载歌载舞，同北平市民一道，列队在前门大街，热烈欢迎中国人民解放军进驻北平。4月24日，太原解放。26日，北平市军事管制委员会决定将山西大学立即迁回太原。全校师生从5月初开始迁返，到5月17日全部回到太原，并迅速恢复上课。

徐士瑚先生（1907—2002），著名文学家、教育家、教授，字仙州，号云生，山西省五台县人

　　山西大学在这一阶段经历了八年抗战、三年内战的流亡时期，在颠沛流离中坚持信念，徐士瑚先生是此阶段的典型代表，教授—教务长—代校长—校长，在条件极其艰苦的地方坚守着，为山西大学的发展延续，奉献了他全部的智慧和力量。

　　1946年7月1日，徐士瑚先生被正式任命为国立山西大学校长。

第三阶段　醇和时期

时间：1949 年 5 月返回太原—1976 年 10 月
地点：太原侯家巷、南郊区坞城路
特点：醇和

1949 年 9 月，华北人民政府高等教育委员会正式任命社会科学家邓初民先生为山西大学校长。

邓初民先生（1889—1981），社会科学家，长期从事社会科学和社会史的教学研究工作，国家级有突出贡献的教授，中华人民共和国成立以后山西大学第一任校长

中华人民共和国成立之初，在山西省，仅有山西大学一所高等院校。

解放初期，根据全国政协会议规定的教育宗旨和华北高教委员会的指示和决定，按照"坚决改造、稳步前进"的方针，结合山西大学现实情况，坚持以整顿为主，重点发展，采取措施对学校进行各方面调整与扩充院系，山西大学新的行政组织机构逐步建立起来，教职工人数由原来的 192 人增至 1078 人，学生人数由原来的 355 人增至 2185 人，学院扩充为六个学院，除

20 世纪 50 年代山西大学校徽正面　　　　校徽背面

原有的文、法、工三院外，理学院、农学院、医学院均挂牌招生，增加到十八个系和六个专修科，是当时国内办学规模较大、学科门类齐全、办学水平较高的高等院校之一。

一、侯家巷校舍修复

1949 年 5 月，山西大学师生由北平返回太原。位于太原侯家巷的校址，经过八年抗战、三年解放战争和太原解放战役，日本军占领期间只管使用不加维护，房屋倒塌，砖瓦满地；垃圾成堆，环境凌乱；道路坑坑洼洼，泥泞不堪；几株缺枝分叉的树木，环境极差。解放战争期间也是人心惶惶，无力修整，因多年战乱破坏，学校校舍被占用，校园断墙残壁，建筑破旧不堪，整座校园一幅衰败、元气大伤的景象。

新中国成立之初，一切均百废待兴。

设备简陋短缺，基础设施非常薄弱，校产档案损毁严重，办学条件十分差。在如此困苦的条件下，师生们仍以极大的热情清点校产物资，清查档案，整修校舍，投入到紧张的教学实践中，同时开展各项学术交流活动。

1950 年学校除安排零星维修项目外，还有两项较大的修缮工程：一是修复 1948 年冬季因取暖而烧毁的教学主楼东侧（这在前面已说明）；二是新建理科楼。6 月根据学校常务委员会议决议：省政府所拨补助我校修建费小米 30 万斤，计划在图书馆东空场地上建二层楼房一座，作理科实验室用。当时，从北京中国大学合并到山西大学理学院的数学、化学和生物三个系，初来山西，因校内无校舍可用，尤其实验室更是没有，只好暂住在太谷原铭贤学院校址，建设理科楼就是为了给理学院迁回太原作准备。理科楼是解放后山西大学为教学建的第一幢建筑，仍由修复主楼的新生公司承建，占地面积不大。其中楼内楼梯平台上嵌有当时省长裴丽生题字的石碑。目前没有理科楼的建筑资料。

1951年学校原有的学生宿舍被教工和家属占用了14排，加上从北京迁回的学生和暂住在太谷铭贤学院的学生，住宿成了急需解决的大问题。根据学生宿舍楼短缺不够用等实际情况，当年安排新建三项工程：一是建男生宿舍楼；二是建女生宿舍楼；三是建教工住宅。学校请土木系主任刘锡光、助教史连江协助解决这个问题，但学校地皮狭窄紧张，经研究决定，将学校南操场面积削减，东北角建6幢教工宿舍，每两户一座房，可容十二户。在西北角建二层男生宿舍楼60间。将女生宿舍建在后门东侧，紧靠北围墙临上官巷，二层单面向阳共40间。三项工程从设计、预算到招投标均由助教史连江先生具体办理，最后，女生宿舍楼由新生公司承建，男生宿舍楼由工人公司承建，教工住宅楼由广汉铁公司承建，三项工程均在年底完成，解决了教工和学生的住宿问题。

在建设宿舍楼房的同时，学校的零星维修项目也在进行着。当时校园大礼堂两旁有三处景观，人们戏称为"未雨湖""方便所""公鸡山"，其实也就是几处坑洼地、一个半塌废还在使用的土厕所、一座垃圾山，严重影响校园面貌，大家对此意见不少，也将此列入了改造计划，最后，找工人拆除了"方便所"，利用拆下的旧砖块铺平了大礼堂两侧的小甬道，移走"公鸡山"的灰渣垃圾，填平了路两边的坑洼之处，"未雨湖"也变得平展了。没多久三个著名的"景点"不见了，校园里变得干干净净，呈现一派新气象。

1952年，全国上下正在开展紧张而激烈的"三反""五反"运动。搞运动不误建设，学校对该年的工程安排有四项：一是在上马街工农速成中学院内，给文学院专修科学生建设6幢平房宿舍；二是扩建大礼堂（在前面已说明）；三是改造图书馆，扩大面积，增加阅览室；四是在南院增建男生宿舍一字楼。工作当中，最困难的当属建筑材料供应不上，物资贫乏，从太谷买来的砖，大多是拱券楔形砖，而且数量不多，只好分行使用，最终效果也还不错。

　　经过三年的校舍建设、修缮改造，山西大学校园面貌逐步得到了改善，教学办公环境也在逐步完善，各项教学活动有条不紊地进行着。为下一步发展打下了良好的基础。

　　就在此时，全国高等学校大范围的院系调整开始了。

二、院系调整

　　中华人民共和国成立之初，全国的高等院校经过初步的整顿，基本上步入了正常发展的轨道。但就全国总的情况看，高等教育在结构上仍存在地区布局不平衡的问题，为迅速改变我国一穷二白的落后面貌、加强基础工业的发展，国家需要大量的工科技术人才和师资人才，教育的重心放在与经济建设直接相关的工程和科学技术教育上。1953年教育部在高等学校教师思想改造的基础上，确定院系调整是以"培养工业建设人才和师资为重点、发展专门学院和专科学校，整顿和加强综合性大学"为方针，本着"着重改组旧的庞杂的大学，加强和增设工业高等学校，并适当增设高等师范学校，对政法、财经各院系采取适当集中，大力整顿及加强培养与改造师资的办法，为今后发展准备条件"的原则。借鉴了世界上第一个社会主义国家苏联的高等教育体系模式，急需工业建设人才和师资，在全国范围内进行了高等学校的院系调整工作，原有的高等教育格局被打破，经过全盘大调整，许多高等学校被拆分合并，大力发展独立建制的高等工业学院和高等师范学院，加速了工业人才和师范类人才的培养，形成了20世纪后半叶中国高等教育系统的基本格局。

　　1953年5月29日，高教部《关于1953年全国高等学校院系调整计划》经政务院批准实行，计划中拟将山西大学校名取消，工学院和师范学院独立建院，财经学院并入中国人民大学。1953年9月11日，中央人民政府高教部、教育部公函称：关于你校工学院、师范学院分别独立建院及财经学院并入中国人民大学的调整方案，业经报请政务院会议讨论通过……你校工学院独立后定名为"太原工学院"，你校师范学院独立后定名为"山西师范学院"……。接到高教部公函后，工学院和师范学院正式分离，山西大学医学院也正式脱离山西大学并独立建院为"山西医学院"。山西大学工学院冶金工程系划归并入北京钢铁学院（今北京科技大学），纺织工程系和采矿工程系划归并入西北工学院（今西北工业大学）。所余机械工程、电机工程、土木工程、化学工程四个系，分设为机械制造工艺、工业与民用建筑、无机物工学、发电厂电力网及电力系统四个本科专业和机械、土木两个专修科，并脱离山西大学独立建制为"太原工学院"。山西大学则以山西大学师范学院、山西大学理学院（数学、生物、化学三系）合并重组改制，改建制为"山西师范学院"。由此山西大学这一综合性大学被调整分解为独立设置的三所专门学院——山西师范学院、太原工学院、山西医学院。但由于师范学院和工学院两院新校址尚未建成，仍共处一起，机构人事尚未分清，所以山西大学校务委员会议直到12月22日举行至第143次，方告结束。

1954年1月15日，山西大学在报上刊登启事：我校工学院及师范学院奉令调整独立为"太原工学院""山西师范学院"，山西大学校名取消。山西大学建制于此日正式取消。暑期，师范学院迁往太原市南郊坞城路新址，两院才彻底分离。工学院直至1958年夏，才从侯家巷旧址迁往汾河西迎泽西大街新址。

1954年2月3日山西大学院系调整基本结束，山西师范学院独立建院，为全国三十一所高等师范学校之一，有中国文学、历史、地理、俄语、教育、数学、生物、化学、体育等四年制和二年制的系科。2月16日学院召开了第一次行政会议。

三、坞城校园的规划建设

　　1952年秋，学校派人在大马村和殷家堡一带考察，为的是山西大学的新校址，还利用维修图书馆的檐石准备了四块界石，上书"山西大学基地"，最终山西大学不搬迁了。当年冬天，学校又派人前往太原市南郊区坞城路一带给山西师范学院遴选新校址。这一带原是太原市规划为高教园区的地方，以后公共基础设施方面会好一些。当时选址的时候，周边太原铁路机械学校、山西建筑工程学校、山西冶金学校正在建设中。太原铁路机械学校的南面有一条西北-东南向约两米高的土垄，登上土垄原是一条三四米宽的古河道，再往南下一个台阶基本上是农民麦田、菜地和坟墓群，北高南低，地势较平坦，土质是河道淤积层沙质土壤。根据现场地质勘验的情况，经校长办公会议研究决定，新校址就选定在坞城路太原铁路机械学校南面这一片开阔地带上。先期规划在坞城路北起古河道南150米第一个台阶（现大操场北侧）往南400米，西至城市规划道路，东与已建成的肉类加工厂宿舍相隔一条18米宽的马路，全长520米，面积20.8万平方米（约312亩）。初步核定1250人的规模，每生以建筑19平方米的定额，共有23750平方米建筑和400米跑道的体育场。经报请省教育厅同意后山西省建设厅批准，这样山西师范学院的新校址和先期规划方案就确定了下来，下一步学校正式进入了新校址的建设当中。

　　学校一方面派出了土木系教师带领学生进行现场测绘，为征购土地作准备。依据太原市的地形图、学校测绘的图纸和农民手里的契约，直接跟农民进行计算征购赔偿，毫厘不差。一方面由土木系牵头组织设计人员，按照"区域明确，往来方便，学生为主，杂用集中"的原则进行校园规划，年底完成了初步规划与设计。总体布局完成后，经山西省教育厅同意上报北京华北行政委员会批准。校园总体规划是南北向，校门放在南办公楼的正面，东侧是教学楼、生物楼，西侧是图书馆、理化楼，办公楼之北是运动场及学生宿舍，西面是杂用房，运动场的东面隔马路是一片家属住宅区。

在项目审批的过程中，对于施工单位的选择也在同时进行着。经过对几家的遴选，看准了太原市第一建筑工程公司，经理是秦铭彝，工程师高宏安。他们保证保质保量按时完成建设好新的校园，当时山西省还没有预算定额，只能现编，经双方核算协商确定工程造价，做到数据可信，不冒估。最终确定1953年山西师范学院的全部工程由太原市第一建筑工程公司来完成。

1953年3月12日，山西师范学院在太原市南郊坞城路（山西大学现址）上，经过一系列的前期准备工作，建设新校区的工程拉开了序幕。没有放炮没有打鼓没有庆典，在这片空旷的田野里，几乎听不到其他的声音。当时现场办公条件很差，建设者们住在现俱乐部南搭盖的临建房里——一处能容纳20多人的干垒砖、四面墙壁透风、屋顶漏雨的工棚。交通工具以一辆自行车和两条腿走路为主，主要是依靠来回走的方式往返新校区和侯家巷之间，既费时又费力。

4月份，学校成立基本建设科，隶属总务处，张华同志任科长、梁发升同志任副科长，工程师史连江。下设三个股：计划检查股、材料供应股、会计统计股。科员有温秉钊、赵洪堃、徐槐寿。成员有徐金生、王家德、张富祥、李名山、徐明生、魏泰和、赵景源、任建武、阎世华、杜启明、王贵生、贾秀生、文企魁、冯普、裴鸿儒、王志汉、王先玉、梁寿先、王国祥、白根海、李滁生、刘煜丰、杜琛等共29人。这是山西大学为建设新校区而单独成立的科室。从此，基本建设科（后来成为基本建设处）发挥了巨大的作用，为山西大学校园的规划、建设做出了不可磨灭的贡献。

经过一年多的建设，至1954年暑假前，山西师范学院的新建工程基本完成，这一年搬迁前的重点工作是安装与装修，做一些基础工作，开凿深井，建水塔，铺设道路，从农科院北营实验基地移回了一部分樱桃、山里红、海棠等树木栽在宿舍区。暑假正式搬迁时，挂出了"山西师范学院"的校牌，同时将侯家巷校门上"山西大学"的校牌摘掉。

1954年6月，学院《第二十七次行政会议记录》决议其中一条是由学校相关人员组成基建工作检查团，以行政名义对学院搬迁前的基建工程进行检查。深入了解基建工程情况，检查账簿手续，基建计划完成情况及人事上的问题。下星期再成立基建委员会，吸收各方面人员参加检查工作。基建工程报告及决定事项（张华报告）：

一、新工程：水暖、煤气、锅炉房、水塔四项工程现已开工。

二、暖气锅炉房定于上月20日开工。教室楼、书库定于上月25日开工。教工宿舍楼6月28日开工，门房校警室定于8月开工。

三、水塔工程3个月时间可完成，现为了及时供水，一做临时性水塔，上月底完工。

四、新建临时性建筑五间（合作社、学生饭堂、理发室），材料由基建科准备，经费由修缮费项上开支，增加临时饭厅后，可供1200人吃饭用。

五、上月初全部供电，电话材料拟到天津买；眷属区用砂土作小引路，炭土池又作灰池8个，幼儿园作竹篱笆，托儿所占甲等房子两间，宿舍纱窗侧面不安，围墙不做，大门仅计划做北门。

这是1954年暑期搬迁前基建工程的检查汇报。一个月之后的暑假，山西师范学院正式搬迁至太原市南郊区坞城路的新建校区，距城17里，有公共汽车可达，学院将自备汽车，供员生乘坐。新校址已建成面积21300平方米的建筑，各主要建筑均装有暖气，全部工程将在1957年完工。年底学校给予基建科的年终总结是"较好地完成了任务"。

在坞城路新校址上，从1953年到1960年近7年之久的基本建设，陆续建起了一批教学生活建筑物，当然还包括一些附属用房。他们的建造时间几乎都在 20 世纪五六十年代，这些建筑物大部分至今仍在使用，当然也陆续拆除了一些用房。该阶段初期应该说是山西大学建校史上第二个建设高潮，给我们留下了醇和的校园建筑风格以及幽静的校园环境，也留下了最可欣赏的校园历史景观。为表示新旧对比，特将这些建筑物名称绘制成表，以示变迁，如下：

老建筑物新旧名称对比表

序号	原名称	现名称
1	行政办公楼	一办
2	地理楼	外语楼
3	生物楼	大型仪器中心
4	体育楼	平顶楼教育学院
5	分子所	化学楼（修建文科楼 1999 年已拆）
6	南图书馆	南图书馆（修建文科楼 1999 年已拆）
7	大饭厅（一灶）	体育教育馆（2015 年已拆）
8	俱乐部	工会
9	体育馆（风雨操场）	体育馆
10	北图书馆	国家大学科技园
11	物理楼	物理楼
12	教学办公楼	主楼
13	教工食堂	德秀餐厅
14	二灶（2005 年已拆）	现址为南院塑胶篮球场
15	三灶（2000 年已拆）	现址为文瀛苑
16	学生宿舍	文瀛一至十五斋（除七、十三斋）
17	拐角楼两栋（1994 年拆）	政管学院、校医院（2007 年复原）
18	教学仪器厂（已拆，改为家属楼）	海南岛区域家属楼
19	总务处办公楼（原澡堂）	后勤管理处办公楼

四、老同志（或参与者）的回忆

为还历史原貌，特将原基建科的会计杨春台同志的回忆文章真实记录下来，不加叙述，不作描绘，不予删改，以避免用现在的感情篡改过去的真实情况：

1953年，旧山西大学解体为山西师范学院、太原工学院、山西医学院。财经学院并入中国人民大学，山西师范学院独立建院，校址选在太原市南郊许坦，根据当时的定编在校生1250人，批拨给校址用地280亩，即18.6万平方米，也就是大操场的南面，办公楼南墙以北，小饭厅西墙以东，家属区东墙以西，就在这片土地上开始新建。当时国家征用土地只赔偿农作物附属物款项，土地免费，农作物附属物两项合计款项42687元，当年开工的项目有94项，其中：办公楼、地理楼、化学楼、图书楼、学生楼四栋8项为2层，其余是平房，总计建筑面积20965平方米，投资166.3万元。建成家属宿舍202户，也就是原来的南北区。1953年基建完成投资222.1万元。

1954年开工建设的项目有13项，学生楼、图书楼为3层，生物楼、教工宿舍楼为2层，其余为平房。共计建筑面积9738平方米。建成家属宿舍48户，共计完成基建投资84.5万元。

1955年开工建设的项目有27项，平顶楼、学生宿舍楼为2层，其余为平房。建成家属宿舍76户，建筑面积9245平方米，当年征用土地65107平方米，即97.758亩，总计完成基建投资57万元。本次征用土地为主楼占用及主楼南北侧，还有新区家属宿舍所占用。当时征用土地有项目可以征地，没项目不予征地。

1956 年开工建设的项目 11 项，其中：主楼一栋 3～4 层，建筑面积 5584 平方米，学生楼三栋 2 层建筑面积 4547 平方米，其余平房，总计建筑面积 10814 平方米。经过几年的建设，共建筑项目 145 项，50762 平方米，所批拨给的校址基本覆盖，原计划批拨给的校址单给文科都不够用，理科部分需另选校址，经多方筛选，当时五一广场，并州饭店以南至并西商场，西至迎泽公园，这一大片土地本是太原市的窗口地区，可是旧社会遗留下来的是一片杂乱无规的一个民众市场。由于解放初期经济条件所限，没有一个大的单位来开发，经省市领导研究决定让山西师范学院理科用地开发，学校成立了以李滁生为组长，刘绳武为副组长的五一广场拆迁工作组，派贾光岳老师带领地理系 30 多名同学作拆迁前的测量工作，在当时来说拆迁范围之大，小型商铺之多，居住的人员复杂。地处太原市中心，各种行业都有，光商铺就有 150 多家，设立在市中心的商铺和居民要搬迁到市郊偏远的地方。当时指定的地方王村，也就是现在的长治路北端，那时的王村尽是坟墓、污水坑，荒无人烟，学校派温秉钊负责在王村规划、设计盖房子、为搬迁的商铺和居民铺平道路。当时市场上的各种建筑材料都奇缺，经打听，太谷县六二五库（国库）在白城公社占了好几个村子，把老百姓的房子全部拆除，李滁生让我和刘绳武去那里把拆下的旧砖、木料全部买下运回太原，给商铺和居民盖房子所用。完成了太谷买材料的工作之后，回到了拆迁组，广场的拆迁工作已开始，发放补偿奖，购置开工前的准备工作。王村所盖的房子已盖了好多排，正在大干特干的时候，因故停下，共计花费了 16.5 万元，在当时来说是一个不小的数字，留下好多收尾工程让梁昌在王村看守工地一年多时间后交给了市政公司。五一广场拆迁工程告一段落。

1957 年开工建设的项目有 7 项，单身教工宿舍两栋 3 层 4386 平方米、体育馆、俱乐部、教工食堂、露天舞台、锅炉房等，总计建筑面积 7864 平方米。

1958 年是全国"大跃进"的一年。可是山西师范学院基建科省里没有安排建设项目，基建科将要解散，科里的人员很不安心，教育厅领导得知后认为大学今后基建任务还是很多的，现在把基建科解散了需要时再筹建不如保留的好，所以就设法下达了一项任务——新建图书馆。经省设计院设计建筑面积 5439 平方米，高度是 4～6 层投资 32 万元，科里的人们也就安下心了。1958 年是鼓足干劲，力争上游，多快好省的建设社会主义的一年。全国都在放卫星，山西师范学院新建的图书楼也列在其中，5 月 4 日开工，6 月底封顶，搞七一献礼，总共才 50 多天，在当时的材料、人工、技术设备等多方面比较差的条件下，完成那么大的工程确实是了不起的。可是后来的几年中就露馅了，由于质量问题，图书楼重点加固过两次，投资和重盖一个楼也差不多。

经过 1957 年的"反右斗争"和 1958 年的"大跃进"之后到了1959 年文教界又是一个大干快上的年头，山西省教育厅给山西师范学院下达了基建任务是投资 175 万元，建筑面积 3.1 万平方米，钢材 175吨，木材 2567 立方米，水泥 1200 吨，这个数字在当时来说是一个相当大的数字，若要完成这个数字，真是了不起。山西师范学院根据教育厅下达的文件精神，又要扩展校址，这次扩展的范围最后定在本校址的南面也就是现在的南院，因为有了扩展空间好发展，也给后来发展打下了基础，新扩展的校址东西 510 米，南北 700 米（含 35 万平方米），和北院联系在一起共 60 万平方米，当年征用了 58908 平方米，约合 88.45亩，1959 年学校安排的基建项目是单身宿舍楼两栋 4386 平方米，甲型住宅楼三栋 3941 平方米，乙型住宅楼两栋 3688 平方米，教工澡堂、锅炉房等共计 12835 平方米。

期间，要在山西新建一所属中国科学院管辖的华北卫生研究所，还要新建一所新山西大学校址，选在现学府街西端，路南是华北卫生研究所，路北是山西大学新校址，各占地 1000 亩，一个基建处两个工地，山西大学当年征地 468 亩开始新建，温秉钊同志带领好多人到全国各地名牌大学参观取经，绘制出的平面图在当时看真是高级。机关团体借用师范学院的图书楼和单身宿舍楼，学生宿舍租赁建校和省委党校的房子，校领导成员是李希曾任党委书记，山西省副省长焦国鼐任校长，李铁生、李子康任副校长，还有好多的领导干部都配备齐全。当年招生601人，男生502人，女生99人，上课就借用师院、建校、省委党校的教室。

基建工地由温秉钊同志全权负责，干了一个时期，温秉钊同志感到领导层次多不方便，因工地出现问题很多需要请示，一下得不到处理，耽误时间，他就提请领导为了便于工作，山大和华卫所的基建工程分开，各干各的为好，领导同意了他的意见，分开各干各的。当年开工新建的项目，化学楼、学生宿舍楼、家属宿舍楼，包括水电暖道路及绿化等工程全面开工，浩浩荡荡在太原市算是一个庞大的工地，干了一年多时间，停工。省委下来文件，为贯彻"调整、巩固、充实、提高"八字方针精神，中共山西省委决定将山西大学与山西省师范学院合并。合并后仍称山西大学。

1960年安排的基建项目是：物理楼一栋10498平方米，学校宿舍楼两栋7496平方米；南大饭厅4017平方米，还有汽车库、油库、锅炉房以及室外工程等共计23306平方米，还给山西省教育厅代管教学仪器厂征用了土地36170平方米约合54.31亩，盖了一栋单身宿舍楼2193平方米，饭厅一栋637平方米，锅炉房以及室外工程等，教学仪器厂当年招工50名，占用山西师范学院单身宿舍楼，没有开展工作，到了1961年赶上了全国性的经济困难，精简机构压缩经费开支，然后就停办了，地址归山西师范学院，也就在现在的海南岛。

1961年是国民经济困难的一年，山西省教育厅没有给山西师范学院下达新的基建任务，只让按照"调整、巩固、充实、提高"的八字方针完成前两年铺下的基建工程。可是在当时全国都一样，各条战线都在困难中，你要完成一项任务是相当困难的，举一个例子：物理楼南侧主体工程完工后，外墙水刷石用的白石子一直找不到，影响工程进行，一天，文企魁科长去向阳镇参加小水泥上马工程会议，下午回来时骑自行车看到由尖草坪至省政府这段路上撒的白石子不少，他还计算了一下如果把这些白石子收起来也够物理楼工程所需。他回校后就向张华处长做了汇报，张华处长听了以后就召集全科人员开紧急会议，让派500名学生带上扫帚、簸箕、麻袋，乘汽车在7点钟之前前往地区扫马路，说起来真是笑话，当时我们几个人就议论着，有多少汽车拉白石子，都能把拉的白石子撒在马路上，再说环卫工人在天明之前，就要扫马路，趁我们去了早就扫完了，等等。把我们分成几组：第一组白根海、杨春台；第二组李名山、黎幼珍；第三组王贵昇、牟文祥，让我们拿上扫帚、簸箕、麻袋，骑自行车在3点之前到达目的地。第一组到尖草坪、忻州、新城分界处。第二组到矿机附近。第三组到省政府附近。安排完后，领导打电话给学校汇报。我和白根海2点之前就到了忻州、新城分界处，沿路上看到的是有些白石子撒在马路上，但不是他们所想象的那样多，根本用不着派学生参与，就在附近的电话亭给学校打了个电话。还有一项是教育厅拨给山西师范学院50立方木材，没有运输工具，但工程急需，就让几个班停课，让学生们从大北门西二道巷，往山西师范学院扛木材，那天在解放路、五一路、迎泽大街、并州路都是师范学院的学生扛着板子，马路上的行人感到很奇怪。还有一次五锅炉房的锅炉由原来的铸铁锅炉改换成兰开夏锅炉，耗煤量大，运输跟不上，让学生停课由北营车站煤场往学校背煤，有的学校用裤子、床单背煤，现在想起来真感到稀奇。

1961—1976年，这十五年当中，省里没有给山西大学下达过一项基建任务，因此根据工作需要，基建和维修合并在一起，对外基建科，对内修建科。

零散的回忆，勾勒出一幅20世纪50年代建设新校园的场景：艰难、质朴、积极、热情。向当年可爱的建设者们致敬。

五、恢复山西大学

　　山西师范学院从 1953 年独立建院至 1961 年，基本建设共完成了办公楼、图书馆、教学楼、实验室、体育馆、宿舍楼、物理楼等 30 余幢建筑物，累计建筑面积达 118409 平方米，占地面积 380015 平方米。学院的基本建设规模、实验室设备、图书仪器、师资建设等在 1961 年已经初步具备了一个文理综合、设备齐全的师范大学的实力。

　　在"大跃进"的高潮中，鉴于山西自然资源的特点和当时文化与科学的飞速发展，省里需要一所文理综合性大学去培养急需的高等学校师资、中等学校骨干和进行尖端科学研究的人员。中共山西省委与省人委准备成立山西科技大学，未获高教部批准，于是便计划恢复山西大学。1959 年 1 月，此项计划经省委和高教部批准，正式组成"山西大学建校委员会"并开始工作。省人委批准了筹委会所报的开设院系及专业、招生人数、基建经费等计划。经过努力，调进一批教师和工作人员，暂时借用山西师范学院的房舍，另外在南郊小店公社大马村修建新校址。1961 年，国内经济困难，实行精简机构与缩减人员以及控制基建规模，为贯彻党的"调整、巩固、充实、提高"八字方针，中共山西省委决定将山西大学与山西师范学院合并，大马村新校址基建工程下马。1961 年 6 月 24 日在师院院务扩大会议上，主席宣布山西师范学院与新成立的山西大学正式合并，名称仍为山西大学。

　　合并后的山西大学既培养科学研究人才，又培养高等学校和中等学校师资，学制为五年制、四年制和二年制，开设政治、教育、中文、外语、历史、数学、物理、化学、生物、地理 10 个系，图书馆藏书为 61 万余册，拥有一支 622 人的教师队伍，在校学生达 4111 人，干部职工 730 人，是山西省唯一的一所文理综合大学。

六、醇和的校园

　　在极其困难艰苦的工作环境中，在物质和精神双重压力下，前辈们在太原南郊坞城路一片荒芜的土地上建起了一座座房屋，修起了一条条道路，栽植了一片片花卉苗木。而如今，漫步于各个恬静安详的木构人字顶楼房之间，徜徉在花草覆荫的校园里，六十多年的建筑散发着醇和的幽香，不经意间让人仿佛又回到了记忆中的年代。

　　进入西校门，分三块区域：主楼图书馆区域是校园平面的开始也是最具代表性的地方、南中部的学生宿舍、体育场区域承前启后、最南部教学办公区域是醇和校园完美的收观。

　　从西校门进入校园，眼前毛主席塑像站在小广场中间，其后矗立着一座建筑物，这就是著名的主楼，是解放后山西省高等教育学校一座早期三四层建筑，见证着山西省高等教育的发展历程。主楼后面相隔不远便是北图书馆，西校门—原花池—主楼—北图书馆—小花园，这条不长的东西中轴线上延续着侯家巷的中轴线平面格局。这条中轴线上，主楼和分列左右的拐角楼组成了一个门前广场，南北两侧各有三栋二至三层学生公寓，呈东西向一字排开，东侧是教工食堂、工会，北图书馆居中，以上建筑组成主楼—北图书馆区的一个幽静的读书场所，也是校园一处经典景观。还有一条算不上中轴线的南北中轴线，位于主楼南侧，排列着七栋学生公寓（其中文瀛七斋为1981年建），二三层的人字木构瓦顶建筑和其前方的庭院，曾经接纳过数不清的莘莘学子在此学习生活。这片公寓西部隔着一条马路是一灶、三灶学生食堂，东部是标准的露天炉渣土操场（2003年改成塑胶体育场，取名为鸿猷体育场），体育场南为体育馆和平顶楼。体育馆为穹顶拱形木构玻璃采光顶，至今仍为教学健身活动场所。再往南，一条不宽的道路横亘东西，路南为两排读书教学之建筑，这两排建筑物又围合了一个区域，均为人字木构顶二层建筑。多样的建筑平面布局、多样的红瓦屋顶形式、绿色或红色的木制小格窗户、灰色的砖筑清水墙，庭院前花红柳绿，这是一片醇和的建筑群。在这片区域里，周边散布着高大的树木和常绿的松柏、开花的灌木以及草坪，超过楼房高的洋槐树、梓树和圆柏等等，使得所有建筑都笼罩在绿树荫下，每年五月季节，槐花缀满枝头，香气飘散校园，梓树果实长得很像豇豆，丁香木槿应季开放，斑驳粗糙的树干，盘曲的枝条，见证着过往的历史。

这就是 20 世纪 50 年代形成的，位于太原市南郊坞城路的山西大学校园平面布局。

在 2009 年 7 月 29 日的《山西晚报》上，太原市规划部门公示的山西大学片区规划方案中，谈到片区内最重要的组成部分山西大学校内建筑时，规划人员称："对位于山西大学内的优秀建筑，也将加大保护力度。本次规划建议保护的现代建筑共有两处，一处为毛主席塑像和原山大教学主楼建筑群，总面积1.38公顷；另一处为山大低层住宅楼建筑群，总面积2.85公顷。"

主楼、图书馆、操场航拍图

七、主楼

主楼——原教学行政楼，建于 1956 年，位于西校门的正对面，坐东朝西，灰色清水墙砖混结构平屋顶，平面布局向西校门略呈凹形，中间局部四层，两边三层，局部还有地下室一层（人防）。木制绿色大门前踏步平台两侧有大方形高花墩台，黑混凝土柱础上的六根立柱（原粉色现红色）立在踏步平台边沿上，支撑着门口阳台雨篷，柱头和门楣上都画有装饰线条，雨篷其实是二层的阳台也兼具雨篷的功能，上有一圈栏板似的女儿墙，高大的绿色木制窗户（其间曾改为铝合金窗，2011 年在改造时为外绿内白中空断桥铝合金窗），窗下墙体有回字花格，厚实的灰砖墙身，错落的墙体，敦实的女儿墙，这些建筑元素组成了这栋建筑物的外在特质。室内大厅两根粗壮的圆立柱居中分列两旁，直通到四层，立柱前方的主楼梯居中，两侧分楼梯通

20 世纪 50 年代山西大学主楼，可见当时四周的空旷

向楼上，也是那时期的楼梯间形式，精致的楼梯踏步，实墙栏板木制红色扶手，南北两侧还有次楼梯间，同样的实墙栏板木扶手，木质扶手由几块方木架空。每层楼道的伸缩缝通过拱形门处理，室内布局是走廊居中，教室、办公室位于两侧，是那个时代典型的样式，楼内拼花的水磨石地面，花纹花色至今鲜亮如初，楼道和教室层高很高，顶部有线脚处理，拐弯之处都为圆滑过渡墙面，楼内有教室、阅览室、会议室、办公室等，是当时主要的教学办公楼，也是山西省高等教育学校早期建筑。主楼四周栽植了雪松、柏树、槐树等，如今高大的树木陪伴在旁边，见证了太多的风云变幻，却依然如故。门前两盏金色柱脚白色灯柱的八头华灯，陪伴在旁边，默默地照亮着门前小广场。站在屋顶，整个校园尽收眼底，四周校园风光。多少年来山西大学毕业学生在主楼前留下了他们美丽青春的倩影，一张张带有历史痕迹的照片此时定格，又融入了他们怎样的情感，只有在心底默默地祝福母校。

在备战备荒为人民的60年代，楼顶最高处安上了防空警报，至今还在使用。后来楼顶先后安装过校训"勤奋 严谨 信实 创新"和"求真至善 登崇俊良"，由钢架、钢板制成，先为油漆涂刷，因掉色改为亚克力板制作，2013年统一拆除。

主楼历经两次大的维修项目：

其一：1991年，这座楼从里到外进行了维修加固，外墙除东立面外其余三面增加横竖宽肋板，窗户间加固立柱呈三角形向外凸起，外墙正立面涂刷大颗粒水刷石，两侧面及后面水泥抹面，灰色建筑，从外形上改变了该建筑物原有的外观，清秀的外观变得高大。

其二：2011年暑期，学校又投入300万元对该建筑内的水暖电等基础设施进行改造、门窗更换、墙面乳胶漆粉刷等维修项目。

期间，楼内各使用单位也曾对各自分管的区域进行过或大或小的改造，延续着舒适的教学办公环境和主楼的使用寿命。

为加强太原市的文化遗产保护，太原市政府经考察遴选、专家评估、市政府讨论通过，下发《关于公布太原市历史文化风貌区历史建筑名录的通

主楼

主楼校门原貌

2010 年的主楼

门前列柱

主楼外景

主楼外景

大厅内景

防空警报

楼内地面

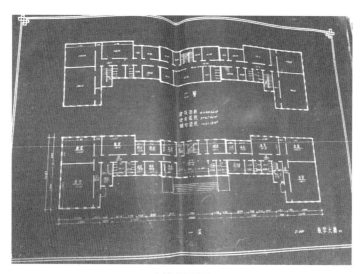

主楼平面图

2009 年挂牌保护

知》并政发［2009］38 号，此次公布的五片历史文化风貌区和历史建筑共 13 类、58 项、232 处，其中教育建筑 5 项。我校主楼名列其中，是保存程度较好且目前仍在使用的教育建筑，并挂牌保护。

如今的山西大学主楼处在外围高墙林立之中，越发显得簇拥狭窄。

主楼南立面

门前华灯

八、北图书馆

曾经的北图书馆，现更名为"国家大学科技园"，位于主楼的后面，建于 1958 年。建筑面积 5439 平方米，向东呈"山"字形，坐东朝西，西楼四层，南北楼三层，中间一竖是同时建起的一座六层书库和一层阅览室平房。整座楼通高的粉色水刷石立柱凸出主墙，窗间是乳白色水刷石，书库和平房是砖混灰色清水墙。朝西的大门前踏步台基连着两侧的小平台，门口的华灯依然如故地照亮着学子们求学的小路，八扇前后自由活动的玻璃绿色木门，两两组合，铁扶手斜置，门顶绿色木格玻璃固定扇，依旧保持着原样。适中的门厅雨篷向西伸出，大厅内往前可以通往后面的六层书库和一层阅览室，往左右两边是楼道房间，西楼有四处楼梯间木质扶手实墙拦板，分散通向楼上。室内用房围绕着外围展开，呈"U"字形，走廊在里侧，绿色木制大窗口，一部分改为铝合金窗，其余仍为原绿木窗。南北楼也有单独的大门进口，几根方柱支撑起高高的雨篷，门前方形平台上也有一盏华灯，现在是师培中心在南楼办公。这座简单质朴，饱经风雨的建筑，也是磨难多多，地基下沉、墙体裂缝、吊顶剥落等时时在困扰它，但它依然挺立在小花园内，粉白色水刷石的外表依旧经受着风雨的侵蚀。

书库的故事：原来图书馆在承重楼板上放上密密麻麻的书架以存放图书，现已加粗了柱和楼板的厚度。当初在建造书库的时候，为省钱又省事，参照南开大学新建图书馆的一个柱带书架做法，以柱代替书架，采用钢板预制成斜书斗，挂在留有插孔的混凝土小柱上，高低可调整，使用便利，面积

北图书馆

可大可小。具体到实施过程中，因施工工艺和技术的缘故，制作的书架柱不精细，书斗挂不上，书库不能用，导致图书存放还得利用 1953 年建成的南馆小书库。直至 1964 年，此书库改造提上议事日程，废除了当初建的混凝土书架柱，和市一机床厂商量采用他们的液压机制作所有的承重柱兼挂书斗，同时动员生物、化学和物理等几个系的助教到工厂做喷漆前的打磨除锈工作，辛苦了六个多月，新的书库建好了，增建了提升书的电梯设备，估计可存放图书 130 万～ 150 万册。

北图书馆南楼门口

北图书馆南楼　　　　　　　　　　　北图书馆正门

六层书库

北图书馆楼梯

北图书馆西立面

北图书馆书库现状

曾经历的几次维修活动：

1995 年学校曾对该南楼进行过地基灌浆加固处理。

北图书馆搬迁至初民广场的新建图书馆后，此楼分配给美术学院作办公教学之用。

2005 年在此楼办公教学的美术学院搬迁后，该楼分配给研究生学院用，因此对楼内进行全面改造，包括水暖电等基础设施、土建维修项目。

2012 年该楼改名为国家大学科技园，若干科研所进驻在此，从事科学研究活动。

2018 年书库连带两旁平房改造，两侧用钢结构搭起二层，书库内翻新，变成创业基地。

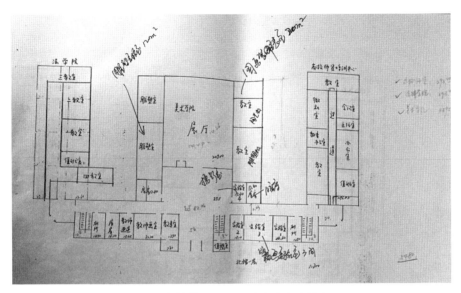

北图书馆简易平面图（个人留存图）

九、物理楼

　　物理楼建于 1960 年，位于学校南院，平面向东呈凹字形，坐东朝西，四层砖筑结构，局部有五层，建筑面积 10000 平方米，处于西北角大门口的大台阶及平台用冰红碎花花岗岩板（以前为彩色拼花水磨石地面）铺砌，铝塑板钢架包封门前大雨篷，为人们遮风挡雨，门口柱子上四盏壁灯装饰。进入门厅，近似方形的门厅面积不大连通着内部，往前就来到了北楼，右拐直奔西楼和南楼，西楼还有宽宽的两处大楼梯，木扶手栏板。在楼西南角还有一处进出大门，规模要比西北角的大门小，门内水磨石地面有一个拼花造型，现在用塑胶地面遮盖住了。室内布局虽然也曾装修过，但基本未动，仍为建造初时的模样。宽宽的走廊在中间，教室和实验室在两侧，房间内高敞，整齐宽大的窗口，让阳光尽情挥洒进来，原木制绿色窗户被铝合金替

物理楼大门

代。每一层室内西北角是一块自由空间，常有学生在此逗留、学习，五层原是天文台，后来弃之不用了。前面老同志的回忆中还有一段找寻外墙水刷石白石子的故事，从中可见当时建筑材料的短缺难寻和建设者的辛勤劳动。后来在建筑物的后院，还建有平房，东侧用铸铁栏杆围住，为辅助物理实验做加工车间，门前两侧弧形的花池里栽满绿篱花卉。物理楼建筑物四周有柳树、杨树、木槿、草坪围绕，掩映在一片绿荫当中。门口北侧的五株丁香树盘根虬枝，每年还都在开着当年的小白花，依旧香气袭人。南侧挺拔的白杨树依旧为物理楼遮风挡雨，宽大的叶子仍在叙述着往日的辉煌，接续着今日的灿烂。

物理楼东平房

物理楼楼顶小风车

物理楼大门

物理楼北楼

物理楼西门

物理楼室内

物理楼雪景

物理楼平面图

暖气的故事：物理楼建成后，暖气工程也随之安装完毕，送暖时逢寒冬腊月，不敢打压、试送，所以先行检查，循环阀门应该安装在控制阀门之外，改正后，慢慢送水上去，初几分钟没发现问题，然而没一会儿，只听得乒乓乱响，器皿跌撞，水流冲击一层二层，声音愈来愈烈，眼前呈现的是暖气片的堵头被水压冲开，一看，堵头有正反丝扣之分，装上的用了没有麻线的铅油，装不上的用麻线与铅油糊上了，一送水，就出现了上述现象。于是乎赶紧跑到锅炉房，关紧阀门，等天亮再说吧。哪知次日一早，有人喊"快来人，物理楼蒸熟了"，人们赶紧跑步来到物理楼，远远看到物理楼大门上方的五层主楼部分，笼罩在热气腾腾的蒸汽当中，奇怪了，关着阀门，哪里来的水呢？一查，关阀门尚有几扣不到位，没关死，再查，问题又来了，水泵叶轮有三处不通，而且用木塞填住，阀门闸板的下边被木塞支住，导致阀门关不死，存在缝隙，水就顺着缝隙跑到楼上了。再顺着往楼上查，物理楼最高处水箱间设置的水箱有溢水孔，却没有地漏子，溢出的热水流到地面上，顺着五层四层三层流下来而至院子里。问题找到了，也都修理了，当时物理系主任很痛心地说："这是刚运回来的仪器，至少损失三万元。"这在当时损失确实不小。经后期调查，是施工技术的问题。

曾有过的维修活动:

1992 年,对楼内的水暖电基础设施、内墙面进行维修。

2007 年,屋顶挑檐因破损而拆除,继而代之的是立柱女儿墙。

2007 年,对此楼进行维修,吊顶、墙面抹灰,地面塑胶、电气等项目改造。

2017 年,学校对楼内进行改造,主要是卫生间翻新和窗户更换为中空断桥铝。

物理楼门口丁香树

十、体育馆(风雨操场)

露天大操场的南边,即是现在的睿智路,沿着路边是低矮的涂上白色油漆的铸铁花栏杆(后来铸铁花栏杆拆除,花岗岩路牙石替代收边),不宽的路边种植的圆柏,尖塔形树冠,常年油绿,已成规模,再往里是大片的草坪和高大的树木。就在路两边的草坪里，分列着一些老建筑：体育馆、平顶楼、外语楼、一办、大型仪器平台、南图书馆、分子所。这些老建筑全部建于 20 世纪 50 年代，这片区域是醇和校园不可或缺的景致。其中除了因建文科大楼而将南图书馆和分子所拆除外，其他基本维持原貌，以下分述之，一一道来。

　　　　体育馆原貌　　　　　　　　　　　　体育馆门口

　　体育馆也即风雨操场，建于 1957 年，位于露天土操场的南部，睿智路北侧，和露天大操场有个地势上的高差，北高南低。体育馆的正大门面向西，大门的上方是随着拱形穹顶的绿色木制弧形玻璃窗户，南北主体墙上是瘦高的窗户，南北还有供进出的大门四樘，里面有一个标准的篮球场地，铺设专用运动木地板，南北两边可放一些器械设备运动，也有可供观看的座位席。室内是拱形木制框架结构玻璃采光顶，外围南北是拱形顶的两侧平屋延伸，东西是一层附属房间，砖筑，既可办公又有提供给运动员们锻炼后洗浴的场所。值得一提的是高高的木制拱顶，横向密密的木质弧形主大框架像若干道彩虹，竖向比主框架稍小些的次木质连系梁，一横一竖，再加上一道道斜向拉伸，牢牢形成了体育馆的拱形屋顶主体结构，二十几盏吊灯照亮了馆内运动场地，两侧靠下通长的玻璃采光顶让阳光倾泻进来，这是一处可观可赏的结构形式。室外二层拱形窗户顶上，书有"体育馆"三个大字，当初体育馆建成时，山西大学的书法家柯璜教授写了这三个字，在幻灯机上放大为1.3米的尺寸，塑在体育馆门上。初建时，东西两侧附属用房只是一层，随着办学规模不断扩大，原有设施不够用，所以于1983年在东西两侧附属用房上部又加建了一层，变成了二层，用于办公，为便于上下，又于侧部增设了四处钢梯直接上到二层。大门雨篷挑檐伸出，外墙又统一做了加固处理，涂上浅粉色水刷石，柱子和檐子涂上白色涂料，窗户三个或两个有线条连在一起，也涂上白色涂料，小巧精致。"体育馆"三个金色镂空大字架在了大门处的二层屋顶上，经过改造外部造型变成了现在的样子，改变了当初的模样。体育馆门口栽有几株松柏树，北面栽种一溜儿杨树，如今粗大的树干风采依旧。

1992年，室内进行维修，对木地板做了大的翻新，墙面涂油漆、粉刷等。在1998年将木制拱形顶换成了玻璃彩钢板顶（仅为面层，木架未动）。

建造体育馆（风雨操场）的同时，在北面露天大操场的西部中间还修建了一处露天舞台。说是露天其实还是有顶子的，坐西朝东，三面围合朝东开启，高高的舞台，南北侧门，墙上开有花瓣形洞口，舞台边南北有台阶可供上下，学校开全校大会、举办歌舞晚会时常在这里。在2003年修建塑胶操场的时候拆除掉了，取而代之的是南北通长的看台。

体育馆二层楼梯　　　　　体育馆拱形穹顶　　　　　内景

体育馆正门

内景

西二层

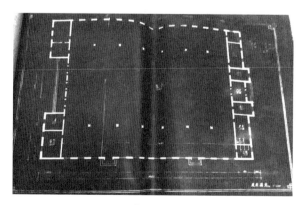

风雨操场平面图

修建前的露天大操场

修建后的露天大操场

十一、行政办公楼

行政办公楼现俗称一办，和风雨操场（体育馆）相隔于睿智路一南一北，应该是山西大学里保护得还不错的建筑，建成于 1953 年，坐北朝南，平面工字型，二层砖混清水墙，人字木构坡屋面，红瓦绿檐，红木格窗户，灰砖墙体，大门居中，简易雨篷，门口两侧方墩台正好栽植了两棵松柏绿植，门前小引路上，洋槐树分列两旁，房前屋后有大片油绿的草坪和灌木。室内格局基本还是原貌，办公室两侧，走道居中，一层水泥地面，二层木质地板，走起来吱吱呀呀作响，一层东西两侧还有便门。尤其它的瓦屋面，是山西大学老建筑中瓦屋面最具特色的一种，屋面中部庑殿顶屋脊，四面的垂脊因该建筑呈工字型而打了个折向四角延伸，因而有了九条脊，施工起来比较复杂。后来墙体被刷成浅粉色，窗户口涂成红色，其余未变。2010 年学校投

行政办公楼门前

入资金对此楼进行维护维修，完成了电气、卫生间、室内外涂油漆、粉刷，瓦屋面翻新等项目。2015 年因使用多年的木质门窗变形关不严，学校投入资金将室门更换为带套装饰门，红色木格窗户换成塑钢平开窗。

屋顶　　　　　　　　　　　　　窗户

西门　　　　　　　　　　　　　西山墙

全景图　　　　　　　　　　　　一办东

睿智路周边各式的铸铁花栏杆

睿智路

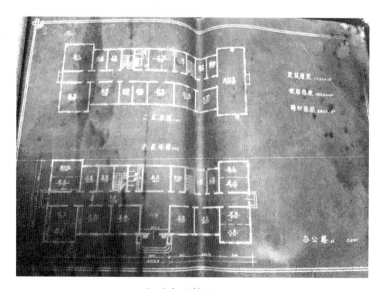

行政办公楼平面图

另外外语楼、大型仪器中心、平顶楼、南图书楼、分子所楼，均为二层，中央走廊、两侧房屋的布局，它们的室内布局类似又各有特色。

十二、外语楼、大型仪器中心

这两座楼房均位于睿智路南边，行政办公楼东侧，分别建于1953年、1954年。一北一南排列着。都有着简单质朴的造型，坐南朝北，二层砖筑，木构人字顶，红瓦绿檐，室内布局为中间走廊，教室办公室位于两侧，楼梯从两边上下，只不过外语楼平面呈长方形，大悬山瓦屋顶，显敦实。而大型仪器中心平面呈中间宽、两头窄的样子，是中间瓦屋顶高、两头瓦屋顶底的悬山顶，进门处有一小小的平屋顶是楼梯间，显轻巧。外语楼外墙纯粹的灰砖清水墙砌筑，大型仪器中心外墙也是灰砖清水墙，只不过一二层窗间墙体内凹并且抹灰，中央绘有回字花格纹饰装饰，两侧山墙也是回字花格装饰。两座楼房前屋后均栽植了若干丁香树，经过六十年的生长期如今长成了盘根错节的粗大的丁香树，花香依旧浓郁，两楼之间的核桃园宽大的树冠遮荫避日，依旧果实累累。大型仪器中心南侧原是花房温室平房，后来拆除后形成了丁香园，丛生的丁香树密密栽植，园中一方一圆小路，路旁塑料座椅，人

外语楼

大型仪器中心

们往来不断，是一处有些闲情逸致的地方。外语楼和行政办公楼北侧栽植了一溜儿梓树，大叶遮荫，春季黄白花满树，秋季形似豆角的果实挂在树上，脚下的草坪品种尤其好，绿草如茵。现在外语楼仍旧是外语楼，而大型仪器中心最早是生物系在此，后来几经变迁，一层是体育教研室，二层是经济管理学院、党校，再后来现在的大型仪器中心在此办公。

　　大型仪器中心原为生物系所建，在西部二层标本室曾发生过一次火灾，1984年11月2日凌晨2时，生物系遗传预备实验植物标本室发生火灾事故。固定资产损失29434.14元，其标本（高等低等植物压制标本、淡水藻类标本、海藻标本、真菌标本）损失价值无法估算。从1932年至1984年火灾前数代师生积累的各种高低等植物标本5万余种被烧掉。

大型仪器中心

大型仪器中心墙花　　　　　　　　外语楼西立面

外语楼

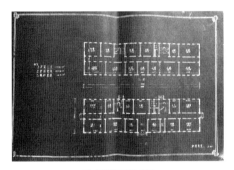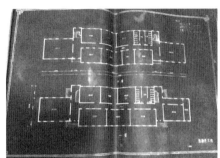

外语楼平面图 　　　　　　　　大型仪器中心平面图

十三、平顶楼

　　建于 1955 年的平顶楼，位于体育馆的东边，不过当初建造的时候，体育馆还没开始建。和体育馆相隔，有一处小小的活动场所，布有健身器材，再往北走就是东西贯通的篮球场、排球场等活动场所。所以体育馆和平顶楼就处在一片运动场地的边缘，即热闹又安静。平顶楼平面呈"I"对称形，坐西朝东，楼房东面开有大门，长边为东西向二层砖筑，短边为东部和西部短短的走廊连着一层大的教室，平屋顶，挑檐，灰砖清水墙，北侧楼梯间外墙上抹灰并有回字花格纹饰点缀。东部一层大教室因修建培训楼而被拆除，因屋顶挑檐年代久了有安全上的隐患，于 2007 年被拆除而变成女儿墙，西侧一层挑檐还是旧有的。教育学院如今在其中教学办公上课，一层西部是体育学院在此教学上课。该楼大门口往北，沿着北墙原有一段砖砌园门花栏墙，作为北侧体育场的一处进出口，后来变成铁质栏杆围护。平顶楼南北栽种了若干株洋槐，如今粗糙的树干依旧挺拔，开花季节五月槐花香。每到春季，东南两侧的迎春花应时开放，满树的小黄花吸引着过往的行人。

平顶楼北立面　　　　　　　　　　　　花栏墙

平顶楼西侧一层大教室

东大门

局部墙花

楼南迎春花

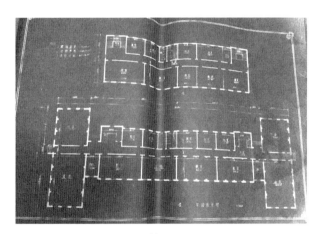
平顶楼平面图

十四、南图书馆和分子所

　　位于睿智路南，行政办公楼西侧，南北相对分布的南图书馆和分子所楼，按照目前的地理位置应是正对着步行街的南头。两楼院前开满了清香的紫薇花（百日红）。靠南边的分子所二层小楼外墙灰砖砖筑，坐南朝北，平面布局及外部如同大型仪器中心，只不过中部略短一些，两侧更长一些，门前有一曲折的花架长廊，中间还有美少女读书坐像一尊（后移至启智园）。

南图书馆在道路南边，坐北朝南，木构人字顶，前后布局，其前为二层期刊阅览室，其后为三层书库，建造时间分别为 1953 年、1954 年。南图书馆和分子所楼这两座楼于 1999 年因要建造文科大楼而被拆除。它们的拆除打破了校园最初的建筑格局，使得校园平面完美的布局留下了一丝遗憾。

南图书馆

被拆除前的南图书馆

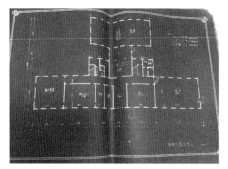 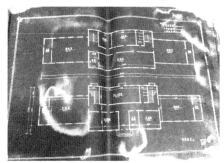

南图书馆平面图　　　　　　　　分子所平面图

十五、俱乐部

俱乐部就是现在的工会，位于学校小花园东，教工食堂南侧，建于 1957 年。大悬山屋顶，红瓦绿檐，灰砖清水墙，一层，呈南北长条走向，大门开向南，为及时疏散人群，活动场地东西两边各有两樘大门通向室外，室内最北为舞台，最南为办公用房（位于两侧，中间是走道），中部是大型活动场地，彩色水磨石地面。四周墙上有高大的玻璃窗，东西边外墙上局部点缀大花格，内有两火焰花朵纹饰。俱乐部掩映在一片梓树中间，春夏季节黄花满树，秋冬时节荚果悬挂，像长豆角似的，房西为一片垂柳，随风飘摆。在此曾举办过很多次的会议、演出，舞台早已被拆除，但是人们还是会在这里举办舞会，以及扑克牌、象棋比赛，时不时地吊个嗓子，给活动交流提供了一个好的空间，现在室内为体育训练场地。期间工会也曾有过几次大的维修活动：

其一：1992 年为迎接 90 年校庆，在南大门门脸上新建一座装饰性的门斗式牌楼，它是贴在工会大门口的一种装饰。

其二：2008 年，进行瓦屋面翻新，外墙乳胶漆涂刷，室内涂油漆、粉刷。

工会全景图

维修过程中，发现人字大梁有两根已断裂，巨大的推力使得外墙局部向外凸起，经钢板加固，这个问题暂时得到解决。不知道多少次给人们带来欢乐的工会俱乐部建筑还能支撑几何。

工会门头　　　　　　　　　　　　火焰墙花

十六、北院一灶（大饭厅）

一灶，建筑面积 2000 平方米，坐西朝东，位于学校西校门南，北学士路西。前为餐厅后为操作间，室内空间很大，能容纳几千人在此会餐。位于东侧的大餐厅部分是人字坡屋面，红瓦绿檐，灰砖清水墙，有高大的窗户，室内除了北面为舞台外，其余为大场地，彩色水磨石地面，向东向南均有大门开启，学校开大会，表演歌舞等均在此，也是一处好的集会活动场所。和大餐厅相隔几道拱门的西操作间是一层平房，粗细加工间、库房等设施齐全。1992 年曾大修过，拆除舞台，室内粉刷，加装钢筋混凝土制的排油烟设施，等等；2002 年文瀛苑建成启用后，大饭厅就失去了它餐厅的作用，改为体育运动场地；2013 年，市政府翻新坞城路，大饭厅及其周边平房建筑被拆除，目前改为停车场，一灶的使命结束了。

大饭厅南立面

大饭厅东立面

十七、南院二灶

　　二灶，建于 1960 年，建筑面积约 4000 平方米，位于学校南院东南角，坐东朝西，人字坡屋面，红瓦绿檐，双色水刷石外墙，窗口白色线条走边，北门口拱形白色线条装饰，这是二灶最精致的地方，西门还建有凸出主墙的避风阁。二灶由西大餐厅和东操作间组成,大餐厅内也是最南面为舞台,拼花的水磨石地面,室内空间也很大,售饭口在餐厅内的东面,向西向北都有大门开启,外墙立柱间两层的窗户一小一大、一上一下排列着,窗户上的白色线条围绕房屋一圈。二灶所起的作用和大饭厅一样,各类活动经常在此举行:如开会、选举等。操作间在东面,通过一段过道和餐厅相连,一层平房。2005 年令德阁建起运营后被拆除,改为简易篮球场。2015 年这片区域地面铺上运动塑胶,太阳能路灯安上,安装 6 套篮球架,四周栽植国槐、山楂树、丁香树等,成为一处运动休闲的场所。

二灶北入口

二灶内景

二灶平面图

十八、三至五灶

三灶，曾经的体育灶，位于大饭厅南，规模比大饭厅小一号，也是红色人字坡屋面，灰色砖筑，高大的窗户，于2000年被拆除，原址上建起文瀛苑。

20世纪50年代建起的一灶、二灶、三灶，80年代建起的四灶、五灶完成了它们使命，退出了历史舞台。

二厂车间

二灶拆除后的雪中景

十九、后勤管理处楼

后勤办公楼

在办公教学区东面，隔着一条马路，有一座坐东朝西的二层小楼，建于1959年，当初是作为澡堂及其锅炉房而用的，现改为后勤办公场所。小巧的建筑，整体二层砖筑局部一层，平面呈"山"字形，二层平屋顶，作为山字中最长的一竖是一层瓦屋面建筑，楼座的西北和西南角为一层。正立面精致的窗口两两用窗套连在一起，西外墙面抹灰，其余墙面为砖面，没有抹灰。楼中间门口上方是弧形平面雨篷顶，一进楼，不大的门厅，办公室分居两侧，再往后一处有长方形垭口，后面通向一层办公室和二层的楼梯，楼梯是栏板木扶手，楼梯间下面利用起来，放置一些杂物。室内格局没有多少变化。楼外门前四株圆柏也是一直陪伴着左右，不管楼内房间布局及人事怎么变化，这四株圆柏依旧如此，粗糙纵裂的树干，枝条斜上伸展，尖塔形树冠。后来此楼改造成为后勤办公用房，总务处的几个科室在此办公，有办公室、膳食科、房产科、工技室等。

1999年，将二层北办公室装饰，改造为大会议室，用吊顶装饰，包墙裙，铺设地毯，摆上会议桌，此格局至今未变。

　　2007年，为改善办公环境，将此楼室内装饰，更换为钢质门，地面铺复合木地板，走道铺花岗岩、涂油漆、粉刷等，在一层南侧腾出一房间改造成男女卫生间，整座楼改造后其办公环境比较舒适。

　　2010年，中间一层改为节能展示室，铝塑板吊顶，包窗套，涂油漆、粉刷，装上大会议桌、屏幕和音响设备。

　　2018年，中间一层改为办公室。

后勤管理处办公楼西立面

楼内门厅

后勤办公楼东立面

楼道

大活动间

二十、文瀛学生公寓

　　20 世纪 50 年代，随着新校区一起建设的还有十几栋学生宿舍楼，位于西校门主楼、体育场周边以及南院，它们为二层、三层或四层不等，屋面或庑殿顶或悬山顶，人字木构红瓦绿檐顶、灰砖清水墙、绿（或红）木窗是组成它们的主要建筑元素，各部位建筑尺寸适宜。为便于疏散，每座楼前后左右都有木门开启，木门上方都设有遮雨的雨篷，当初的人们不会放过每一处展示美的机会，不高也不大的雨篷边有一些线条花饰，给清水外墙添了些许的美感。对于这些十几幢瓦屋面房屋，最可欣赏的是各式的红色屋面形式：悬山，庑殿，九脊顶。有的建筑门口还有类似抱厦屋顶。从红色瓦屋顶到灰色清水外墙再到室内白墙以至红色木地板，没有过多的装饰，简单又质朴，亲切而又醇和。

　　室内布局均为宿舍在两侧，中间是走道，有八人间或六人间，上下红木床，一个舍友共用带抽屉的红方木桌，使得并不宽敞的宿舍稍显拥挤，木床和方桌框上喷着"山西大学"字样，一踩上去吱吱作响的木地板，光溜溜的水泥地面，一把挂锁锁住带有亮子的木门，每一处小细节都能引起当时的情景回忆，无论烦恼，也无论喜悦，均能引起人们美好的记忆。南院两座宿舍门口四根红柱支撑着三个拱形组成的雨篷，上书分别为"勤为径""苦作舟"，山墙上套着立柱拱形装饰柱，造型挺别致。由于这些学生宿舍建造年代久远，曾住过多少莘莘学子，一时也记不起，他们的学习生活情况、喜怒哀乐，在树荫下一起背书、娱乐，只有这些有灵气的建筑物默默地将一切记录下来，楼前的园林小院曾留下他们青春的脚步。历史人文积淀和感情积淀使得它们深深蕴含着诗人般的浪漫主义色彩，一年一年面孔变换，而这些建筑还是老样子，依旧踩着不变的步伐，记录着莘莘学子青春的喜怒哀乐，这就是山西大学老建筑所散发出来的气质。

位于西校门南北的两座拐角楼形制与前述建筑一致，原物已于1994年拆除，取而代之的是沿街二层商业用房，破坏了主楼前区域的格局，也带走了人们心中的感情依托。这种情形一直持续到2007年，经过大家的一致努力，历时两年的建设，山西大学基本恢复了西校门五六十年代的建筑风格，重建两座拐角楼，连同门房和栏杆、大门，蘑菇石材门柱上木质校牌刻有"山西大学"四个大字，它们和主楼还有中间的毛主席雕像又把人们带回了那时的情景。20世纪八九十年代这些瓦屋面建筑，由于抗震加固要求（文瀛一、二、三斋未加固），一律被钢筋混凝土柱子箍住墙体，它们的生命又得以延续下去。

文瀛十五斋西园门丁香

20世纪80年代末期，在这些学生宿舍楼之间，修建铸铁花栏杆围墙及庭院小门、花坛、活动场地、阅报栏，硬化人行小道，栽种各类花草。每一处小庭院都有独特的景象，高大的槐树，常绿的松木，低矮的灌木丛，脚踏的草坪，各式花坛，呈现出或天平、或月牙、或方或圆、或钢琴样，特别是有一处种着几株牡丹的花坛，每年四五月间，大朵的牡丹花应季开放，吸引来嗡嗡的蜜蜂，成为公寓一景。南院公寓门前三株法国梧桐树干粗壮，长势喜人。石质小桌凳散置其间，弯曲小引路通向各处。尤其是园门有圆形、花瓶形、八角形等等不一，白套收边，小巧精致，非常具有古典园林意味。园门加上旁边一株丁香树，好似一幅江南园林幽静的场景。

这是一群典雅的建筑群，这是一幅生动活泼的画面。太原市将其列入现代建筑整体保护范围。

文瀛一斋北立面   文瀛一斋南立面

文瀛三斋北立面楼道花栏杆   文瀛三斋北立面

文瀛三斋南立面   未维修前的文瀛三斋南立面

文瀛三斋前四柱台（已拆）

文瀛八斋南立面

文瀛八斋局部

文瀛八斋北立面

文瀛八斋后门

文瀛四斋

文瀛四斋

文瀛宿舍院内

文瀛宿舍院门

文瀛北院宿舍院门

文瀛十二斋

文瀛南院院前八卦小景

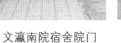

文瀛南院宿舍院门

文瀛十五斋西山墙

文瀛十五斋大门

文瀛十四斋东门

文瀛十四斋大门

文瀛十四斋西山墙

文瀛宿舍屋面

文瀛宿舍屋面　　　文瀛宿舍区院内法桐树　文瀛南院宿舍楼门

文瀛宿舍区牡丹花

1983 年 3 月，学校对 50 年代的建筑，包括主楼、北图书楼、体育馆、学生宿舍楼分别进行了抗震测试，并分批分年进行了抗震加固。

1988 年，学校借鉴大连理工大学学生公寓管理经验，为了提高服务质量，改善学生住宿条件，决定从该年新入学文科学生住房开始实行公寓化管理。文科新生包括中文系、政治系、图书馆系、历史系、经济系、哲学系、外语系、法律系、教育系。学生公寓楼定为学生 6 楼、学生 10 楼，这两幢楼共安排 630 个床位，学生公寓楼每间宿舍安排住 6 名同学。

其具体做法是，首先是将住宿环境进行一番改造维修，粉刷油漆墙面，改造厕所，更换上下水管道、照明灯具，修理门窗等，学生生活所需被、褥、床垫、暖瓶、脸盆，由总务处统一配备。为了方便同学存放物品，每人配备铁皮柜一节。建立各项管理规章制度，聘请有经验的退休职工作为管理骨干从事宿舍管理，同时还招聘一些服务人员协助管理，负责学生公寓楼的生活管理、环境卫生、学生用被褥床单的清洗更换、公寓楼的安全及其相关的服务工作。

　　住公寓楼的学生要交纳一定的费用。当时每个学生每年交公寓费160元（暂定）。新生们看到宿舍内整洁明亮，各类用品崭新实用，宿舍四周环境优美，非常满意。第二年即1989年对全校新生实行公寓化管理，推动全省高校实行公寓化管理的进程。

文瀛二斋北立面

　　1989年11月，山西省教委、省高校后勤研究会组织专业人员对学生公寓进行考核评估。检查组认为："山西大学在公寓管理方面为山西高校带了好头，经验值得全省推广。"

　　1992 年为迎接山西大学 90 周年校庆，学校将灰色房舍统一涂上外墙乳胶漆，办公用房外表涂上浅粉色、红色踢脚线，学生公寓外表以红色为主、白色勾边，改变了最初的灰色外表，以示区别。

　　2000 年这片学生公寓区被命名为"文瀛学生公寓"。

文瀛八斋　　　　　　　　　　　　　文瀛一斋

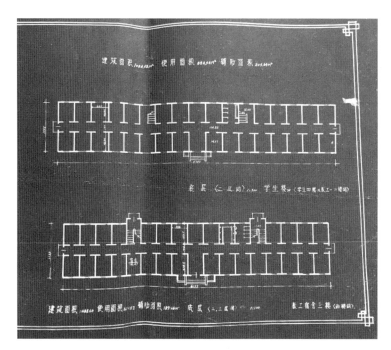

文瀛宿舍平面图

二十一、艺术楼（现哲学学院办公楼）

1962 年，山西艺术学院音乐系、美术系合并入山西大学，成为艺术系的音专、美专。随着招生人数的增多，加上山西大学艺术系学生原在省建校、山大北院 2 号楼、主楼等上课学习，现在回到校本部，学生八个人住一间宿舍，多数房舍疏于修理，教学办公楼拥挤，需要新建教学楼。1973 年，校党委召开会议，讨论房子分配问题，会议记录：艺术系要发展，逐步建一些艺术系的建筑。

现在的哲学学院办公楼，原为艺术楼。1973 年，位于南院二里河北岸的艺术教学楼建成并投入使用，那时美术、音乐同属艺术系，在一座楼上教学办公。这栋远离其他教学楼的建筑平面呈回字形，坐南朝北，门前雨篷伸出，不太宽敞的门厅，进了楼门左侧是一狭长的门房值班室，往前东侧就是排练厅和小演出厅，可容 200 人左右在此观看演出，北侧是三层的美术教研室，西侧是二层多间小小的琴房，南侧是二层教室，也是琴房。东、西、南、北围合，中间是四方露天天井，高低错落的平屋面，建筑物紧凑又和

原艺术楼

原艺术楼北楼

谐。北美术教研室三层，内圈走廊，外围教室，外立面一大两小的窗户连成一组以利教室内采光，通高的柱子凸出墙体，支撑着挑檐，窗户上下沿有些凸起线条，砖墙体，钢筋混凝土水刷石柱，三层是画室，所以屋顶有玻璃采光以利画作光影幻化，光线通过玻璃顶照进教室，学生们在此将光影揉进画作，产生了一幅幅美妙的画面。西面和南面的二层琴房教研室，走廊居中，两侧小小的琴室，墙面做吸音装饰，放上钢琴，室内就没什么地儿了，但琴房里传出的歌声伴着钢琴造就了一批批训练有素的音乐人才，琴房的外墙是砖筑清水墙，小巧的窗口，下沿凸出。东面的演出厅则有高大的空间，舞台居北，巨大的幕布拉起合上，演绎着一幕幕人间悲喜剧，学校经常在此举办活动、毕业汇报演出等，带给人们艺术的享受。演出厅北是有一圈镜子的排练厅兼化妆间，是学生们平日里训练排练的地方，也是演员们化妆补妆间歇的地方。演出厅外立面和北楼类似，只是窗户不一样，中部四面围合的小小院落天井，南北各有黄色木门连通楼内，周遭二层、三层的墙体满布爬山虎，四周均有窗户朝向天井开启，院内栽植几棵国槐，场地中间地面硬化，"蘑菇伞"下石桌石凳，是一处休闲、纳凉的安静地方。

艺术楼的南部还有一处平房小院，在楼的西南角进出，因再往南是二里河，所以因地制宜盖了一溜儿平房建筑，平房和二层楼中间还有一个东宽西窄的三角形院子，栽植一些绿色植物。平房为琴房，每一间都不大，前出檐

原艺术楼东楼

原艺术楼西二楼

伸出很远，形成门前走廊，遮风避雨，这座院子和艺术主楼连在一起，叮叮咚咚的琴声回荡在空间里。艺术楼成了山西大学在醇和时期所建的最后一栋建筑物，自此山西大学建筑也就迈向了现代建筑的探索之路。

2004年，学校建设南校区，治理二里河区域，就将这处院子和平房拆除，取而代之的是一条宽阔的道路和一片栽植着圆柏的三角绿化带。2019年春季，因这片高高的圆柏遮挡住屋内的视线和光线，被移植到其他地方了，取而代之的是密密的丁香小树，也许经过多少年以后，就成了路边小小的丁香园。音乐学院搬迁至新南校区新建的教学楼后，此艺术楼于2005年进行改造，将演出厅改建为二层（一层资料室，二层会议室），将门口雨篷采用钢架玻璃封闭，上沿用银色铝塑板包封，立柱用黄色铝塑板包住，不锈钢大门，雨篷顶上铝塑板的圆弧形造型，整体通透，一块"山西大学管理学院"不锈钢牌挂在立柱上，归属管理学院办公教学使用。

2015年，管理学院和经济管理学院合并后的经济管理学院搬至商学楼，此楼归属哲学院，经过一番简单维修，电气门窗更换、外墙涂刷咖色涂料白色走边，哲学院在此落了户，是一处优雅又幽静的四合院建筑。

原艺术楼全景图

哲学学院办公楼天井内景

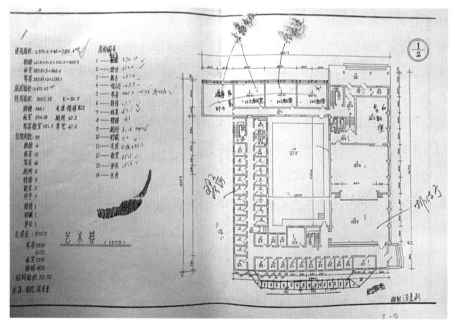

艺术楼平面图（个人留存图）

二十二、小品建筑之人防工事进出口

1969 年 10 月 19 日，学校连夜召开革委会议，传达太原市紧急战备动员会议精神，成立人防领导小组，组织专业挖防空洞队伍，挖出可容纳

人防进出口小亭

2000 人的防空工事，这两处人防工事分别位于工会门前和主楼后。

山西大学人防战备办公室于 1983 年 8 月 20 日出台了《山西大学人防工程维护使用管理办法》，规定了人防工事平时的使用、维护、管理的细则。

工会俱乐部前的人防工事，位于一座方亭子的下面。打开朝西的大门，室内四周实墙体罩着下面窑洞似拱形的顶子，沿着斜向下长长的楼梯走去，回转，再回转，就进入了人防主体，中间是通长的走道，两侧砖砌房屋排列，尽头是一通风出口，室内宽宽大大，卫生间等设施一应俱全。现在这里是青年国防教育中心。

1984 年修建的人防工事的进出口，位于工会南门前，大操场东北角，是一座别致的建筑小品——四方亭子，四面墙体围合着人防进出口，西墙有门与外界相连，栅栏门上有姚奠中先生题写的"青年国防教育中心"，金字红底，其余三面墙体中间各有两枚齿轮状红色花瓣，外围四周一圈柱回廊，柱间沿边有长条坐凳供人休憩，两边坡与中间的"V"字缓坡大屋面像缓缓飞翔的大雁。檐下绿木格制挂落，墙体粉色，屋檐红色，灰色水磨石面层廊柱，柱脚红色，灰坐凳由红色短柱支撑，颜色搭配适宜，它就像一只飞累了落在此地休息的大雁，无论南来北往的人们，还是在操场上锻炼的人们老远就看到它，忍不住到它跟前亲近一下。往西不远处，在操场里有一座平房，它和前面的四方亭子组成人防进出口。这座小品建筑从诞生起，外观颜色多有变化，如今是红檐黄墙红花灰柱绿挂落，不管怎么变，人们心中的寄托永远不会变。

　　亭子是一处赏景小憩的小品建筑，山西大学校园里的亭子不多，可谓凤毛麟角，这处亭子应该是比较珍贵的，随着时间的推移承担了一定的历史内涵。

人防进出口小亭

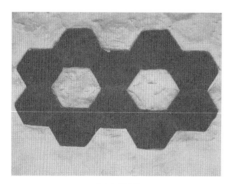

齿轮花瓣　　　　　　　　　　　　人防进出口

人防进出口姚奠中题字 人防列柱

　　另一处人防工事位于主楼后，通过地下通道可直达工会旁边，紧急时刻可疏散人群。规模比工会的要大一些，内部布局大同小异。主楼后的人防工事进出口，是一处砖砌三间前出檐平房，坐北朝南，中间朝南处有大门开启，门外有一绿色避风阁，上书"人防"二字。三间平房后紧挨着的是一处不大的十字花架回廊，相隔不远的一个个白色立柱支撑起架子，架子上一根根白色檩条，粗壮根茎的爬藤植物山荞麦搭在花架上，枝枝杈杈将十字回廊遮掩得严严实实，简易的水磨石坐凳板架在花格砖墙上，一年又一年山荞麦盛开的淡绿白花朵记载着往事。门前是一片小小的硬化场地，其前小松柏和榆树围成的绿色迷宫鹅卵石小路，围绕着一处梅花立体花池，花芯里矗立着一只立体大花瓶，里面各色月季花盛开，周边不远处栽种着各类植物。门后是一片休闲健身的场地，人们在这里锻炼休憩，不经意发现旁边还有人防工事的通气孔，上建有玲珑的小桥，几顶"蘑菇小伞"坐凳散置，一顶混凝土制镂空伞自带坐凳，再往北，和人防口十字花架回廊南北遥相呼应的是从东到西的花架走廊，这两处花架做法如出一辙，整体抬高的花架底部其实也是人防的通风口。四周遍植雪松、洋槐、灌木等植物，这里的雪松长势尤其喜人，舒展的枝条伸出好远，形成强大的气场，丁香花开的季节四处飘散着花香，海红果树结满了果实，好一处幽静的去处。

主楼后人防通气口

主楼后"人防"

主楼后人防通气小桥

人防十字花架

二十三、毛主席塑像的前世今生

在坞城路校园里，建造最早的小品建筑就属位于西校门的毛泽东主席塑像了。

在山西大学有一处经典的建筑群广场，即位于北校区西门处，它是20世纪50年代在现址上最早建起的主楼和其侧前方两侧的"L"型拐角楼及其校门围合而成的。几经变迁，经历了拆建和加固等一系列建筑活动，于2007年基本上复原了初时的风貌。在这片经典的建筑群广场的中间，矗立着伟大领袖毛泽东主席的塑像，这是山西大学标志性的雕塑小品建筑之一，建成于 1969 年，塑像为松香石混凝土结构，底座为方形基座，外围镶嵌花岗岩，坐落在一个四角有花坛、四边有台阶的方形凸起平台中央基座上。人们踏上台阶，站在平台上，围绕底座四周转一圈，瞻仰毛泽东主席塑像，向毛主席致敬。

2009 年 9 月 30 日，在太原市文物局进行的第三次文物普查中，山西大学毛泽东主席塑像被列入文物保护范围，并立碑纪念。

定稿

经过 20 世纪 50 年代初全国性的高等学校院系调整后，山西大学新的校址选在现坞城南路上，经过数年的建设，在此相继建起了教学、办公、宿舍等若干建筑物，形成了初步的规模。这片经典的建筑群广场校门口区域，基本形成了这样的格局：坐东朝西的是主楼，主体三层局部四层，灰砖绿木窗清水墙平屋顶，两侧向西形成环抱状，这个建筑非常典型，属于那个时期的经典性建筑。根据使用要求，1991 年进行了抗震加固，外墙进行了水刷石等装修，完全改变了原貌。主楼的左右前方，建起的"L"型二层拐角楼，作为学生宿舍使用，也是灰砖绿窗红瓦坡屋顶（20 世纪 90 年代中期，这两幢楼连同校门被拆除，一直到十几年后的 2007 年进行恢复性复建）。校门花栏杆围墙，花瓶式的砖柱上挂着校牌，这样，一个经典的小广场就形成了。初时，小广场的中心为一处椭圆形水池，面积 70 多平方米，鱼池中央有三鱼环抱喷水设施，水从三条鱼嘴中喷出，是好景致。平日里，鱼池里灌满了水，有小鱼在其中游弋，两侧花园种植雪松、圆柏、丁香等常青树和灌木，为校园增添了一份灵动之气。

在 20 世纪五六十年代，全国上下兴起毛泽东肖像制作和收藏热，尤其是在各大专院校为毛泽东塑像，兴盛成风直至 70 年代初才逐渐消退或停止。纵观那个时期所雕建的领袖形象，既大同小异、又各具特色，几乎都是理想化的、神话般的雕建处理方式，表达着人民的尊敬之心。

随着毛泽东塑像大建之风兴起，山西大学军宣队和工宣队领导提出要在主楼前原鱼池位置塑一尊毛泽东主席像，当时在学校大联管委宣传组工作的魏国明等同志在军宣队和工宣队领导安排下，很快"请"回了一尊比常人高两倍的毛泽东主席石膏像，立在了主楼前，但是这尊塑像与主楼比例很不协调，于是学校军宣队和工宣队领导决定另塑一尊高大的塑像，要求这尊毛泽东主席塑像总高为 12.26 米，其中像高 5.7 米，其含义是总高 12.26 米是毛泽东主席诞辰日，像高 5.7 米则寓意在"文化大革命"中，坚定不移地走毛主席向全国工农商学兵、服务行业、党政机关发出的"五七"指示的路。学校很快成立了雕像筹备小组，1967 年底，毕业于中央美术学院雕塑系专业的山西大学美术系王怀基老师接受了这项光荣而艰巨的政治任务，担任总设计师，美术系的老师和学生也一同参加进来。经过前期考察和反复酝酿设计，最终选定了毛主席挥手的设计稿，学校对王怀基老师的设计方案非常满意，接下来，王怀基老师做了一个 0.7 米高的设计稿，军宣队和工宣队领导一起对设计稿进行了研究审核，通过后，王怀基老师和其他美术专业的老师、学生就着手准备建造一个 3 米高的定稿。

制作

山西大学操场的舞台成为了王怀基老师雕塑毛泽东主席像的雕塑室，高大的舞台，坐西朝东三面围合，向东敞开，面对空旷的操场。雕塑前期要将胶泥打成方块料备用，雕塑用的优质胶泥选用山西平遥县双林寺附近的庄稼地里河水灌溉淤积下的淤泥，当时买回来两大卡车，由于时值寒冬，滴水成冰，胶泥冻成了冰泥。3 个月后，3 米高的毛泽东主席定稿像出炉，顺利地通过了审定。

塑像的审定工作结束后，在学校体育馆前，修建毛泽东主席塑像的工程正式启动。这时，学校的各方人员都参与进来了，负责塑像的，负责基座的，负责采购的，任务明确、各有分工、紧张有序、有条不紊。负责雕塑的小组成员利用钢架和木架搭构骨架，再在架子上钉小十字架形成完整的骨架后，再用泥巴塑像，每一个重要的部位都是由王怀基老师小心翼翼地雕琢出来，其他人协助来完成，雕塑过程的难度远远大于其想象，比如：军大衣上的纽扣怎么做？手拿的军帽怎么固定？挥动的右臂怎么支撑？等等。所以，其过程也是一个反复研究、试验的过程，一个精益求精雕琢的过程。泥塑完成后，表面涂刷隔离层，再用掺了棕片的石膏印模，清掏完里面的泥巴，塑像模块就这样制作好了。

学校要在主楼前安放主席像，其位置原为鱼池，面积 70 多平方米，基础怎么样？能否承受高达十几米，重达四五十吨的塑像和基座重量？这时，工程技术人员就上场了，工程技术部分由基建科郎岩田和数学系田怀禄等同志负责，施工由驻山西大学工宣队中太铁分局的造桥工人来完成。1969 年 5 月份就该位置做了地质勘探和地耐力实验，实验结果合格。工程设计人员就结构和土建装饰出了结构计算书和一整套图纸，从基础到配筋再到排砖非常详细。那个时候，没有计算机，全部都是设计人员手工计算和绘图，如抗风压计算，基础底座和主席像钢筋配比，水磨石配料和排砖配比，避雷接地措施和照明配线，平立抛面图，等等，非常细致，也非常认真。设计方案选用毛主席像站在一个 4 米来高的方形底座上，顶部一层层叠涩收进，更加突出塑像的形象，方形底座坐落在一个十几米见方高近一米的方形凸起平台上，四角花坛、四边台阶，表面略带粉红水磨石分块粘贴，从整个设计方案来看，塑像放在小广场中央比例适中，颜色搭配合理，简约大气，反映了当时人们的崇敬之心。施工过程中，还有原鱼池底板是拆除还是利用上的问题，针对此专门组织相关人员还开了个碰头讨论会，大家一致认为，鱼池底板是一个整体，只要把排水解决好，水池底板不用拆除还是利用上的好。为保险起见，工程人员在原鱼池底板的基础上又浇筑了钢筋砼垫层，基础深达两米多，一系列的砌砖、绑钢筋、支模等工序有条不紊地进行着。当时工程施工的机械化程度不高，基本靠肩扛手拉。水泥钢材等建筑材料都有指标限制，采购组备料也是四处搜集，期间困难重重。如何将石膏模块准确无误地安放到位？由于塑像太高，当时的普通吊车达不到高度，经四处打听得知，山西省物资局有一台进口的大型伸臂式吊车，经与省物资局协商调来使用，但高度还不够，只好又垫起 4 米多高的土台，将吊车开上去才得以展开施工。

关于毛主席塑像的材料选用问题，大家也是有很多设想的。开始想用汉白玉，考虑到山西的空气质量会让主席雕像变脏；想选用花岗岩，可一时也找不到这么大体积的材料来塑造，怎么办？后来大家听说晋城广场使用灰水泥掺入东北红石子，塑出来颜色呈淡粉红色，为此，魏国明同志专门赴晋城一番寻求，当时，晋城方面原准备了两尊像的材料，答应将使用完剩下的材料送给山大。塑像用的水泥，最好选用白水泥，约需 20 来吨，经过协商，省公路局把建桥剩下的高标号水泥给了山大。最后，王怀基老师和大家决定自制一种雕塑材料，将白水泥、红水泥和黑沙石、东北红石子等按比例混合搅拌在一起胶塑，颜色呈浅粉色。据当年参与塑像制作的美术系学生江建华回忆："当时，200 多人一起洗石子、拌水泥，那叫一个热火朝天。建雕塑期间，为了保密，雕塑外面还特意搭了个棚子，用绿色帆布围起来，不让外人看，门口还有红卫兵把守。"可见当时的情景，人们怀着敬仰虔诚的心情参与进来。石膏印模安放到位后，很快开始浇筑，经过工程人员四昼夜奋战，完成灌注。经过数天凝固脱模后表面再做处理加工等一系列工序，为了防止风化腐蚀，工程人员从天津化工厂购回"有机硅"喷在塑像表面，起到封闭保护作用，当时考虑二十年不风化。主席雕像五个多月的制作过程真是一波三折，最终于 1969 年底呈现在世人面前。可慰的是，历经四十余年的风吹日晒、雨雪侵蚀，松香石质感的毛泽东主席像的颜色和当初刚建成时的一样，基本没有褪色。

建造期间，工程技术人员针对塑像挥动的胳膊怎么固定，防止承载近一吨重的胳膊日后下沉，还有防雷避雷问题如何解决，大家开会进行了多次讨论，想尽一切办法，从省公路局找来一根轻型钢轨焊接在主体骨架上，又用紫铜线连接骨架，引到地下埋了四米深作为避雷针，解决了技术难题。

从开始策划到最终毛主席像落成，总共用了一年半的时间，在 547 天中，凝结了全体师生员工们和工程技术人员的集体智慧结晶，给后人留下了宝贵的精神财富。

建成

山西大学毛泽东主席塑像建成于 1969 年 12 月 26 日，总高 12.26 米，像高为 5.7 米，塑像为松香石钢筋混凝土结构，全身立像，身着双排扣大衣，左手拿军帽背在身后，右臂向前挥动，向人民致意。"传神"是中国雕塑艺术最高的审美要求，这尊塑像通过对如手掌、大衣褶、军帽、纽扣、领口等细腻的刻画，能够使作品具有逼真的艺术效果，尤其是面部、眼神、姿态等细节处理传情达意更将一代伟人的气质神态表现得细致入微、淋漓尽致，人们心中的毛主席就是这样子。塑像底座为方形钢筋混凝土基座，外围镶嵌东北红和紫兰色水磨石块，底座上四周中央各镶嵌一块汉白玉，上镌刻着毛主席语录和其他领导人题词。坐落在四角有花坛，四边有台阶的平台上，平台面层由玻璃条分隔葱心绿水磨石铺就，乳白色水磨石走边，台阶面层有豆绿色水磨石铺就，四角花坛为浅红色。

风云

1980 年 7 月 30 日，中共中央发出《关于坚持"少宣传个人"的几个问题的指示》，指出："毛主席像、语录和诗词在公共场合过去挂得太多，今后要逐步减少到必要限度。"接到《指示》，全国一些地方毛主席像陆续开始拆除。很快，山西大学也接到了要拆除毛主席像的消息，几乎就要实施，得知这个消息，学校师生反应都很强烈，反对拆除学校里的毛主席像，于此，学校曾三次给省里打报告，不愿拆除。3 个月后，中共中央办公厅在 11 月 6 日发出《关于毛主席同志塑像问题的通知》称，对已建成的钢筋水泥塑像或其他坚固塑像，没有必要一下子全部拆除。中央希望，凡有争议的地方，一般不要拆除。就这样，在全校师生的努力下，山西大学的毛主席塑像保留了下来。

1992 年，山西大学建校 90 周年校庆前，学校对毛主席塑像进行了第一次维修，建成 23 年的塑像主体没什么变化，所以，仅对塑像进行了清洗，做了封闭处理，基座和平台拆除了原水磨石面层，换成了粉色的大理石石材。

2000 年，山西大学 100 周年校庆前，学校对塑像进行了第二次维修，由于塑像主体表面局部有些风化侵蚀，但维修技术掌握不准，不敢轻易动手，所以这次维修也仅对塑像进行了清洗，做了封闭漆防水处理，基座和平台拆除了粉色的大理石面层，基座换成了暗红色花纹的花岗岩石材，平台踏步换成了灰色火烧板。基座前面中央部分增加了题字：毛泽东（1893—1976）；基座后面增加了题字：始建于 1969 年，第一次维护于 1992 年，第二次维护于 2000 年。平台四周遍植圆柏绿植，衬托其庄严气氛。

2017 年，第三次修复毛主席塑像，基座、台基平台踏步、花坛及四周地面拆除花岗岩面层，更换为新疆天山红花岗岩石材，基座正立面铜制古朴铭牌，上书毛泽东简介。塑像本体采用保护清洗，胳膊破损处也做了修复，花盆也采用新疆天山红石材整块石材挖掏而成，盆里栽满绿植。

从 2008 年开始，太原市文物局在辖区范围内进行第三次文物普查，重点放在了近现代时期的文物。山西大学修建于"文化大革命"时期的毛主席像是一个典型的建筑小品，体现了当时的社会背景，具有一定的历史价值。在山西省高校里，只有山西大学校园里有一座，越发显得弥足珍贵，已成为山西大学的标志性小品建筑之一。同时也成为太原市人民纪念、瞻仰伟人的重要纪念物，具有一定的社会文化和感情价值，2009 年被太原市文物局列入文物保护范围，立碑铭记，一块白色纪念碑立在汉白玉须弥座上，碑记：太原市文物单位，山西大学毛泽东塑像，太原市人民政府，二〇〇九年九月三十日。此碑安放在毛主席塑像左前方草坪里。2017 年修复时此碑更换为整块新疆天山红石材制成的卧碑，碑正立面碑记同汉白玉碑，碑后记：山西大学毛主席塑像建成于 1969 年，王怀基、张熙玉等设计制作。总高 12.26 米，其中基座高 6.56 米，塑像高 5.7 米，塑像主体由白、红水泥和黑砂石混合浇筑而成，呈现松香石质感。第一次修复于 1992 年，第二次修复于 2000 年，第三次修复于 2017 年。

今生

如今，时光穿梭到 21 世纪的今天。于 1969 年建成的毛主席塑像依旧站立在那里，神态没有变、姿势也没有变、人民敬仰的心情同样也没有变化。在每年一些特定的日子里，人们从四面八方赶来聚在一起，隆重缅怀领袖丰功伟绩，条幅、红旗、鲜花、花篮、歌声不绝，成为山西大学校园里一道独特的风景线。

但毛主席像由于长期暴露在外，历经近五十年的风雨侵蚀，风吹日晒，加上空气质量也远远不如初建时的空气质量，现在塑像表面已经出现了各种不同程度的损害，令人堪忧，直观的有右手臂下侧塑体材料剥落，深处钢筋显露；局部表面沉积变色，多呈黑色水流状；表面一少半风化粉状剥落；另外还有水泥修复过的痕迹、裂纹等，这是一个塑像自身的变化（经过最近一次的修复，毛主席像表面的损害已基本消除）。底座平台外观虽然没变，但表面的装饰材料变了若干次，初时的东北红葱心绿水磨石板变成粉色的大理石板又变成了暗红花纹的花岗岩板和火烧板，最近一次修复基座平台用了新疆天山红石材挂贴表面。

另外还有一个周边小广场的变化，首先是建于 20 世纪 50 年代的主楼，原为灰砖清水墙外观，1991 年该楼的抗震加固，抗震柱和肋板加上水刷石，使得主楼外观从很清秀一下子变成了敦实的模样。为加强太原市的文化遗

建成原样

产保护，2009年11月，太原将主楼列为历史建筑，挂牌铭记。

主楼两侧前方的拐角楼同样原为灰砖清水墙外观，建于20世纪50年代，于90年代中期拆除，取而代之的是二层开发房的建起，仅中间留了个五六米宽的铁大门，一下子原有的风景不在，也少人在此逗留了。十几年后，幸运的是这片小广场里的拐角楼及校门于2007年复建基本又恢复了初时的模样。

位于山西大学旧西门的毛主席塑像自建成以来，尤其是在经历了拆除风波以后，作为为数不多的硕果遗存，我们该如何去保护它，使它能够尽可能地"老当益壮""延年益寿"？当然首先脱离不了周边的环境。这是一道摆在我们面前的课题。既然主席像被列入文物保护范围，那么文物保护的实质就是保持文物的历史价值、艺术价值和社会价值，只有保留文物的本来面貌，才能保存其珍贵价值。因此，国际上修复文物的基本原则——最小干

第二次修复

预原则，真实全面地再现文物所包含的历史信息，也即"修旧如旧"。现在，随着科学的进步，针对石质文物的修复保护技术有了一定的进步。毛主席塑像本体是松香石质地，是一种石质文物，组成材料都为无机矿物质，因长期处在室外环境，受大自然多种因素的影响，出现了各种毁损，经过文物工作者掌握的现有的科学技术的专业修复，通过对石质文物进行检测分析，制定修复方案，进行清洗、灌浆、修复、防水等工序，使该塑像能够长久地保存下来。

　　和主席像一起建起的底座以及平台也是不可分割的一个整体，它们共同记载了历史的、社会的、艺术的价值。既然主席像本体按照"修旧如旧"的原则修复，那么作为"命运共同体"的底座平台，同样也应按照"修旧如旧"的原则修复。

第三次修复

俯视毛主席雕像背

太原市政府立碑

此时的毛主席身穿双排扣大衣，典型特有的头型，宽大的额头，一只手拿帽子背在后面，一只手向人民招手致意，"天若有情天亦老，人间正道是沧桑"，钢筋混凝土结构重现了一代伟人不朽的风采。

石质花盆

卧碑

卧碑

可以看出，该阶段是中国传统建筑向现代建筑过渡的阶段，此时的建筑物还具有中国传统建筑的影子，不同式样的瓦屋面、灰砖墙、绿窗户、局部雕饰组成了此阶段建筑的元素。"大屋顶"建筑是我国从固有的建筑形式向现代建筑转变过程中不可避免的一个形式。由于施工技术所限，层数不高，建筑材料所限，没有繁杂的装饰，但简单雅致，含蓄内敛，这简单的美感有一种韵律，就像小提琴上奏出的质朴悠扬的乐曲，韵味深长，沁人心脾。时尚的潮流掩盖不住曾经有过的辉煌，这些建筑就像文字般记录着不曾褪色的岁月，是我们的文化之根，也是我们内心深处的乡愁，不因时光的流转而磨灭，不因时代的变幻而消失，它延展了历史的深度和宽度。

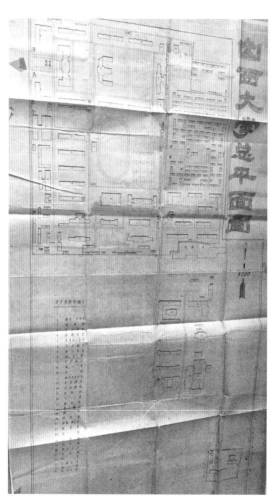

1973 年校园平面图

第四阶段 改革开放初期

时间： 1976 年 10 月—1989 年

地点： 太原市南郊区坞城路

特点： 坚守

1976 年 10 月，"文化大革命"结束了，国家进入了一个新的历史发展时期。

一、恢复高考

"文化大革命"结束后，山西大学积极落实知识分子政策，恢复职称评定工作，开展各类学术活动，调整系科设置，增添教学设备和图书，恢复

1978 年 5 月 11 日，《光明日报》发表特约评论员文章《实践是检验真理的唯一标准》（新华社资料图片）

招生考试制度。1952 年，全国统一高等学校招生考试制度基本形成，山西大学的新生均是通过参加全国统一考试而择优录取的，"文化大革命"期间一度被迫中止。1972 年，山西大学采取"自愿报名，群众推荐，领导批准，学校复审"的办法，开始招生。1977 年冬季教育部恢复高考制度，山西采用考生自愿报名，全省统一命题、考试，地市初选，最后由学校择优录取的方式进行招生。

二、电子计算机教学办公楼（档案馆）

在此阶段，校园内最早建起的建筑是电子计算机教学办公楼。电子计算机教学办公楼，是一处小巧的建筑，坐落在睿智路南，南图书馆西侧。坐东朝西，楼门口有吱吱呀呀的红色油漆自由木门，上方二层三间房间凸出主墙体，使得整体建筑有了空间立体感，宽大的窗户由钢窗改为铝合金制，外立面窗口上沿处是通长简单的线条。推开红色油漆自由木门进入楼内小小的过厅，两步台阶上去，左右是一层房间，室内平面布局北侧是走道在中间，教室在两侧，南侧是几间大房间，推开室门下几步台阶就来到了室内。楼梯间铁栏杆木扶手，二层也如同一层，只不过南侧大房间内是木地板。整座建筑物外墙是浅灰色水刷石装饰面层，为电子计算机系办公教学用房。门前几株有年代的洋槐，粗壮的树干，高大的树冠，在开花的季节飘散着槐花的香气。楼前地面上几处标有"山大 1979"及"山大 1981"有年代感的井盖，菱形的花纹，美丽而又厚实。电子计算机系搬迁至新建的数学计算楼，之后档案馆接管下来在此办公，档案馆于 1992 年筹建，门口上方挂着姚奠中先生亲笔书写的"档案馆"黑底黄字方匾额，后来在木质自由大门外又加了一层不锈钢材质大门，在门侧挂上黄底黑字馆牌，依旧是姚奠中先生亲笔书写的"山西大学档案馆"七个字。

档案馆姚奠中书写

档案馆西立面

门前井盖

大门

档案馆全景

三、新教学楼

时光进入到 20 世纪 80 年代，在行政办公楼的南边建起了新教学楼，建筑面积 4188 平方米，坐南朝北，平面呈工字形，南北两座楼相向而坐，两楼通过中间一层平房走道相连，外墙双色水刷石。北楼四层，大门在东北角，宽大的雨篷下有四根方形立柱，楼门在主墙上，门厅里有四根框架立柱，东南角有走廊通向平房和南楼，右侧是回转楼梯通向楼上各层，铁艺栏杆木质扶手，每一层楼道在楼梯间南侧，一至四层布局一样，分列两侧的教室，有内窗户通向楼道，铁窗木门，每一层走道西面都有紧急疏散门，门外楼梯平台，钢制楼梯作为消防通道从楼顶四层一直到一层，也可上至屋面。南北楼通过靠东的几间平房走道（仅一层）连通，南楼二层，东西两侧阶梯教室，中间是卫生间，一层教室前通长的开敞的过道直接对外，二层过道悬空挑出，通长雨篷挑檐，东侧的阶梯教室有曲字形楼梯直接上去，造型挺别致。整座楼外墙立柱统一凸出墙体，双层钢制窗户上下沿边凸起一溜宽肋板沿，使得整座楼的棱角层次分明。南楼西面多半部于 2000 年因建文科楼而被拆除了，只剩下如今的北楼和南楼东面有室外曲字形楼梯相连的二层四间阶梯教室和东平房，还有一株法国梧桐在南楼前，平房东侧有几株瘦高松树，北楼值班室外一株油松，在默默陪伴着。

1992 年，学校将北楼室内空间分割，改造成办公二楼，将教室分隔出若干小间，内走道窗户封住，室内维修一新，正式启用，党委宣传部、学生工作部、党委统战部、机关党总支、人事处、科研处、教务处、学报编辑部、大学外语部 9 个单位迁入办公。

2013 年调整办公用房，二办内的所有单位调整分散到其他地方，将各类大小家按照学生公寓的标准间改造，一度改成学生公寓过渡。

南楼东面剩下的四间阶梯教室，一层约题学术讲座教室和自习室，二层校史展馆，2014 年将一、二层走道全部封闭，室内油漆粉刷，地面铺瓷砖，矿棉吊顶等维修，外墙咖色涂料白色走边，东墙上还有五处花砖窗口点缀，经改造变成体育学院运动人体科学研究中心。

2015 年后半年，学生公寓搬迁后，北楼按照生物医学研究院的实验室

二办远景图

二办西室外钢梯

南阶梯教室、室外曲字楼梯　　　　　　　　二办大门厅

阶梯教室南立面

约题学术讲座　　　　　　体育运动人体科学研究中心

阶梯教室楼梯

阶梯教室东立面

要求进行整座楼维修，包括水暖电土建装饰等，拆除隔墙，室内格局基本恢复原样，作为实验室，每间水电设施配上，更换门窗，卫生间改造等。改造完成后生物医学研究院在此从事教学科研活动。

四、专家楼、留学生楼区域

　　一进北门不远，沿着马路，两旁粗壮的白蜡杆高大树冠的上部交织在一起，形成一条绿色隧道，太阳光线透过树叶缝隙，斑驳的光影映在地上，时光仿佛停滞一般，分不清是现在还是过去。就在这条绿色隧道的东面坐落着两栋不高的楼房——专家楼和留学生楼，"L"形的专家楼靠近路边，里侧是留学生楼和一处院子，南面不远相隔一条马路就是家属31号楼。专家楼坐北朝南，平面呈"L"形，进出大门就在西南角，不大的门厅内往前来到值班室和西楼一层，往右曲字楼梯就到了楼上，径直再往东走就去了一层东餐厅和厨房及卫生间。西楼是三层专家公寓，西侧走道和东侧房间分居两边，南部是一处共享交流空间，北部也有一处楼梯间可供上下。走道宽大的窗户面对着外面的北门林荫大道，房间里设施一应俱全，包括起居室、卧室和厨房，墙上贴着壁纸，起居室向东有门通向阳台，两两相对的倾斜阳台面向内庭院。专家楼的东南部是一层专家餐厅和二层会议室以及几间平房充当厨房。很长时间，这里是外国专家居住生活的地方，显得既神圣又神秘，这就是这栋建筑留给我们的最初印象，也是它所散发出来的气质。整座楼体的外墙也是水刷石面层，横竖宽肋板将窗户分隔，宽大的门厅雨篷两侧是镂空花砖墙，长长的雨篷上部楼体竖向肋板，将长长的窗户分隔。现在，门口雨篷下面的镂空花砖墙拆除了，取而代之的是钢架铝塑板包封的不锈钢玻璃门厅雨篷，上方南侧和西侧"专家公寓"四个字架在钢架上。现在这栋建筑物的一层是外事处在此办公，二、三层仍旧是公寓。一层东餐厅西南角向外开了进出大门，对外开放，也经历了火锅餐厅、咖啡厅等经营风格转换，2018年学校成立国际关系学院，将专家楼东侧一层餐厅改建成国际关系学院临时办公场所。多年的风云变幻，风韵犹存的专家楼，依旧是我们心中神秘的一

专家楼门前

东立面、内庭院

专家楼西立面

专家楼阳台

专家楼雨篷

角。专家楼和留学生楼，是专为外国专家和留学生生活学习而建，这是山西大学对外交流的场所。

留学生楼位于专家楼的东北部，专为外国留学生生活学习而建，建筑年代要比专家公寓晚一些。同样坐北朝南，四层长方形建筑，东侧两房间墙体向外凸出，同时高出屋面，楼房顶部宽宽的出檐，室外装饰简单质朴，窗户上下通长线条，深浅双色水刷石墙面。进入不大的门厅，右边是值班室，前面是通向楼上的楼梯间，墙上挂着一些留学生们的活动照片。室内是中间走道，两侧房屋的布局，有单人间，还有几间标准间，每层都有大活动阳台（后改为厨房）和小巧的楼梯间在东侧，一层西侧还设有澡堂便于留学生们洗浴之用，在专家楼和留学生楼的西北角的锅炉房里面，坐落着燃煤后改为燃气的锅炉源源不断地向两楼输送着热水。后来国际教育交流学院在此办公，依旧接纳着四面八方的外国留学生。该楼于 2013 年整体维修，更换门窗，室内壁纸装饰和塑胶地面，卫生间浴室翻新，东面大阳台包封，翻新厨房，将之前所做的外延门厅重新加宽规划，外墙用暗红色乳胶漆，白色套边。改造的还有后院，原有几间平房，堆满了杂物，现在清理出来，拆除了平房，将整个后院硬化，成为一处健身活动场地。

两座楼围合了一个小小的幽静庭院，既是专家楼的后院，又是留学生楼的前庭、专家楼东餐厅东侧朝南的院门。坐落在矮墙上的铁制花栏杆既隔离又通透，靠东沿着铁艺栏杆有"U"形花架长廊，紫藤花叶密密麻麻爬满

留学生楼南立面

内庭院

留学生楼门前　　　　　　　　　　内庭院花架

了花架，花开季节，紫藤花垂吊下来，走在长廊下面，一幅诗情画意，院内有几盏太阳能庭院灯，一片绿色植被，雪松、丁香、卫矛球等植物种满了院子，长势喜人。

五、化学楼

随着学校招生规模的扩大及逐步走上正轨，经过有关部门的努力，学校在校西南新征地 44 亩，筹备新建化学楼。化学楼紧邻坞城南路而建，坐西面东，建筑面积 8270 平方米，平面向西呈凹字形，由北楼、东楼、南楼及阶梯教室组成。在东楼的北侧，和北楼连成一体的是稍显促狭的门厅，踏上平台，推开木质红色大门，除了通往楼内各处，入口处还建有三个梅花阶梯教室。北楼六层，室内布局是中间走道、两侧大实验室，每间实验室前后两樘红色双扇木门，室内中央实验台，上下水安装在台边，方便做实验之用。相隔一道红色木门的北楼东西两侧是回转楼梯，为方便使用，北楼东侧回转楼梯间还安装了一台电梯，这在当前建起使用的其他楼座里还没有，应该是山西大学第一栋安装电梯的建筑。北楼六层东侧电梯前室一截钢梯通向屋顶，屋顶上还建有水箱间、电梯间和通风机设备间，北楼一层还有水泵间，运转设备源源不断地将水输送到楼内各处。而东楼和南楼均为四层，室内布局是走道和实验室分列两侧，走道面向内侧，各有楼梯间方便人们上下。室内设施从水暖电、实验设备、土建装饰等方面学校也是加大投资力度进行建设维护。整座楼外墙依旧是水刷石面层，北楼通长的大钢制玻璃窗户以利采光，东楼和南楼的窗户尺寸适宜，通长上下沿线条装饰。当初化学楼建在南院，原本挺荒芜的地方，孤零零一座楼，随着近十年学校的不断扩建，北面新校门的落成，东面初民广场的修建，也变得热闹起来。后来学院在北楼东山墙的最高处，安放了一个院徽。化工学院楼群——北楼、东楼、南楼和三个阶梯教室组成的平面布局别具一格，凹形的下角方有三个小巧的阶梯教室围绕着，比较别致，其中两座阶梯教室紧紧相连，靠大门处另一座阶梯教室，共同围合了一处门厅，来到门厅中央，一块不规则的踏步平台上，通向楼上的楼梯。在楼群的周围栽松树、丁香、木槿等植物，尤其门口的大柳树，粗壮又高大，飘垂的柳枝一年又一年。

　　为缓解教学科研实验用房，学校于2005年注入资金对化学楼进行扩建，在凹字形里侧移走海红果树若干株和草坪，紧挨南楼建起一座四层楼房，并和南楼连为一体，共用走道，外观也是水刷石面层，建成后基本不影响原有风貌，既扩大了实验室面积，又缓解了科研教学紧张的状况。

化工学院

大厅

2012年，将门厅处的一个阶梯教室拆除，钢结构搭起宽敞高大的新门厅及门房，朝东的有不锈钢玻璃平开门和通高的镜面玻璃窗，外墙干挂石材，铝塑板造型吊顶，装饰灯具，楼内走道地面用塑胶铺设，一进门，电子屏映在眼前，各类信息在实时滚动。其余两个阶梯教室仍在发挥作用。化工

化工学院俯瞰

梅花阶梯教室

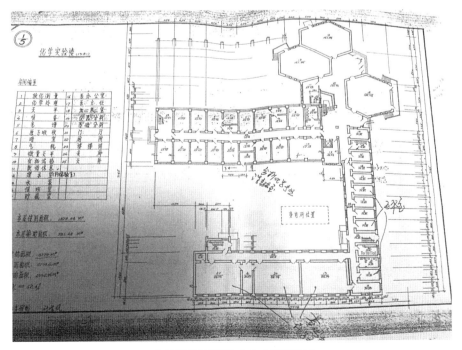

化工学院平面图（个人留存图）

学院楼外墙粉刷，浅粉色墙面和红色勾边两种颜色搭配，后又变成洋红色和白色外墙涂料。

2012 年，在南楼西侧空地上，紧邻南楼加盖了一座近 100 平方米的中药药理室，一层，有独立进出口，归中医药现代研究所使用。

2013 年，为方便使用，将多年停用的化工学院楼内的电梯更换。

六、生物楼

生物楼，位于化学楼的南侧，也是紧邻坞城南路。坐南朝北，整栋建筑是由两块方方正正的东西五层建筑物和南一层阶梯教室组成，主体建筑敦敦实实相错而连。位于东楼门厅的雨篷前伸凸出主楼体，推开一道自由木门就进入了门厅，往右拐不远，上楼梯就到了东楼，往南走过一截露天通道就来到了南阶梯教室，往西进入有着一处大天井的西楼。东西主楼里四周实验室和走廊围合着中央大小两处天井，屋顶上钢架采光玻璃窗调节着室内的光线和通风，特别是西楼，它的楼梯设在天井内，曲折的楼梯从楼内伸向天井平台，再从天井平台回转至上一层楼内直到最高层，回转曲字楼梯旁逸斜出，给方正的建筑增添了一抹风景线，楼梯铁栏杆木扶手，在大天井内一层还修

生物楼门厅

生物楼门前

建有一处不规则形状的水池，内有小鱼时隐时现，有了些许的灵气，这在之前有采光天井的建筑物中间也是头一份。围绕着天井的是每一层的内走廊和内侧实验室，建筑外围实验室，每一层的外窗户通长相连，墙体除了窗户就是水刷石面层实墙体，没有什么装饰。东楼外东南角还有一处通高的疏散钢梯，现也弃之不用了。阶梯教室位于主体建筑的南侧，门厅深处，面积也不小，一截小小的过道将门厅和教室相连，原来过道是露天的，后来封闭住，靠西砌起矮墙，用铝合金框架大玻璃封住，顶子是弧形的蓝色阳光板。阶梯教室原来还有个通往室外的门，为统一管理封住了，教室窗外，几株丁香树依窗守护，不远处，挨着二里河的是一片白杨树林。

1989年，在生物楼的北面种植雪松和木槿、紫叶李等植物，铺草坪，东面种植大片的杨树林，阶梯教室南侧栽植丁香树。现在这些树木已然成林，高大的杨树林，微风刮过，树叶簌簌作响，雪松长势喜人，开花的灌木应时开放，形成一片生态化的小园林。

学院后来将门厅雨篷再外延，用钢架搭起骨架，铺花岗岩地面，用铝塑板造型装饰，安装不锈钢大门，厚实的雨篷遮挡着风雨。

2005年，学校投入资金，对楼内水暖电土建等基础设施进行更新，保障了教学科研。

全景图

南阶梯教室

消防楼梯

东侧幽静小路

生物楼内天井

大天井内鱼池

楼梯间

天井楼梯及采光天窗

　　差不多前后五六年的光景，在大操场的东部，德秀路西侧，从北至南，招待所、专修楼和培训楼也依次建起。这三座建筑物均坐西朝东，长方形平面布局，室内走道居中、房屋分居两侧，层高有四层五层不等，和此时期的建筑形制基本类似。楼群的西侧，从北到南栽种了一溜儿高大挺拔的白杨树和柳树，不仅给楼群增添了气势，也给空旷的大操场以绿色的点缀。

七、招待所楼

　　在教工俱乐部南侧，拆除原平房和土厕所，建起了一座招待所楼，与俱乐部门前广场相隔，因地势之差，在俱乐部门前广场的南边砌了一道挡土墙，招待所楼就位于挡土墙的南面，与其说是挡土墙还不如说是一道矮墙，其西北角是一处人防工事。招待所楼坐西朝东，四层砖混结构，内部布局单一，外墙表面水刷石。招待所楼南北两处大门面向东开，两门中间一层宽宽的雨篷延伸出来，遮挡着风雨，楼外南墙还设有固定在墙上的钢筋棍梯子直达屋顶。楼内朝东房间是标准宿舍间，窗户外面对着的是一溜儿商业平房和那时的家属南北区平房。朝西房间是带阳台的标准宿舍间，向外可观看室外操场的各类体育比赛活动，后来阳台用铝合金封住。标准间内可放置两

招待所楼东立面

招待所楼西立面

张床，两套柜子，没有洗漱间，楼内南北两侧有公共盥洗室和卫生间。该楼一层靠北是公共卫生间，也就是说面向公众敞开使用。这就是那时期的标准间，简单质朴，迎接着南来北往的人们。1987年暑假期间，招待所进行了油漆粉刷等整修工作，同时更新了室内木器家具等设施，增设较高级房间十余间。

八、专修楼

专修楼位于招待所的南面，相隔有七八米宽的距离，中间建有平房相连。专修楼五层砖混结构，局部六层，外墙水泥抹面，铁窗木门，进出大门在楼的两侧朝东开启，一层前面隔着马路就是一溜儿商业平房，售卖一些日用品，挺方便的，再往东就是幼儿园和家属南北区平房住宅。当时二层以上住的基本是学校单身教职工，一层是收发室、邮局、计财处等部门在此办公，再早些还有粮店，所以各部门直接对外面向大众。东面一层大门窗户上方通长雨篷，和招待所类似，西侧外墙面上横竖向肋板将窗户分割。通往二层以上的室内楼梯位于楼两侧，南楼梯直通六层的大活动室及屋顶，面积不小。挺长的楼道光线较暗，靠楼两头是洗漱间和卫生间，楼内是单身宿舍标准间，每一间靠窗户放置两张床，两张书桌，挨着床的墙上还留有放书的墙洞。适宜的窗户尺度，横竖肋板，平屋顶，建筑式样和招待所没有多大差别，但外表相比较而言专修楼精致，规模比招待所大些。

2003年8月，为改善我校单身教职工的住宿条件，给单身教职工创造一个整洁、文明的居住环境，学校将专修楼、招待所楼两楼统一管理改造为德秀单身教职工公寓。每房间居住2名教职工，配备饮水机1台，电话2部，每人拥有单人床、床垫、床单、被罩、枕套、枕巾、写字台、电脑桌、衣柜、书柜、靠背椅等用品，并由后勤集团设立专门管理机构、配备服务人员，以有偿服务的形式进行管理。入住教职工每人每月交纳住宿费 100 元，由计财处从本人当月工资中扣除。管理部门为住宿教职工每人每月提供 15 度电量，超出部分按学校规定另行收取。专修楼和招待所楼各自的大门全部封住，进出口开向原两楼之间的平房，成了唯一的进出口门厅，装饰一番，门厅内正面墙上有"宾至如归"，室外门口是玻璃隔断大门，采用钢架搭起骨架，淡黄色铝塑板造型包封，门楣上有"德秀公寓"四个红字。专修楼是学校单身教职工所住，招待所现为新分配的博士所住。

专修楼东立面　　　　　　　　　　专修楼西立面

2015 年，将在一层办公的所有单位全部搬迁至商学楼后，学校统一规划，按照单身公寓的标准改建，归德秀公寓管理。将一层雨篷下也砌起了外墙，这样改造完，单身教职工的宿舍紧张状况得到了缓解。

2017 年将楼内卫生间和洗漱间翻新，油漆粉刷等极大地改善了楼内的住宿环境，给生活在其中的人们提供了一处舒适的环境。

九、培训楼

在招待所、专修楼和培训楼这三幢楼里，培训楼位于最南部，也是最晚建造的一栋楼，和专修楼也相隔一座三层的小楼，俗称"小插间"。四层砖混，外表抹灰，一层窗户下通长是水刷石墙面，和其他两座楼外表风格不太一样，东立面没有肋板分割，仅在每一个窗户上沿并两侧向下有凸起窗楣线条装饰，楼中部是大门厅，两旁值班室向外延伸，中间形成了内凹的门厅入口，一层外伸的雨篷给路过的人们遮风挡雨，向东的大门为红色木质自由门，楼两侧也有红色木门通向室外。西立面窗户上下沿有通长挺宽的肋板，将每一层分开。南墙上室外用钢筋棍做成的梯子通向四层屋顶，想要爬上屋顶是需要一定勇气的，不过室内北侧四层也有上屋面的人孔。室内布局一至三层一样，走道在中间、宿舍在两边，而四层是走道在西，宽大的教室在东，南北两侧是大教室，盥洗室和卫生间。位于两楼之间的小插间，共三层，一层是网球协会所占用，西大门开向网球场，二、三层为学生活动室，通过一截短楼梯和培训楼道相连。楼内原有民主党派、哲学院、资产经营公司、物业绿化等部门在此办公、上课，保卫部在培训楼一层居中办公，守护着人们，守护着校园，也是一个热闹的地方。

培训楼西立面

培训楼东立面

培训楼大门

培训楼侧门

小插间

2015 年因学生公寓住宿太紧张，学校投入资金将培训楼改为文学院学生公寓，按照学生公寓标准间的要求，将楼内隔墙砌筑，布置电气插座，消防设施更新，卫生间洗漱间翻新，木质大门换成不锈钢大门。尤其四层改建得多，原四层布局是楼道靠西，大教室靠东，将四层墙体拆除，按照底层的标准改建。拆的过程中，发现地梁是上翻的，于是将楼道地面抬高，将地梁隐藏了起来，唯一不太方便的就是进每间宿舍都要下台阶。

十、游泳馆

1985 年修建的露天游泳场，建筑面积 542 平方米，位于我校二里河南，几间平房作为功能用房，露天大游泳池，旁边还设有高台跳水设施。2002 年学校采用引资方式，将露天游泳池改造成为室内游泳馆，为游泳教学、比赛和群众健身提供了良好的场所。沿坞城路建起的是二层楼房，靠北一层有门洞可进出游泳馆院内，院北是一溜儿平房，室内游泳馆在南面，东面和学校理科大楼相连。室内游泳馆大门朝北开启，雨篷上书"游泳馆"三个镂空大字，进入室内，井字梁结构使得门厅很宽敞，吧台在大厅的一角。再往里就来到了馆内，钢架彩钢拱形顶，南侧墙面几乎全是窗户，东西两侧也是通长窗户，所以馆内比较亮堂。标准的 50 米游泳池南北向布置，四周一圈是瓷砖走道，池内的水清澈见底，时常进行水质检测。游泳馆院东侧建有燃煤锅炉房供加热池内水，采用燃煤块和型煤作为热源，后来改为在临街二层房顶上安装太阳能板作为热源进行加热。游泳馆院内所有楼房外墙均刷天蓝色涂料，"joy sports" 白色英文词组围绕所有楼群上部，鲜艳的色彩，运动的色彩。

游泳馆内部

游泳馆外部

游泳馆东立面

二层辅助用房

锅炉房门口

十一、澡堂楼

　　为方便人们的洗浴要求，在后勤办公楼的斜对面，相隔马路新建起了澡堂楼。坐西朝东，三层砖混，屋顶上有冷热水箱间。门厅宽宽的雨篷前伸朝东凸出，两侧砌起挡墙支撑起雨篷，两进出大门和两售票窗口在其中，男女进出大门为红色自由木门，钢制窗户扁而宽，窗下墙体内凹，外墙水泥抹面简洁划一，粉色和红色外墙涂料粉刷一新。澡堂内部南北每层两个浴室，三层共六间，除一层男浴间大池子外（后来也改为淋浴喷头），其余为淋浴间，每个喷头之间有隔板，浴室中间设排气道，周边也安有淋浴喷头。二层中间是理发室。热水来自澡堂锅炉房。我校澡堂楼于 1983 年建成，同时可容纳 200 人洗澡。但由于设备不配套，几年来不能正常投入使用，为解决师生员工洗澡难的问题，挤用维修经费，购置锅炉等设备，1986 年新建了澡堂楼专用锅炉房，新增加的一层男浴室池塘近期可以使用。澡堂锅炉房位于原南校门西侧，是一吨燃煤锅炉，旁边还有蓄水池，距离澡堂楼二三十米。2001 年我校响应政府及环保局的号召，为实现"一控双达标"目标，拔掉砖烟筒，学校投资将澡堂燃煤锅炉改为燃气锅炉，此项工程经过半年多的施工改选，于当年 4 月初全部完工，4 月 29 日正式通气运行。

　　挨着澡堂楼南侧辅助房内安装天燃气锅炉供热源后，就将南门口燃煤锅炉房及其附属用房拆除了。这片区域经过改造变成可观赏的小园林，一片坡地上，黄杨绿篱密密围绕边缘，中间是绿篱造型，北侧一溜儿种植贴梗海棠和圆柏，每当春季来临，贴梗海棠小红花开满枝丫，甚是喜人，密密的圆柏树上小麻雀把这里当成了家，叽叽喳喳说个不停。后来澡堂楼进出大门更换为不锈钢材质，门口雨篷干挂花岗岩，售票窗口朝外的窗口也堵住了，倒也齐整，一块黄白蓝三色标志"洁美苑"挂在雨篷檐上。

洁美苑西立面

原锅炉房位置

洁美苑东立面

洁美苑西立面

洁美苑全景

十二、小花园修建

　　1981 年 3 月，学校校行政召开办公会议，为优化育人环境，给师生创造一个优美的生活环境，决定在北图书馆周围新建小花园。当时此举比较有争议，甄华副校长坚持修建小花园，最终力排众议，才有了现在的小小花园，如果可能，应该在小花园给甄华副校长塑像一尊，以示纪念。

　　总务处按照学校会议精神，多次召开小花园规划方案讨论会议，广泛征求教职工的意见，并在此基础上制订出了规划方案。其指导思想是"自己动手，修旧利废，建设花园，美化校园，改善育人环境"。当时总务处干部、职工参加义务劳动，主要整修小花园土地、清理垃圾、植树等。在建设小花园过程中，克服重重困难，想尽一切办法，调动一切因素，例如，没有树种，就自己去西山（山大绿化基地）挖回黄玫瑰、丁香、松树、山桃等花木；利用校园空闲地自建苗圃，自己培育花卉和树苗树种；没有材料就自己在学校库房搜寻废旧材料；小花园的花架子是从家属区拆下来的废旧材料建成的；凉亭和花园长廊，是利用旧钢管和从广告上拆下来旧铁皮建成的等等。经过几年的建设，现在的小花园，有山有水，有乔木、灌林、花卉 200 多个品种，有花架、凉亭等，成为山大师生休闲、散步、学习、健身、娱乐为一体的理想场所。

小花园位于主楼至教工餐厅、学生宿舍之间，占地约 2.5 万平方米，全园园门在东南角，圆形门洞两边连着花砖短墙和铁制高栏杆将小花园围住，门两边方形蹲台上两座石质小狮子蹲守着。一进园门，往北、往西各一条油松柏类树木遮荫的小路通向远方。园门前方中间是一椭圆形红砖砌的镂空花池，假山在中间，四周剑麻和花灌木栽植，伞形龙爪槐沿着花池四周排开，再往后，看见花架长廊一折横过东西，从花架中花瓶形小门就进入了小花园里了。眼前一座规模不大的花瓣形水池储满水，白色瓷砖贴面，蓝色瓷砖池底，里面小鱼时常游弋着。左侧草坪里一尊汉白玉美少女蹲像雕塑映入眼前，手里拿着一本书，低头侧看，一幅清新的画面。弯弯折折的园林小路到达花园的每一个角落。在小花园西侧，当时的人们在这片曾经大炼钢铁的地方，挖出了人工湖，湖水占地面积 300 平方米，中间有一座拱形小桥将湖分为南北蝴蝶湖，桥面台阶踏步，水泥抹面，随着拱形小桥两道不高的黑色钢管栏杆，立柱上有圆铁环。湖中玲珑假山堆放，石砌湖边墙并围绕湖边高起，鹅卵石小路围绕一圈，湖边一座由石头堆砌的假山小巧玲珑，成为整个游园中最引人注目的一道水系景观。湖东边一座六角小亭子连着曲曲折折的 50 多米花架子长廊，横过小花园连到东面的小亭子，坐落在红砖搭砌的花栏底墙上的六角小亭子是建园者修旧利废，采用废旧钢管和铁皮、混凝土柱建起，柱头有双菱形花纹，废弃材料一抛为二成筒瓦，利用简易的材料搭建起可供观赏的亭子，给后来的游园者一处纳凉的休闲之处。花架长廊，一根根花架立柱和横梁组成框架，上部密密的檩条供紫藤枝叶附着攀缘，下部两边水磨石长条坐凳，整体花架由混凝土制成，现在从花架支柱及顶梁粗细不同、形状各异的斑驳迹象，可见当时建设者们的奇思妙想和聪明才智，又可想象出建园者们的良苦用心。利用兄弟院校所赠送的及开荒造林时所间除的苗木完成了小花园的绿化建设，丰富多样的植被如雪松、龙爪槐、洋槐、柳树、桃树、丁香等四季分明，盘曲成粗大的紫藤枝叶沿着花架长廊一路爬满，开满的紫藤花吊垂在花架下，又延伸至旁边搭在钢管架上，紫藤枝叶生生不息，孩子们坐在藤条上荡秋千玩耍，等等。后来建造花园地下水库，利用挖出的黄土就地在小花园的西北和东北角堆砌两座遥相呼应的小土山，东山上建起一座小亭子，砖砌的小路直通而上，站在亭中俯瞰全园，为整个游园的制高点，西山曲径通幽的小石板路贯穿其中，两座小山上也栽满了各类植物，丰富多样的植被，可见游园采用自然式布局，植物层次丰富、季相鲜明。后来学校又投入资金40万元进行了整修，拆除园门和铁栏杆而变成开放式的花园，种植260米的绿篱，关而不闭，围而不死。东南角门口两棵旁逸斜出的迎客松，舒展着枝条环抱着，欢迎游园的人们。入口处椭圆形镂空花池墙被拆除，路牙石收边，和周边成为一体，龙爪槐的伞盖有些大了，搭起钢管支架支住。不宽的彩釉方砖环形道路从入口向西向北延伸铺装，两侧油松和柏树上部合抱起来，一条美丽的绿色隧道小路通向远方。靠北东山脚下修建了一处圆形中心广场，供人们在其中活动。西山的西北侧一片白蜡杆小树密植，爱好武术的人们在旁边开辟了一片场地，比武交流健身。绿毯草坪铺设、焕然一新的亭台花架、庭园灯的安装等，都给人们提供了一个更加悠闲自在、开阔舒畅的环境氛围。

紧接着，又对主楼与图书馆楼之间的空地进行了小花园主体续建工程建设，增添花架、花坛、凉亭、人行小道等式样别致的园林元素。西南角同样利用一些废旧材料搭建起一座铁质重檐六角亭，靠南面利用红砖修筑了一个花瓣式立体大花坛，围绕着花坛，是鹅卵石、碎拼花岗岩铺成的迷宫式的小路，小榆树收边。靠北搭设"U"形花架长廊，和南侧的大花坛遥相呼应，此处的花架形制如同小花园，只不过水磨石坐凳下面是"8"字花砖排布着，支撑着。中央一片空地边上，三个蘑菇小亭前后布置，石桌凳在小亭下安放，花架小亭自成一体，立柱一圈座椅，四个人防通风口处花瓣小桥美化，汉白玉圆桌及凳子散置，园中栽植了大量的植物：高大的雪松、洋槐、油松、柳树等，园中人防平房建筑，门前丁香定季开放，核桃树，楸子有不少。在山西大学 90 周年校庆之际，靠南路边修建了一座园门，所有这一切和图书馆楼东侧的小花园连在一起，被命名为"渊智园"，共同营造了一个幽静的学习休闲的环境。

下面罗列一组小花园照片，以飨读者。

十三、花园水库建设

随着校园建筑物的增多，建筑物的高度也在增高，原先为二层、三层建筑，现在四层、五层居多，因此带来了楼房里的用水问题。由此兴建泵房加压站及蓄水池就成了当务之急。

为反映当时的真实情况，根据山西大学基建处于 1987 年 10 月 18 日写的关于建设花园 1500 立方米蓄水池的建设情况经归纳如实记录如下：

山西大学 1500 立方米水池建设情况

一、提出兴建蓄水池的原因

我校当时师生员工及家属总人数约一万人，日用水量 2500 吨，当时学校有深井两眼，日出水量只有 900 至 1000 吨，我校处在城市自来水管网末端，压力很小，全校二层以上建筑都供不上去水，无法直接使用，严重影响了教学生活工作的正常进行。经学校和上级部门同意立项建设 1500 立方米水池一座。

二、设计基本要求

1. 选定设计单位：第一机械工业部设计研究总院设计处

2. 设计内容：

①1500 立方米蓄水池一座，采用现浇钢筋混凝土圆形结构、水池及泵房均按基本地下式，水池顶上要求覆盖，上有简单点缀建筑；②水泵按 150 吨/时的供水能力，扬程 30 米，二台（一备一用）；③考虑中远距集中控制水泵，进水从西侧坞城南路市政管网接进；④水池位置设在现图书馆西南公园内（后变更为在花园北边）。

3. 水池地址变更

设计院根据我校地质资料情况，认为蓄水池位置紧靠花园水池景观，如果水池漏水，将使蓄水池下陷，要求变更位置或迁移花园水池。基建处提出蓄水池位置改放在花园北边，最终经校长办公会通过。

4. 本水池土建施工套用原第一机械工业部第一设计院设计的巴基斯坦铸锻件厂 1500 立方米水池施工图，但在使用时做了修改。

三、参建单位

建设单位　山西大学

审批机关　太原市城市规划设计管理局

设计单位　第一机械工业部设计研究总院设计处

施工单位　山西省第二建筑工程公司

四、交工验收情况

交工日期　1982 年 12 月 25 日

工程质量　合格（实际只是土建工程完工，设备未到货，因此电器设备未全部安装完毕）

五、工程正式移交

1. 工程正式移交时间　1984 年 6 月 14 日

2. 参加工程移交人员

学　　校：陈学中　后　勤：王吉祥

校产科：李升华　白鸿策　小程（程兴泰的孩子）

基建处：阎　英　郎砚田　程兴泰

省建安装处：刘克义（电工工长）

3. 工程移交情况

移交时成员分成两个组，一个组在 1500 立方米蓄水池及泵站，另一组在集中控制室。经过送水试验及自控系统投入使用，认为工程合格，将钥匙正式交给了总务处。

这座花园泵房及蓄水池是山西大学第一座大型二级供水站，至今仍在发挥着它的作用。深埋地下的钢筋混凝土圆形水池其顶部用土层覆盖成一高出自然地坪 0.8 米左右的圆形花池，透空的花栏砖墙外圆里面套着中心小圆，东西南北四条小引路将大圆形花池分隔成四块，相连着中心的小圆花池，上面种植一些开花的植物，上面是一圈钢筋制花栏杆围护。当时为建水池而挖出的土堆在水池东西两侧，自然形成两座小山，紧挨水池不远，东北角水泵控制室两间平房，值班人员日夜值守。还有东西两座泵房，东泵房平面圆屋顶，墙体平面呈八角形，每一面都有宽大的窗户，外面镂空花砖保护着，泵房里面呈下沉式，沿着墙体设有转梯下到底部，地面安装有水泵，将蓄水池里的水源源不断地送到每家每户。西泵房平面六角形式，外伸的屋檐下高大的窗口同样有镂空花砖，室内设有气压补水装置，主要是为专家楼用水而建，其作用一是稳压，二是保持 24 小时随时有水。随着校园内用水条件的改善，补水罐早已失去往日的作用而被拆除，只留下闲置的泵房。

2012 年全校进行消防设施改造，在花园东泵房增设地下消防泵房及消防设备、控制箱柜及管网，发挥着更大的作用。

现在，小花园和花园蓄水池不分彼此，早已融为一体了。

泵房

东泵房

西泵房

泵房值班室

紫藤花架

值班室

水池

值班室及水池

十四、房屋产权的登记

1989 年，根据太原市人民政府（88）22 号文件精神和南城区人民政府（89）11 号文件，我校房屋产权登记领证工作历时数月圆满结束。承担此项工作的我校房产科工作人员对学校所有建筑物进行了实地测量：面积计算、查证建筑年代、建筑结构、查阅建筑资料（包括建筑许可证、建筑审批定位红线图、经费来源批文等），绘制了 1/500 平面图。

这次登记工作所涉及的建筑，除西工地、东封大队、农场和登记期间未竣工的建筑外，共计 276 幢，建筑面积 244358.72 平方米。经南城登记办、市登记办的检查核实验收，确权并发证的建筑为 262 幢，建筑面积 241799.39 平方米。因证件不全和临时建筑等原因未确权的有 14 幢，2559.33 平方米。未确权建筑主要有家属 3 号楼（讲师楼）、游泳场各建筑、西门高科技开发中心、新旧七锅炉等。

通过此项登记工作，学校的建筑有了合法的证件，权益受到了法律保护。另外，房产科领导建议学校有关单位在今后建筑转交房产时，应将建筑许可证、定位红线图、经费批文以及复印件移交房屋主管部门，以便于顺利办理产权证。

十五、校园供电

太原市供电局在一周七天内对高校实行停三天电、供四天电的政策，即所谓的"停三供四"。但当时太原市电力紧张，实际上运行起来就保证不了每周供四天电，造成学校经常停电，而且没有固定的停电时间，这样的话给学校的教学工作和生活带来种种不便。经多次向省政府反映此类问题，引起省政府的重视，于1988年给山西大学等省属本科院校实行"双回路"供电措施，山西大学首先完成了"双电源"12路建设，结束了"停三供四"供电政策。

十六、小品建筑

这一时期的小品建筑继60年代毛泽东塑像之后分别有了鲁迅胸像、少女读书全身坐像、双胞胎少女站像、汉白玉雕塑"翔"、美少女全身蹲像、小花园六角亭等，它们是美术学院师生所雕的毕业作品和建设者们的劳动成果。

鲁迅胸像坐落在北图书馆（现为国家大学科技园）门前，红褐色的大理石底座上是鲁迅像，汉白玉材质，眼视前方，寸短的头发和一抹胡须代表着他一生的做人准则，冷峻消瘦的脸庞一副"横眉冷对千夫指 俯手甘为孺子牛"的气概，他是一座山，他是一座"高山仰止"的大山。

鲁迅像

汉白玉制的少女读书像，清纯花季少女坐在石墩上，双膝上摊着一本书，两手置后撑着，头仰望天空，顺溜的长发，一幅青春的美妙图，活力无限，和四周的环境组成了一幅多么清净的校园风景，这尊像原先坐落在分子所门前，1999年因拆除分子所楼而移至物理楼南花园——启智园里。

物理楼南启智园里的少女雕像

小花园里的美少女全身蹲像，在褐色水刷石圆盘上面，汉白玉制，一身连衣裙，十分优雅地单膝跪地，蓬松的头发披散着，手里拿着一本书，侧身在欣赏身边的花草，微笑着，简单质朴。

北图书馆（现为国家大学科技园）南楼师培中心门前，低矮铸铁花栏杆围起的菱形绿篱中间有一对双胞胎少女连身站像，飘逸的长发，一手拿书，一手举起，吹着飘散的花瓣。

位于小花园里的少女像　　　　　国家大学科技园门前双胞胎少女雕像

"翔"也是汉白玉的雕塑，位于办公教学区域，四周红叶小檗围绕成方形，低矮的铸铁花栏杆护住。雕塑本身洁白的质地，坐落在高高的褐色方基座上，两只翅膀振翅飞翔在蓝天白云间，自由自在，无拘无束，这就是学术的空间。

翔

　　主楼东南角重檐六角攒尖亭，坐落在二层的六角基座上。一层大基座一横一竖红砖镂空矮墙上面水泥抹面，供人们在此歇息，也可围绕着六角亭转一圈。三步台阶上二层小基座，矮墙是内六角外方花格镂空砖砌成，整个二层矮墙基座是很典型的 20 世纪 80 年代的做法。重檐六角亭通体铁质，立柱——钢管，骨架——大小钢管，顶子——铁皮，飞檐翘起——扁铁。颜色立柱——红色，骨架——浅绿色，铁皮顶子——浅绿色，飞檐翘起和宝顶——浅黄色。纹饰——花朵、圆形、菱形、方格。铁皮顶子沿边花瓣收边，六角飞檐起翘三个小涡旋一组，从色彩到形式都起到了画龙点睛的作用，给人以振翅欲飞的感觉，这是之前的铁质重檐六角亭。这座亭子经过近二十年的岁月侵蚀，铁皮顶子锈迹斑斑，钢管骨架也七零八落，2011 年重新规划这片区域时被拆除掉，原址上基本按照原貌搭设了一座木质重檐六角亭。

　　重新修建的重檐六角攒尖亭，通体木制，色彩以红黄为主，彩绘以青蓝为主。坐落在由青石铺砌的六角基座上，青色映衬的亭子色彩恰恰好。六根红柱立在青石柱础上，柱间红色木板坐凳栏杆，檐柱间设置了镂空的木楞格

铁质重檐六角亭

木质重檐六角亭

长框，和下面的坐凳栏杆上下呼应，构成一幅美丽的景框画面。二层的柱间花瓣格子装饰纤细柔和，上小下大的亭子顶面满铺黄色琉璃筒瓦，六角起翘，琉璃宝顶。檐柱额枋青蓝彩绘，有卷草纹、云纹、波浪纹等，藻井上是六幅表现山水和花卉意境画。重修的六角亭整体以喜庆的红黄色彩，搭配青蓝彩绘，在周边绿色树木映衬下，一幅典型的园林景致。

小花园内三座小六角亭：长廊东六角亭、长廊西六角亭、东山上六角亭。东六角亭，位于花园长廊的东侧，东环路的边上，远看体量不大，坐落在一个不大的圆形基座上，三处八字形台阶踏步供游人上下，基座上三段扇形红砖镂空矮墙栏杆合围成圆圈，看似立在矮墙栏杆上的六根长方混凝土立柱实则是从地面升起，柱头上下两根横梁和立柱组成一个整体，横梁之间是菱形花砖。圆心一根钢立柱，柱脚插在上小下大的混凝土圆台中，柱头是一圈轮毂，既是骨架又是顶部装饰。柱头和轮毂上面是六角亭的顶部，由钢管和铁皮制成，黄色筒瓦上覆，六条脊头稍微起翘，还有仙人走兽在上面。东小六角亭整体由混凝土、钢管铁皮、筒瓦搭建，颜色有白柱、黄瓦、檐口蓝色搭配。随手拈来的材料，奇思妙想的搭建，恰如其分的色彩，虽然年代久了，稍显破败，但仍不失一幅美妙的雪景画面。

东六角亭　　　　　　　　　　　　　　　西六角亭

西六角亭，位于花园长廊的西头，人工湖的东边，坐落在一处不大的须弥座上，几级台阶踏步上去基座，除通道外沿着须弥座边砌有两处红砖镂空矮墙栏杆，里面六根钢管立柱，底部沿着矮墙栏杆也是钢管两两相连，成为一体，钢管柱头之间有上下两根细管菱形花饰，细细的铁质雀替，每个柱头有蓝色木质斗拱装饰。六根立柱顶部钢管两两相连至中心呈轮毂状，升起一根顶部立柱，六根弯曲的钢管一起形成六角亭的顶部骨架，铁皮随着骨架形成优美屋面曲线，上覆黄色筒瓦，宝顶收口，六条脊头起翘上也有走兽站立。这座六角亭通体铁质，屋面筒瓦，颜色红色、蓝色、黄色。经过一截红砖镂空矮墙栏杆就来到了白色长廊。和旁边的人工湖的小桥、长廊一起，曾经组成一幅学校的环境宣传的景框画面，印在宣传资料上，此时人们好像已忘记它的存在，显得有些落寞，只有旁边的两棵国槐默默陪伴着。

东山六角亭是在修建地下花园水库时，多余出来的土在水库旁边堆积

东山六角亭

通向山顶小路

成两座不高的小山：一东一西。东山上，两条踏步小路一西一南径直通向小山顶，一座不大的六角亭矗立在山顶，成为小花园的制高点，站在此处花园景致尽收眼底。六角亭坐落在不高的六角水泥基座上，上沿口叠涩凸出些，台阶踏步上去，同样的红砖镂空矮墙栏杆除了两处通道断开外，合围成六角形，倚着镂空矮墙地面上升起六根红色混凝土长方立柱，柱头上是浅蓝色牛腿短柱，略显弧形的立面上是黄色双菱形花饰，短柱之间上下两根混凝土，中间也是双菱形镂空花格砖，细看镂空的花格砖中间还有铁质花饰在支撑着。牛腿短柱上斗拱装饰，斗拱上几根钢管形成一轮毂状，中间升起一根钢管，和旁边六根钢管形成六角亭顶部结构，同样铁皮随着骨架形成优美的顶部弧线，上覆黄色筒瓦，宝顶收口，六条脊头起翘，仙人走兽立在上面。六角亭整体材质混凝土、铁质，颜色红色、蓝色、黄色。一块"倚虹亭"匾额不知是谁挂在挂落上，六角亭的周边各类植物生生不息。

在校园校舍布局现有的状况下，插缝般地建造了以上这些建筑物，设计了几处建筑小品，小花园的建设，可以看出这时已有了校园规划的初步理念。这一时期的建筑物，处于转型阶段，应该说是与醇和时期的建筑式样完全不一样，平屋顶、适宜的窗户、横竖肋板、入口门厅雨篷、简单质朴的造型、室内布局单一，颜色稍有差异的水刷石面层是这一时期建筑的主要特点，亲切、简洁而迷离。同样受施工技术和建筑材料所限，这一阶段外墙装饰材料可用的建筑材料比较少，水刷石是当时使用最频繁也是最普遍的外墙装饰材料，它与前一阶段的砖外墙装饰有着很大的差别，差不多是一场外墙装饰的先驱，所以说该阶段的建筑形式是改革开放初期人们探索现代建筑趋向的摸索阶段。在这个阶段，人们坚守着，寻找着，探索着。

1988年3月18日，并绿字（1988）第1号文件，太原市绿化委员会授予山西大学"园林化单位"称号。

1989年，该年学校工作的重点是优化育人环境，落实到校园绿化、美化工作上。一个优雅的校园环境正在形成。下面是我校该年绿化美化重点区

新校门"园林化单位"碑

域及安排：其一完成主楼—图书馆楼间的小花园主体工程建设：续建花架、花坛、凉亭、人行小道组成式样别致的花园南、北门工程，继续栽种各种花草树木；其二完成南北院学生住宅区的绿化、美化和路面硬化。在各学生住宅楼之间，修建花栏杆围、花坛、羽毛球场地、晾晒衣被架及阅报栏，硬化人行小道，栽种各类花草；其三完成生物环保楼—化学楼区的小区绿化美化的基础工作，建设部分花坛，种植一些花草树木；其四是校绿化委员会决定在以下18个单位推广绿化责任区。这18个单位是：光电所、分子所、办公楼各单位、计算机系、生物系、工会、物理系、艺术系、外语系、图书馆、外事处、印刷厂、附小、校医院、公体教研室、总务处等。实行绿化责任区的单位要根据责任区的地形，建筑物特点等实际情况，进行设计规划，并对责任区的花草树木，进行长期管护，做到"两包一保"：包栽、包管护、保活。校绿化委员会还要在9月下旬对校园绿化美化工作进行全面考核评估和检查验收。

2001年4月22日，学校获"太原市园林化标兵单位"称号。

第五阶段　渐入佳境时期

时间：1990 年—1999 年

地点：太原市南郊区坞城路

特点：晨光

　　历史的车轮驶入 20 世纪 90 年代，计划经济时代逐渐被市场经济时代所替代。1992 年初，邓小平同志视察了武昌、深圳、珠海、上海各地，发表了一系列重要的讲话，即"南巡讲话"。邓小平同志南巡之后，中国改变了过去有计划的商品经济和发展社会主义市场经济，使改革开放十年进入了一个新的历史阶段，这是一个大的社会环境，此时的山西大学加快了建设步伐，有了更开阔的发展空间。

　　山西大学北校区已被前期所建的建筑占满，没有了发展的余地。于是向南发展，从 80 年代开始，学校陆陆续续在南校区新征回来的土地上，新建了化学楼、生物楼等建筑，北侧靠西建起了山西大学新校门，坐东朝西，进入新校门，前面是一个很大的校前区开放式的草坪广场——初民广场，它是以在 1949 年解放初期被任命为山西大学校长的社会科学家邓初民先生的名字而命名的，如今先生的雕像就坐落在广场的西南角。

　　山西大学最热闹的地方是这儿，最华妙庄严的地方也是这儿。沿着广场四周，从南到北依次建起了化学楼、科技大楼、数学楼、外国语学院楼和外培楼、图书馆、文体馆和文科楼（2000 年开工，2002 年竣工）。建在广场附近的有生物楼、保卫部楼、附小教学楼和幼儿园，另外还有建在北门口的学术交流中心。它们集中代表了山西大学在此阶段的建筑成就，周遭裙楼，中央兀立起挺高的主楼，空阔挺拔的建筑共同演奏出和谐之音，内部结构依次更具人性化，有了更多的共享空间，从工艺和新材料的使用上更具现代化。由此山西大学的建筑除了满足基本功能使用要求外，还兼具了多层次的唯美主义建筑观。

　　在校园建设方面，1991 年 3 月，学校召开植树造林绿化校园动员大会，会议的主旨：全校的师生动员起来，种草种树，将学校建成一个"林荫遮道、花草围楼、三季有花、四季长青"的花园式大学。

一、科技大楼

该阶段最早建起的科技楼位于草坪广场的南端。是由国际银行贷款、香港邵逸夫先生部分捐款及地方投资兴建的项目，由国家机械电子工业部设计研究院设计，山西省第二建筑工程公司施工，总投资2229.18万元，是山西大学第一个省级重点工程，是全省高校最早建设的一流的科研大楼，也是山西大学施工工期最长的一座大楼，八年建成，横跨20世纪八九十年代。科技大楼是由十层主楼和三层裙楼组成的，建筑面积15310平方米，框架结构，外墙饰面乳白色和浅粉色马赛克，主楼坐南朝北居中迎着北风站立，北立面外表如长剑般直立平展，左右身后有三座三层裙楼，分别为光电所、科学会堂和测试中心。从南边看科技楼整体错落有致就像一朵盛开的白莲花，层层叠叠，加上南边的阔叶杨树林，煞是好看。

站在北面向南远远望去，两块侧身站立的墙体对角的直线形成了科技主楼外观的"利剑"，五条通高的玻璃幕墙，茶色铝合金，中间一条恰似利剑的刃，其余四条玻璃幕墙稍矮些分置两侧，和墙体一起形成主楼挺拔的身姿，主楼外墙马赛克以乳白色为主，间以浅粉色成线条分隔，高处"科技大楼"四个大字竖向排布。走到楼下沿着室外台阶走上门口大平台，首先映入眼帘的是主楼朝北的两道茶色玻璃大门，挡住了北风的呼啸。主楼不是之前那种方方正正的建筑形式，平面布局呈"V"形，进入大厅，两侧分别是光电所和测试中心，但并不相通。大厅中心往后左侧，推开一扇茶色铝合金玻璃幕墙大门，楼群围合了一处天井，别有洞天，高高的玻璃屋面采光效果很好。光线映在地上，有一浅浅的小鱼池，不锈钢栏杆护着，经过中间一座小桥就到了科学会堂。这是科技大楼主楼和裙楼的平面关系。主楼的"V"两边房间是随着楼高往回收着，从南面看很明显，室外回转楼梯从七层顶下到三层顶，起着疏散通道的作用，八层至十层楼房往回收，到了最高层又回收，最终形成了这样层层叠叠如同绽放的莲花般美丽的南立面外表。楼内安装两台电梯，承担运输科研设备及方便人们上下，电梯间不大和实验室区域以及旁边的楼梯间是有门相隔的，楼梯间铁艺栏杆，外墙玻璃幕墙直通到顶，室外景色尽收眼底。实验室区域的室内布局，走道居中，两边多以实验室为主，还有各类水电暖管井，实验台通风橱以满足教学实验科研之用，水暖电齐备，在最高层还建有储水箱和暖气系统使用的膨胀水箱，供室内随时用水和暖气系统定压，当时是定时供水，只有在屋顶安装储水箱才能满足室内用水。另外地下负一层设备间安装水箱和水泵供楼上实验用水以及消防用水，地下负二层没有使用过，有地下疏散通道直通室外前方不远处的大草坪，出口上方建有捐资纪念三角亭。当时建筑材料有了一定的选择余地，科技大楼整体外墙贴上了乳白色、粉色马赛克，使用了通高的玻璃幕墙，茶色玻璃铝合金，人们有了不一样的视觉感受，富丽堂皇，耳目一新，施工技术的发展，使得建筑的空间更大、更高发展。

光电所是科技大楼的东配楼，却自成一体。从大楼旁边顺着马路转到东南面，首先映入眼帘的是几株高大的雪松，舒展的枝条延展开来长势甚健，旁边白玉兰开花季节，怒放着的花朵格外喜人，香气袭人的丁香花点缀其中，南墙边的一株水枸子，夏季密集白花，秋季小红果结满枝头。绿色植被掩映下的东配楼，三层，外墙马赛克以浅粉色为主，辅以窗口乳白色，窗户墙体凹凸有致，靠北外墙上题有"逸夫楼"三个大字高高挂起。大门朝南开启，进入门厅是一回转楼梯，实验室分居东西两侧，整个内外形成一处幽静的环境，适宜静下心来做科学研究。东配楼原是光电研究所，是量子光学与光量子器件国家重点实验室，承担着国家重大科研项目，现在光谱研究所在此继续延续着辉煌。

科学会堂是科技大楼的南配楼，前面说过，它是在主楼大厅深处，推开铝合金大门，豁然开朗，明亮的前厅天井，主楼与配楼围在一起，玻璃采光顶吸纳着阳光，经过小桥踏上平台，眼前两扇黄色装饰大门分居两侧，中间墙面上有四个鎏金大字"科学会堂"，会堂门前装饰颜色搭配非常融洽，乳白色带有云纹的地板砖有温润质感。进入内部，一排排阶梯座椅围绕着前方讲台，还有二层居高临下也有座位。会堂大门两侧有楼梯通向二层、三层，瓷砖踏步，黄色木扶手，黄色暖气罩包封，精致小巧的装饰，带有历史感，过去这里经常开会、举办各类讲座授课等活动，现在有些落寞了，只有这未曾更改的装饰还记录着曾经的点滴。

　　测试中心是科技大楼的西配楼，和东配楼的建筑形式一致，结构形式为钢筋混凝土框架、桩承台基础。承担本校理科类系、研究所的科研和教学任务，并面向社会，为我省工农业生产和能源重化工基地服务。测试中心是科技大楼的一部分，也是先期建设首先竣工的，1989年测试中心工程举行了竣工验收。参加验收的有省计委、省教委、市城建委、市建行、市公安局消防支队、省高校基建研究会质监站、省建总公司、省建二公司、兄弟院校代表、国家机械电子工业部设计研究院、省建二公司二处、校领导、校贷款办、测试中心、总务处、基建处等单位的负责同志及有关人员。大家一致认为在当年太原市所验收的工程中属一流水平。

　　学校于2007年对楼内实验室通风管道系统、2009年对楼内动力电气系统进行更新改造，使其分别适应新的科研工作环境条件。

　　外墙贴面——马赛克，由于年代久远，大部分已裂缝空鼓剥落，存在一定的安全隐患，如何维修既不失原有建筑风格，又兼顾了安全，是摆在我们专业

科技大楼光电所门前绿化

技术人员面前的一道课题。

2012 年学校有关部门经过多次论证，结合当前的建筑材料及做法，制定了维修方案，投入资金将楼体外墙装饰：岩棉保温，小方瓷砖贴面，更换玻璃幕墙及窗户断桥铝。改造完后整体颜色稍显差异，既不失原貌又排除了安全隐患。

2014 年占据科技大楼局部二、三层的中文系影视专业实验室搬迁至商学楼后，分配给研究所做实验室之用。在二层的一侧深处，是中文系影视专

光电所门厅

科技大楼

科技大楼改造前立面图

业播放实验室，两层空间高度，根据用户要求设计改造成同层房间，采用钢架，瓦楞板支撑混凝土浇筑，变为可利用的二层，施工起来难度较大。改造完成后，又扩大了实验室面积。还有后门过道通向科技大楼会堂天井里。

科技大楼科学会堂天井内景

科技大楼改造后

科技大楼南立面　　　　　　　　　　　科学会堂

俯视科技大楼和初民广场

二、数学计算楼

数学计算楼位于草坪广场的东南角，科技楼的东面，相隔马路紧临而建，占地面积较大，总建筑面积将近10000平方米，建筑布局比较规整。数学楼平面布局有北楼（五层）、东楼（三层）、南楼（三层）及西侧的大门和三个阶梯教室（一层），数学楼和化学楼，一东一西遥相呼应，平面布局类似而各有不同。东、南、北三个楼的内部结构不尽相同，外表也是浅粉色马赛克贴面，大门阶梯教室外表是乳白色马赛克贴面，上面间以黑白小块。外伸的前檐下宽敞的门前庭朝西，接纳着前来上课的同学们，宽大的茶色玻璃铝合金大门，吸纳着阳光，又让人看不透它。当时数学楼和科技大楼这两座建筑的建成使用，极大地缓解了教学用房的紧张。一样的风格，不一样的格局。马赛克和茶色玻璃铝合金应该说是这两座建筑物的建筑元素，迅速被使用，又迅速被舍弃，马赛克贴面容易剥落，施工工艺不完美，茶色玻璃铝合金，颜色太暗，不利于采光。所以这两种建筑元素还没有被大力铺展开就结束了它们的使命，继而更新更多的建筑材料相继登上了建筑舞台。

推开铝合金大门，进入宽敞的门厅里，往左拐，登上台阶，就来到了五层的数学计算楼北楼，回转楼梯居西边，教室在走道的两侧，通长的铝合金窗户以利采光，每一间教室中讲台、黑板、课桌这是标配，楼内为数学学院和计算机学院使用。走到东尽头是一方厅，北楼的东门就在此，一般处于关闭状态。往南拐就到了东楼，东楼三层，教室靠东，楼道靠西，东楼和南楼二层以上外墙凸出悬空。楼内各单位对所辖范围进行室内走道地面粘贴瓷砖、铺塑胶地板，动力电气改造，卫生间重新装饰等项目改造，尽力营造一个舒适的教学环境。

南楼曾为计算中心使用，该中心于2007年搬迁至理科大楼后，次年一、二层经设计改造而成为中国社会史研究中心，维修工程（原现代教育技术中心）包括了门厅、楼面整体、走道、电气工程改造，室内装潢等，内设"集体化时代的农村社会"展厅、研究室、实验室等，维修改造面积1718平方米，满足了社会史研究的需要，进一步完善了我校文科科研教学的硬件设施。2008年6月，后勤管理处组织学校相关部门对中国社会史研究中心维修改造工程进行了验收。

改造后的南楼坐北朝南，高高的外墙上"鉴知楼"三个字竖向排列，门口处银色铝塑板简单装修，上挂红色标志木牌，门楣上"百年老校树大根深 廿载中心风华正茂"，石抱鼓居门边，门口装饰简单质朴又不失大气。一进门内是高高的天井，玻璃采光顶，左侧回转楼梯通向每一层。一层有学术报告厅、资料档案研究室，二层有"集体化时代的农村社会"综合展厅，三层仍归计算机学院机房使用。山西大学中国社会史研究中心是山西省人文社科重点研究基地。鉴知楼门前，草坪里，散置着磨盘、水井架子、柱础等石造，一块雕刻"研经铸史""登崇俊良"字样的原生大块石矗立着，又有常青和开花的树木衬托着，显现出勃勃生机。而今，漫步与此，处处都有一些小物件组成的景点，历史文化气息浓厚，亦俗亦雅，亦庄亦谐。

　　数学计算楼的三个阶梯教室在西大门的南侧，从大门进来右拐，进入一个宽敞的大厅，不规则的大厅自成一体，中央九块大方形玻璃采光屋顶使得大厅深处也很豁亮。围绕着大厅有教室、卫生间，还有一个大门通向后院，三个阶梯教室环绕着大厅，阶梯教室里一排排固定桌椅在不同高度的台阶上依次向后，坐在最后一排也能听到老师清晰的声音。每个阶梯教室原先有个后门通向室外，后来堵住了。后门外是一处小小的休息平台，好像是将阶梯教室的一角挖出去一样，平台边缘一根立柱支撑着一处边角。

数学楼门前

数学楼北楼

数学楼东楼

鉴知楼前建筑小品

鉴知楼内景

由东、西、南、北四个方位高低不同的楼群组成的数学计算楼，其间围合了一处天井内庭院，其进出口在南楼的西侧和阶梯教室的东侧之间。沿着阶梯教室外围向南一路走来，路边枝条盘曲的若干丁香树，大叶法桐，高大的雪松，一条曲折的小路引领着人们走向内庭院，依旧是红砖铺就的小路通向东楼和阶梯教室，小草半遮盖着小路，绿色植物圆柏、紫叶李、雪松等遍布全园，一块老石碑立在园中，碑上若隐若现的字显示它历经了岁月的磨难侵蚀。该园子因少有人去，较好地保持了原生态的景况，不失为一处绿色植物的自由王国。

三、外国语学院楼

位于数学计算楼南侧的是外国语学院楼和外培楼。随着招生人数的增多，教学办公房间的不足，北院二层外语学院楼已不能满足教学使用，于是，学校在南校园特批出一块地来建设外国语学院楼，也特为出国留学人员出国前培训修建了宿舍楼。小巧的外国语学院楼平面布局呈"L"形，坐东朝西，门前长方半圆红色立柱直通到顶，上书金色大字"外国语学院"，旁边是茶色铝合金大门，二层大会议室悬挑出去充当了大门的雨篷，门前黑色大理石台阶，黑色大理石立柱墙面装饰，推开大门进去，右边是小型会议室，往前走，北楼也即教学办公主楼，不宽的楼道在南，教室在北，楼梯间在西，也即前面所说的长方半圆红色立柱的位置，其实是北楼楼梯间所在，一进大门左拐即是。北楼最高为五层，东侧逐层回收成三层、四层、五层，屋面错落有致成三、四、五层。北楼东面往南还有二层的教室一间。整座楼短边即门厅南侧一层也是小会议室和门房，二层是大会议室，大窗户，空间也大，相当于二层的高度，面积还不小，能容纳不少人在此进行交流学习。楼南侧实体外墙为三角形收边，一层悬空着，最边上一根立柱支撑着楼上主体。外墙水泥抹灰，浅粉色外墙乳胶漆，门前左边大立柱红色乳胶漆，门口黑色大理石贴面，铝合金窗户，外墙几块颜色的搭配，加上错落有致的外表，显得整座楼小巧精致，室内布置简洁雅致，具有人文气息，是一处教学研究的好场所。楼门口弧形柱体外侧，围绕着楼栽植了几株松树，卫矛收边，纯粹的绿色园地，原来在门左侧前方，和杨树林成为一体的绿色王国，三角地带生长着一株灌木，每逢开花季节，满树的粉色小花开满枝头，成为诱人一景。

在"L"形建筑南侧空档里，栽植了一片圆柏、丁香、木槿等绿色植物。为缓解教学紧张用房，学校于 2010 年投入资金开工外国语学院教学楼扩建工程，3 月 20 日开工前，先是移走了南侧圆柏和丁香树等绿色植物，扩建工程为一座五层框架结构建筑，建筑面积 1368 平方米，和北楼东面南侧连为一体，并且将旧楼北侧三、四层各加一层变为四、五层，从而改变了旧楼原有的风格，连并外培楼一起将外墙涂刷上暗红色乳胶漆。

外国语学院西立面

外国语学院错落的北立面　　外国语学院东南角空地　　扩建后的外语楼

扩建的外语楼　　焕然一新的外语楼　　外语楼门前

四、外培楼

　　隔着不远，外培楼位于外国语学院楼的南侧，为两个单元的五层宿舍楼，错落而置，室内布局紧凑，一梯两户，每户小小的公用客厅连着三间宿舍，狭窄的公共卫生间使用频率很高。北立面比较平平展展，在南外墙建有半圆凸出阳台，站在阳台，向南可看到一片杨树林和南操场。

　　2011年学校将此楼交给公寓中心，室内经过改造，包括：电气系统、卫生间、涂油漆、粉刷、消防管道铺设等项目焕然一新，求学的大学生住进公寓化管理的宿舍楼。

　　外国语学院楼和外培楼区域的西侧是一片杨树林，那是1995年4月大学生响应校团委"义务奉献，绿化校园"的倡议，义务参加植树活动而种下的。如今，粗壮挺拔的树干，微风吹起阔大的树叶簌簌作响，共同演奏一曲大自然之歌，周边雪松、圆柏、木槿等树木遍植，路边大叶泡桐开着大朵的紫白色的花朵，这片区域精致的房屋，绿色的植被，一派生机勃勃的气象。

外培楼南立面

外国语学院前的灌木

外培楼北立面

外培楼南立面

五、附小教学楼

　　1963 年始设的附小原在北院家属平房新区靠北处，一处朝西的大门，教室全部都是平房，和家属区仅围墙分隔开来，当时家属区也是平房——北区。随着时间的推移，现有的教室及条件已不能满足教学使用，为改善小学生们的学习环境，1994 年学校投资兴建了附小教学楼，选址在南门外山大原基建库房和木器厂北部的基础上，北面紧邻许西村。就是在位于数学楼的东北角，附小教学楼拔地而起，同时修建的还有前面的室外公共卫生间、操场以及校门围墙，总占地面积 7200 平方米，教学楼主体面积 3317 平方米，总投资 200 万元。工程于 1995 年 8 月由市质量监督站根据优质工程标准评分验收，该工程达到市优标准，被评为太原市优良工程，成为山西大学达市优工程之一。附小教学楼平面布局呈"L"形，长边为教室主楼在北，短边为教工办公室在东，建有老师、学生两个阅览室以及建有实验设备较为齐全的自然教室、美术教室和音乐教室等，整座教学楼拥有教室 38 间，其中专业教室 10 间。该楼设计造型新颖，美观大方，主楼三层，坐北朝南，一个主西大门，一个次东门，门上雨篷上檐微微内倾，和主楼女儿墙风格类似，每个窗口上沿内凹，最高层窗口上沿为圆弧形设计。室内两个楼梯间都正对着大门，便于疏散，楼梯形式也不同，主楼梯间比较宽，中间和两侧都有踏步能上下，缓解分流小学生们上下课的拥挤，次楼梯间就比较窄，正对着东门口。室内两侧教室，中间走道，每间教室前有黑板讲台，前后两樘带亮木质门。靠东的侧楼二层南北走向布置，室内西侧为过道，东侧为办公室，一层门前走道直接通向操场，二层通过南墙室外钢梯而上下，也和主楼二层相通。整座楼精致小巧，简单质朴，外墙窗口内凹上沿和微微内侧的女儿墙喷涂成暗红色，其余墙体为浅粉色。值得一提的事是楼前东、西大门旁边各生长着一株有年代的紫薇，每年到鲜花盛开的季节，大朵的粉色的紫薇花次第绽放开来，娇艳无比，旁边挨着一株常青树，远远望去趣味甚足，一年又一年陪伴着孩子们的生长。教学楼前还修建了一片混凝土操场，紧挨主楼中间一座舞台，沿着操场四周加盖了围墙，东侧一长溜儿室外卫生间，几株大柳树，靠近南围墙还有坡屋面平房，这是当年未拆除的旧平房，充当着库房，这是附小院里的布置，院子的大门朝向南边，后来改为朝向东面。围墙外是一条学校南北院的主道路，沿着路边一溜儿白杨树高大挺拔，如今依然郁郁葱葱。

2010 年学校在南校区的西南角，新建了一座附小教学楼并投入使用，附小搬迁至新附小教学楼后，2011 年留下的旧楼分配给研究生学院，室内电气系统重新布置，内墙涂油漆、粉刷，消防设施更换，卫生间重新设计，侧楼过道塑钢窗封闭，外墙粉刷等，经过改造仍做教室上课用，西大门雨篷下用不锈钢玻璃大门封住，地面和两侧挡墙用花岗岩铺砌，雨篷上沿是"研究生学院"五个镂空红色大字。后来学校其他职能处室陆续在楼内也分得了房间做办公室使用。

同时改造的还有周边操场以及道路。维修工程除主楼体外，还拆除了包括校门围墙、操场、舞台、公共卫生间在内的设施，拆除后这片场地比原围墙外地势要高，于是将操场向北回收一半，楼前留有活动空间和停车场，其余将标高降低至原围墙外地面标高，清运走垃圾土方，拓宽道路，高差通过两道卫矛绿篱收口，平整场地做绿化处理，东面一株柳树保留下来，以它为中心，修建了一处六角平台基座，青石板铺面，青石坐凳、塑木椅子置其中。西面也保留了一株柳树，东西两株柳树遥相呼应，宛若老朋友一般，虽然每天见面，但拉起话来却不容易，只好摆摆枝条以示问候。周边卫矛红叶小檗收边，里面栽植紫薇、贴梗海棠、法桐等植物，形成一片紫薇园，和前方道路相隔的高大挺拔的白杨树一起组成了高低错落、色彩丰富的一片开阔的园子，并且和物理楼北侧的丁香、柳树连成一片，花开季节，暗香浮动，沁人心脾。

旧附小教学楼

旧附小大门口紫薇

旧附小主门

旧附小楼前六角坛

六、幼儿园楼

　　幼儿园，原位于家属区平房南北区中部一处青砖围墙的院子里。沿着围墙北面和东面若干间瓦屋面平房教室，门旁挂着小木牌"小一班""中二班"等，院中一座瓦屋面建筑托儿班接待 2 岁以内的小娃娃，院内有红砖甬路、秋千滑梯、高大的洋槐。1983 年学校投入资金扩建了幼儿园，在院西大门处建造二层小楼一座，坐东朝西，面积 300 多平方米，大门从楼中间穿过，外观墙体横竖肋板分隔窗口，楼梯间镂空外墙花砖，简单质朴，平面布局靠院子里是走道，外侧房间，二层楼道铁栏杆和一层花砖短墙围住走道。时光转过十几年，原有的建筑已不满足教学生活，并且还有安全隐患，为改善幼儿园的办学条件，学校设立专项资金，在位于附小教学楼东侧新建起了孩子们的乐园——幼儿园楼，北面紧邻许西村，1997年破土动工，总面积2509平方米，该项工程获山西省优良工程。幼儿园楼二层，平面呈"T"形，只不过长边短点，短边长点，远远望去，女儿墙厚实且微微内倾，一道白色装饰线将上下窗口连在一起，其顶部为三角形内套一个半圆装饰块，也有的窗口单独走白边。面朝西南的大门呈"T"形内角，楼西部侧门外高低错落的挡板装饰墙，圈起来类似滑梯的走道，外部造型如同孩子们搭的积木一样。外墙颜色以浅粉为主，女儿墙和主体颜色稍有差异，檐子上的三角造型涂以白色，窗间线条咖色，后来外墙重新粉刷，主体米黄、女儿墙橘黄间以白色装饰线，整体造型很符合孩子们活泼的特性。从大门进去，内部宽敞明亮的教室活动间、安静的休息室、干净的厨房等设施一应俱全。楼前空地是孩子们室外活动的场所，升国旗、课间活动、小小运动会，旁边池子里的丁香和卫矛球伴随着他们一起成长，记录着孩子们成长的点点滴滴。

　　和幼儿园紧邻的南侧汽车库也同期建成，建筑面积1240平方米，包括地下车库和地上几间平房以及油库。东面围墙处还留有原先的车库。后来，学校汽车队搬走后留下的几间平房给了幼儿园，包括前面的院子和门房，油库也废置不用了，前后院打通，加大了活动场所。2011年，学校投资对幼儿园厨房做重新装饰，包括有动力电气系统、墙地砖拆铺、上下水重新安装、吊顶、地沟暖气管道更换等项目，外墙重新粉刷，室外东墙处旧车库拆除，庭院地面炉渣改为青砖铺面，朝南同样是铁艺栏杆围墙，朝西的花岗岩

幼儿园平房

幼儿园外景

石柱铁艺大门栏杆围墙，石柱上挂着不锈钢牌上书"山西大学幼儿园"七个黑体字。院中泡桐开着紫白色的花朵，白杨树在空中迎风招展，新栽的法桐和东面围墙色彩鲜艳的图画，彻底改善了孩子们的生活学习环境，给孩子们营建了一处童话般的世界。

幼儿园

七、山西大学图书馆（商学楼）

一座大学不能没有图书馆，图书馆的发展史也就是一座大学的发展史。山西大学图书馆的建筑轨迹记载着山西大学从侯家巷到虎啸沟再到坞城路的变迁历史。

1994 年 3 月 15 日，新图书馆大楼工程动工，这是继 20 世纪 50 年代南馆北馆之后在坞城路校址上的又一座图书馆，山西省重点工程，位于广场的东侧，正对着新校门；1994 年 10 月 31 日，山西大学师生员工瞩目的新图书大楼主体工程已全部完成；1995 年 10 月 28 日，山西大学隆重举行新图书馆落成暨开馆典礼。三个时间段记录了多功能图书馆的建设进程。

进入新校门，首先映入眼帘的是前方的一组高楼建筑群——图书馆，位于草坪广场的东面，数学楼的北面，同时又正对着新校门，坐东朝西，图书馆平面略呈方形，四周外墙错落有致的三层裙楼映衬着前方居中的十一层主楼，门前两盏金座白杆六头华灯，又宽又高的大台阶引领着人们直接上到二

图书馆

层，走向知识的殿堂，浅粉色水磨石台阶，四道黑色瓷砖装饰分隔线，浅黄色长条瓷砖贴面的实墙栏板扶手，当年在这里拍集体照是首选地。踏上台阶平台，大门上方三层房间悬挑出檐，像一条彩带将主楼与两侧裙楼牢固地系在一起，"图书馆"三个红色镂空大字在三层顶子上，左右两侧二、三层裙楼悬挑出去，长条通高蓝玻璃窗户像侧身排列着的一册册书籍，主楼左右两侧四层至六层渐次回收成凸起的主楼。主楼正立面通高蓝色玻璃铝合金幕墙，两侧边内凹的窗口外一条条横梁给平展的主楼增添了几许韵律感，楼内窗户也是蓝色玻璃铝合金，外墙装饰是用浅黄色长条瓷砖竖向粘贴而成。主楼东北角和东南角是三角阳台，东北角阳台连着楼梯间，东南角阳台连着一处室外钢制消防楼梯，说是室外其实周遭还是有围护结构的，从十层直下到一层内庭院里，连通每一楼层起疏散作用。周遭三层裙楼，二层悬挑出檐，外观或平面或侧身，窗户也是变化多端或通长或通高或单独成景，主楼和裙楼中间围合了一处内庭院天井以利于通风采光，内庭院的建筑外观一样高低错落，向内曲折凸出，房间有门窗向内庭院开启，常绿松柏和开花灌木等植物在其中满满的栽植，弯弯曲曲的小引路通向各处门口，站在天井里，四下望望，风景还是蛮好的。东面的铁栅栏大门通道起着运输和消防疏散的作用。另外靠北处的裙楼也围合了一处小天井，一圈走道方便旁边教室上课的学生在此逗留暂歇，原先这里也有些绿色植物生长，后来将地面硬化。就目前而言所有建筑里，楼群里的内庭院绿化天井，艺术楼（现哲学学院办公楼）的天井算一份，这图书馆也算是一份，也是绝无仅有的两份，它们的特质是：内庭院、露天、小路、植物、采光、通风。蓝色玻璃铝合金窗户和浅黄色长条外墙瓷砖组成了这座图书馆的建筑外墙元素。这一工程将作为山西大学"211工程"的一项奠基礼，是华北地区最大的图书馆。人们说它像一座碑，其实应该说是一座丰碑，它实实在在地记录着山西大学图书馆的变迁历史，同时也向经典致敬。

图书馆内部，大台阶上的一道朝西大门外，还设有玻璃暖风阁，避免西北风直接灌入。门内一块影壁将内外分开，转过前去，高高的前厅占据着两

三层裙楼

俯瞰大门口

层楼的高度，黑色筒灯在天花板上散发出光亮，影壁也是通高的，上面题字毛泽东诗词《沁园春·雪》。右前方曲字楼梯到三层，同时三层围绕着前厅形成一圈环形走道，其中一段还是曲字形的。左前方隔着门是电梯前室，两台电梯上上下下不停地忙碌着，大厅内还有一台书梯承担着书的运输。馆内主要各类阅览室 20 个，阅览座位 1500 个，并设有 210 个座位的报告厅以及电子阅览室等多功能的现代化服务设施。报告厅位于图书馆的西北角，二层高，两道大门一东一南，室内混凝土大坐凳台基一排一排向前环抱着，最高处是放映间，墙面吸音板装饰，在馆内经常举办各类讲座，听报告、看视频，也是同学们的日常活动场所。四层以上的主楼，除去了周遭三层裙楼的牵绊，平面布局反而简单明了：楼梯间、电梯前室、大阅览室以及不大的辅助用房。它们之间分别有木质门相隔，就大阅览室面积来说，四层最大，五层次之，六层以上再次之，每层都有不同的功用。为保护书籍免受火灾损失，楼内除了消火栓外，八、九层还单独设有"1211"气体灭火装置，屋顶水箱间保证馆内的日常用水，屋顶还设有暖气天沟，干管系统在天沟内铺设，这是保障馆内正常运转的设施。1996 年建立数据库系统并引进文献检索系统，1997 年 11 月山西大学图书馆计算机局域网建成并投入使用，极大地方便了师生查阅图书。学生们每天早早在此占据靠近窗户的座位学习，徜徉在书的海洋里，点点滴滴汲取着养分，读书是一件多么惬意的事情，窗外的光影变幻记录着每一天的时光，宽大的阅览室伴随着学生们一天天成长。图书馆周边的绿化，北方的树种——白杨树分布在楼体的东、南、西三面，落叶乔木，树皮灰白色，挺拔的树干，宽大的树叶，北侧紧挨着一条马路，常绿乔木——松树也在楼前分列，微风吹过，簌簌作响。

　　2012年，南校区西南角，随着一座崭新的更大规模的图书馆投入使用，这座位于科教园区的多功能图书馆近二十年的运转，完成了它作为图书馆的使命，功能转变又踏上了新征程。2013年5月图书馆搬迁后，经学校重新分配，经管学院、一些研究所、新闻学院、计财处以及邮局等部门在此教学办公。按照各部门的具体要求功能分区，根据现行设计规范进行设计，反反复复，多次沟通，最终确定改造方案：土建装饰、功能分隔、门窗更换、消防改造、电气改造、空调安装等。2013年底开始施工，2014年9月份经消防验收各单位正式进驻，内庭院也迁移树木，进行硬化，变成计财处的大门进口。计财处大厅内，原还有一处沟通一、二层的曲字楼梯，因楼上楼下分属不同的部门管理，改造时而被拆除。馆内门厅影壁题"勤信明哲　博学笃行"，背面一段"商学铭"文字，多功能图书馆改名为"商学楼"，门头上三个镂空红色大字替代了"图书馆"。

　　2016年学校为方便全校师生提供"一站式"办事服务平台，成立师生综合服务中心，采用网上和窗口办理结合的模式，对商学楼二层大厅进行改造，共设窗口工位18个，自助设备若干，全心全意为师生服务。

图书馆内景

八、山西大学图书馆（商学楼）的设计

山西大学图书馆是 1994 年度、1995 年度山西省重点建设项目。该工程总建筑面积 15931 平方米，总投资约 2900 万元。1995 年 12 月工程竣工，1996 年 4 月正式投入使用。该工程质量达到省优质工程，并获得山西省工程质量"汾水杯"奖。

场地与环境

根据山西大学总体规划布局，新建图书馆位于学校广场主轴线尽端，坐东朝西，与新校门遥相呼应并与南北两侧文、理科教学区围合成一个 200 米 × 180 米的广场，形成新规划的教学中心区无须购置土地，拆迁建筑，与校内公用工程和城市市政设施都有方便联系。地势开阔、交通方便、环境幽雅，是理想的建筑场地。

规模与标准

（一）新建图书馆总建筑面积 15000 平方米，建筑分两期建设。第一期工程建筑面积 10000 平方米，投资 750 万元；第二期工程建筑面积 5000 平方米，投资 340 万元。

（二）本工程按高层建筑分类为二类，建筑物耐火等级为一级根据消防规范要求，消防设施为：特藏库、缩微库用 IZ11 消防，其余为消火栓消防，全楼均设烟、温感报警措施，本工程抗震设防按八度考虑。

（三）按照计划任务书要求和现有经济能力，设计应在尽可能的条件下为图书馆管理的现代化创造有利条件，为此设计要求：

1. 对珍贵书刊、资料存放和有特殊用途房间如：计算机房、缩微资料阅览、外宾接待等房间设空调系统和相应的消防报警措施。

2.门窗需选用密封性能好的材料制作。

3.设计必须为逐步地全面使用计算机管理创造条件，故计算机系统对外应具有和各高校、省计算中心联机的可能，对内应分若干终端为采购、编目、图书出纳咨询检索、图书借还等处提供服务。

4.缩微阅览，视听用房是现代化图书馆组成的两项主要内容，设计应在满足功能要求的同时，在室内装修消声处理，弱电系统等方面提供相应标准。

5.本工程为新规划教学中心的主体建筑，在经济可能的条件下，尽可能对某些公共活动场所如：一厅、接待室、目录、出纳、陈列报告厅等厅室的室内环境设计创造典雅完美气氛。

6.本工程除人防层、设备层为水泥地面外，其余地面均为现浇水磨石地面、铝合金窗、木制防火门、木制胶合楹门、金礁砖外墙饰面、硬质矿棉吸声板吊顶、目光灯带形光带照明，二、三层门厅柱面为大理石饰面，全部内墙均为普通抹灰涂料饰面。

总体设计

根据教学中心区规划对新建图书馆造型的要求，建筑设计采用以三层最高的裙房围绕，中部凸出的塔体建筑的主体造型。塔体共十层高度达到47米，采用逐层收进的手法，强调了向上的动势和增强了建筑稳定感。裙房部分则尽量满占基地，使西立面宽度达到70米，为高耸挺拔的塔体，建立了一个舒展而坚实的基础，进而奠定了图书馆在整个教学楼中心区建筑群中的主体地位。

但是，图书馆毕竟是这组建筑群中的一个部分，建筑设计需要解决和周围环境的协调问题——高低错落的布局塔体采用大面积玻璃幕墙手法，用立面造型产生的简洁、明快效果与周围建筑，特别是和科技大楼取得协调。

建筑构思

现代化图书馆管理方法的变化，促使新的图书馆设计必须改变传统采用单一的闭架典藏，藏、阅分离的格局。实行管、藏、借、阅一体化。强调管、藏、借、阅服务，并以阅为中心，逐步为实现全面开架阅览创造条件。本工程设计为：

（一）在平面布置上将传统的条状体形改变为较集中的块状体形，变分割的小空间为流动的大空间。

（二）在结构上统一采用较大的柱网（75米×7.5米）避免固定的墙体，并采用同层高（4.2米）同荷载（基本库600千克/米，开架库500千克/米）使管、藏、阅三个部分能够灵活地互换位置，加大了使用的灵活性。

（三）设计要为图书馆现代化创造条件。对藏书缩微化、阅览视听化、目录编制和检索电脑化以及情报资料网络化要给以足够重视为达到此目标在平面设计中均布置有相应房间和设备（或根据目前实际情况预留有今后扩充设备的条件）。

（四）根据我国当前实际条件，本工程以自然采光和自然通风为主，部分部门如珍本阅览室、贵宾室、计算机房等配以必要的空调设备。

平面布置

根据整个工程需分两期建设，以及满足高层建筑消防和采光通光要求，本工程平面采用"口"形，其楼房的一层部分主要为行政采编部门，二、三层为学生开架阅览部分，四层以上高层部分为教师阅览和珍本，缩微阅览区，报刊和期刊阅览室，以及提存书库为使长久有人停留的房间尽量利用面南朝向，所以将业务人员工作区和主要阅览室尽量布置于南面，对采光要求不高的部门如报告厅、门厅、出纳厅、目录、陈列厅布置于西面。书库则尽量利用北光，以满足书籍的保存条件。

（一）流线设计

按照高校图书馆使用特点，本工程按读者流线、工作员流线和图书资料流线三条流线进行规划。

1. 读者流线

读者主要入口设在西面，读者经直通二层的大台阶可直达二、三层目录、出纳厅进行查阅目录和办理书籍借阅手续；对另一些读者，经门厅可直达二、三层各学秘开架阅览室或高层部分教师阅览室，此外进报告厅和使用视听室的读者，还可由北入口直接进入上述厅室以上三种类型读者在馆内路线便捷顺畅，不迂回、不交叉，达到了馆内的安静要求。

2. 工作人员流线

工作人员按行政管理和采编业务分设两个出入口：前者设于西面大台阶下，后者设在内院，使上述两类人员既有专用出入口和独立工作区域又可通过内部通道互相连通，还可通过电梯楼梯与上层各阅览室工作人员联系，最大限度地保持了馆内日常工作顺利进行。

3. 图书资料流线

图书资料和业务员共同一个入口：书籍进门后按工作流程依次拆包、编目、装订，经典藏室直接入基本库、常用书库，或经书梯垂直运输至各开架阅览室供读者自选阅览，从根本上做到内部工艺流程顺便畅通，不受采编外人员干扰。

以上三条流线通过按层分隔或水平隔离，使三种流线在工作过程中既有各专用线各行其道，又能方便联系，互不干扰为提高工作效率减少工作人员劳动强度保持馆内安静、防止图书资料失落创造了有利条件。

（二）功能分区

高校图书馆的功能区域是由外借服务区（即公共活动区）、馆内阅览区和工作区三部分组成，本设计根据各区的不同功能需求，采用下述措施给予解决：

1. 外借服务区

这部分包括目录厅、出纳台、书籍陈列处，这是读者最为密切的区域，由于人员流动量大，和工作人员接触多。故此区在图书馆中属于动区，本设计将此部分设在二、三层门厅左侧，独立成区，以免影响其他区域的安静。

2. 阅览区

这是高校图书馆的核心部分，读者在此停留时间最长故要求安静而不受干扰，属图书馆中的静区，本设计将教师阅览区设于高层部分，将学生阅览围绕庭院或基本库布置于三层以下，环境安静，和阅览区严格分开。

3. 内部工作区

这部分包括业务人员工作区和行政管理人员工作区，本设计将这部分设在一层，与读者活动区分隔，自成一体做到不和读者流线混杂，从根本上避免了交叉干扰的可能。

主要部分设计

（一）阅览室和书库

本工程所有阅览室和书库均采用统一柱网（75米×7.5米）统一层高（4.2米）统一荷载（基本库600千克/米，开架阅览室500千克/米）这种统一空间的格局，可使各种用房没有固定界限，其面积可根据需要进行调整，满足今后使用中灵活多变的要求。基本库设于二、三层，上下用书梯和楼梯联通，开架阅览室书架采用2.6米高，2米以下为常用书，读者可自由选取，2米以上放不常用书，需登活动梯取书。

（二）门厅

门厅的主要功能是组织交通和解决流集散，但门厅设计也往往集中体现一个建筑的性格特征。本工程主层门厅位于二层，采用连通两层高度的回马廊方式，这种手法，既有实用上的意义，即将按社会科学、自然科学分设于二、三层两处目录出纳厅，从空间上给以联系——满足了门厅还应是人员交往空间的要求，本设计门厅不求雕饰，不求华丽，用柱列楼梯和休息廊突出了典雅宁静，体现了建筑文化的气息。

（三）目录厅出纳台和新书陈列厅

这部分人员来往频繁，工作人员和读者共处，环境噪杂，故设计将其处于门厅的一端，并设计成大的流动空间，通过二层门厅和目录厅高低、进出的空间变化和区域流动渗透，达到提高室内环境质量的效果。

（四）报告厅、视听室和缩微阅览室报告厅处于本工程西北角，紧靠行政管理部门，设有独立的出入口。现代化多功能厅堂要求安装完整音控、光控设备，可放幻灯、投影、电影和举行大型学术会议，设有 250 个软椅座席。

（五）视听阅览室与报告厅在平面中紧靠相连，以便统一使用和管理，视听室设备管理间可供资料整理、转录、贮存和编目等项工作使用，视听室内设专用座席，配有供录音机、电视机使用插座。

（六）缩微阅览室设于八层。设存放缩微影片库房和阅览室，珍本阅览室设于九、十两层，以存放珍贵书籍为主，并可根据需要设专用阅览席这两部门根据使用要求均装有空调设备。

立面设计

图书馆是人们探求知识、学习文化的场所，是人类文明进步的象征，因而建筑造型要使其具有积极向上、开拓进取、庄重典雅的个性特征。基于以上构思在立面设计上采用虚实对比和高低错落的手法，高层部分除强调其明快大方采用大面积幕墙外，并以逐层推进的阶梯形式，强调向上动势，用庄重感和纪念性雕塑来突出图书馆的个性。

剖面设计

本工程主体高十层，裙房为三层，地下室设有平战结合五级人防，设计一层层高 39 米，其余地面以上各层均统一为 42 米层与人防层之间设有 1.55 米高管道层。为不使各种管道漏水损害藏书本工程将 10 层、4 层水平采暖管道，上下管道均引至屋面的专用管沟内，最大限度地满足了有关规范要求。

　　经过一年多的使用证明，该图书馆设计是合理的，基本上满足了使用的各项要求。但从整体布局考虑，也存在一定的缺憾。譬如：由于环境的要求，图书馆建为高层，但从投资和使用角度讲，造成了造价提高和使用不便，该图书馆五层以上阅览室、楼梯间、电梯间、消防前室、卫生间等占了一定面积，而只服务于不足 100 平方米的阅览室，另一个问题是为读者提供交流的场所不足，没有考虑配套的服务设施，这些应在今后的设计中适当予以考虑。

九、文体馆

　　和化学楼南北呼应的文体馆，位于新校门的北侧，这座集体育教学、体育比赛同时又兼具文艺演出的场馆，包括东侧运动场地和西侧办公区两块，办公区三层框架结构，运动场地网球钢屋架，平时体育学院在馆内进行办公教学训练之用。文体馆是山西省 1997 年度、1998 年度重点建设项目，建设面积约 6000 平方米，总投资约 1678 万元。由山西省建筑设计研究院设计，山西省建（集团）总公司第八分公司承建，山西省教育建设监理公司监理，于 1997 年 3 月正式开工建设。

　　从文体馆东侧外观上看，上大下小似"斗"状，紧致内敛，东西宽大的稍带坡度的屋顶坡向中间采光玻璃天窗，彩钢屋面铝塑板挑檐像一对翅膀，似遨游在天地之间，不太对称的翅膀用一条蓝色铝合金玻璃幕墙竖向连接起来，像个蝴蝶结，浅咖色的外墙以小方块瓷砖为主一贴到底，中间点缀着深红色的墙体造型和三条乳白色"腰带"线条，半椭圆形的铝合金蓝色镜面玻璃幕墙组成大门既向外弧又向上弧并且向东开启，这是进入场地的主要大

场地南过道　　　　　　　　场地东过道　　　　　　　场地过道柱子

门，弧形台阶平台边上，一圈也是弧形造型框架，如同主墙同样贴小方瓷砖，七根框架柱上一道弧形大梁横跨连成一体，形成六道门洞的框架造型，梁下柱头是木质黑色方格雀替，每根柱上悬挂七盏金色（原为黑色）壁灯，学校举行诸如校庆、毕业典礼或者有赛事等大型活动时才开启此大门。进入大门，不大的前厅前方精巧的镂空黑色铁艺木扶手楼梯引导人们走向不同位置的看台，也可通向场地内。网球状钢屋架结构使得主场地内空间开敞高大，其上的马道通向各处，方便维修时人们行走，屋顶上南北通长一道采光玻璃天窗，阳光透过玻璃给大型场地洒下光亮。场地上，靠西一个大主席台，橘黄色装饰面板做台口收边处理，整个墙面矿棉饰面吸音板以吸纳声音，中央有一个标准的篮球场地，实木运动地板，围绕着场地四周看台有2200 个座位，活动座椅 450 个。场地看台外围除去西侧一圈过道互相连通，

文体馆全景图

有东面两樘木门、南北各一樘大门通向座位看台，北侧通道外围铝合金玻璃落地窗，东侧通道在前厅上空横过，南侧通道几根圆柱子和墙裙橘黄色面板包封装饰，墙面上展示着运动美和力量的浮雕。除了前述的东大门外，南北还各有铝合金大门对外开启，各一处疏散大台阶直通室外，实墙体黑色钢管扶手，北面大台阶旁一道独立于主体的框架充当了花架，紫藤占据了主要位置，花架旁种植着五株常绿松树圆柏。

　　文体馆靠西是三层的办公区域，平时人们从文体馆南侧的大门进出。主墙面上"体育学院"，更高处"文体馆"标识字体粘贴，室外台阶除了踏步，还考虑了残疾人坡道，更具人性化的细节处理。进入门厅，两层高的前厅空间，顶子同样还是玻璃采光屋顶天窗。右侧是健美操舞蹈训练室，落地镜子是标配，外侧弧形铝合金落地幕墙，左侧几步台阶（沿北墙根也有坡道）上去就是办公室、会议室、展示室等功用房间。一层走道拐过去走上一段镂空铁艺栏杆护着的坡道，就来到了训练场地。楼梯间镂空铁艺栏杆踏步台阶通向二、三层楼上办公区，二层办公区南侧和场地南门通道相连。办公区域外墙外贴乳白色小瓷砖间或三道浅咖色分隔条，和场地外墙正好相反，西外墙窗间墙黑色铁艺制品和红色短柱增添了色彩上的感观，中部靠上一段弧形玻璃砖墙体凸出主墙增加了立体效果，西外墙向西还有两扇玻璃大门，一般关

文体馆西侧

室内坡道

着。北部五根红色立柱一字排开支撑着渐渐伸出的斜檐。在最北头，二、三层原是悬空的，靠一层几根柱子支撑，后来一层沿着柱体四周砌起墙体，外贴小瓷砖和楼上一样形成一体，毫无违和感。南门口外墙上挂出了山西大学建筑的第一块黑色铭牌，记录了参与文体馆建设的勘察、设计、监理以及施工单位和竣工日期。

文体馆集篮球、排球、羽毛球、兵乓球、体操等体育比赛和文艺演出，同时会议集会、健身、舞蹈排练、举行小型展示会等为主体的多功能场所。它的建成，不仅为学校教学、科研及学生活动提供了方便，也使太原市又增添了一个大型比赛的场所。

文体馆北立面

铭牌

东门厅

东门

2011年，为迎接2012年学校110周年校庆，作为主会场，对文体馆进行了维修，场地内南北墙上增添了电子显示屏，实时播放实况，看台座椅由硬制塑料更换为中空吹塑聚乙烯材质，坐上去有温润感，而不是冰冰凉。增设上下通道，座位数为1904个，比赛场地木地板打磨画线上漆，室内涂油漆、粉刷，卫生间改造，外挑檐铝塑板原为粘贴更换为干挂，东大门重新设计安装不锈钢钢化玻璃。

2018年底，为迎接全国第二届青年运动会，作为比赛场馆，文体馆内部进行改造，更换了场地内木地板、显示屏、台口装饰板变为灰色、强弱电线路重新布置、安装通风空调系统等。

十、保卫部办公楼

　　1992年，在山西大学校园西南角生物楼的南面，二里河的北岸，由中央和地方联合投资120万元，建造了菌种场楼，旨在培育菌类实验。此楼坐南朝北，建筑面积1600平方米，地上三层，地下一层，楼内办公实验室俱全，楼房出入门在靠北东面第二间，平面布局走道居中，房间分两侧，简单质朴的内外观，层与层之间的墙体凸出些，有点儿立体感，屋面的上人孔上还建有一处小房间，三层屋面挑檐。楼房西部建有几间平房，南部临着二里河。2000年，该楼改造成学生公寓学士15楼，供大学生们在此居住。2007年学校又将此楼分给保卫部做办公室用，按照使用部门的要求，对楼内外进行了简单维修，基本满足使用要求，楼门重新规划，移到中间，高高的台阶踏步平台，火烧板贴面，雨篷前伸。外墙面刷浅粉色涂料，蓝色走边。楼房东面三角地里有暴马丁香和榆叶梅，开花季节，满树的花朵，袭人的香气，一处可人的小景观。楼前面是一片高大的杨树林，中间一条林间小路直通保卫部大楼门口，节日期间，红灯笼沿着楼前和小路挂起，被绿植包围的保卫部楼也在守护着学校的一方平安。

保卫部楼

东三角地榆叶梅

门前小路

十一、学术交流中心

1999年12月28日，山西大学学术交流中心正式落成。一进北门不远，就看见"学术交流中心"六个大字挂在一栋建筑的山墙上。这是一幢由六层客房和三层餐厅及会议报告厅组成的建筑，面朝东西，楼房东西两面对称，主体乳白瓷砖贴面，檐口暗红色琉璃瓦，中间和两侧最高层阳台拱形造型，东阳台面对的是一片家属楼和专家公寓，站在凹凸的西阳台上可看见绿树荫荫、花团锦簇的小花园，室内集开会、住宿、餐饮、活动大厅一体，后庭院还有一个停车场。为学校国内外学术交流和校内学术研讨提供了一个设施完备、功能齐全的场所。

学术交流中心

北立面

西立面

东立面

紫薇花树

　　以上建筑除交流中心建在北门进口处外，其余建筑围绕着广场，在90年代依次建起，它们的装饰材料变化很快，从马赛克到瓷砖，玻璃幕墙颜色从茶色到蓝色再到镜面，科技大楼和图书馆建筑外形虽然不外乎主楼和裙楼，但细部上已有了天壤之别。90年代是山西大学各方面发展比较迅猛的一个时期，从工程上说，逐步摆脱了计划经济的束缚，驶入了市场经济的轨道，施工技术不断完善，建筑材料不断更新，创新思想意识不断开放，随着时代的前进，人们对其生活学习的空间及其环境提出了更高的舒适要求。这些建筑排列在一起，就像一首交响曲，合奏出优美、顿挫的和谐之音。

十二、新校门和广场

新校门和广场，是曾经的校前区，既独立存在又相互联系，一起组成了学校的一道不可或缺的风景线，共同演绎着芳华，它们的故事渊源应该从20世纪90年代开始。

在学校西南角新征回来的土地上，紧挨着太原市坞城南路东，面临许坦西街，一座新校门拔地而起，作为山西大学建校90周年的一份礼物，1992年9月7日由校友和全体师生捐款兴建的山西大学新校门举行落成剪彩仪式。新校门大门，一南一北的门房值班室两边对称，是二层的长方体建筑，二层还有窗口朝外，外墙抹灰并粉刷涂料，门口雨篷，交通上是人车分离，车行中间，再往两侧是人行通道。前方中间是落地的校牌基座，暗红色花岗岩贴面，上书金字"山西大学"四个字，围绕校牌一圈是矮挡墙花池，里面栽植了串串红等植物，再外是铁链栏杆维护。这个基座有高度也有厚度，中间是空心的，两侧校门栏杆的伸缩收纳在其中。在建造新校门的同时，在位于科技大楼的北部一片空地上，建起了一座校庆捐资纪念碑亭。

作为我校90年代最重要的大型活动场地——校前区广场也即科教园区，于1996年开始建设，占地面积1万多平方米，向西呈开放式，那时周边化学楼、科技大楼、数学楼、图书馆等几座大楼已建成，由这几幢大楼和西校门围合成了一个大广场，总体疏朗，视野开阔，地势北高南低比较平坦，建成后的广场由一大片草坪和五环状的园林小路组成，广场的四周还立有四根白色灯柱，东面即多功能图书馆大门前的对面草坪里还有一座升旗台，汉白玉的踏步台阶，汉白玉的栏杆，中央立有高高的旗杆，这是广场建造初期时的情景。

时光转瞬，到21世纪之初，它们又在续写着传奇故事。

　　2001 年，为迎接百年校庆，学校校前区进行大改造，包括广场和新校门。先说广场，拆除原广场中五环小路和升旗台，新广场还是以草坪和园中小路为主，青石板和草坪砖小路将大草坪重新分割成九个方块，花岗岩路缘石收边。改造的同时又向南扩建，当时南北地势有高差，靠南有一条"书海路"贯穿东西，统一规划将书海路、校庆捐资三角纪念亭及其周边一并纳入进来，一条弯弯曲曲的鹅卵石小路连通起来通向纪念亭，三角亭周边地面碎拼花岗岩，三根柱脚处栽植紫藤成为广场一景。广场改造后增设了喷灌管道和控制系统，喷灌总控在新校门旁的水泵房内，定期地浇水养护大草坪。2003 年 5 月 8 日，一座矗立在每一个山大人心中的不朽丰碑——百年校庆捐款纪念碑在我校建校 101 年之际隆重揭幕。最中间方块里即平坦广场中轴线的正中央立有一座展翅欲飞的不锈钢雕塑——《翔》，是美术学院雕塑专业青年教师的作品，前方有一组扇形的花岗岩浮雕，是反映校史的。2012 年用不锈钢栏杆将两组钢制和石质雕塑围住，校训牌挂在四周栏杆上。这次广场改造工程值得一提的是，在这片视野宽阔的草坪广场的西南角，隔着一道马路，一块三角地带里，绿草铺地，常青树点缀其中，丁香树环绕着一组雕塑，汉白玉质地，邓初民先生——山西大学中华人民共和国成立初期的校长——的塑像就坐落在这里，这片新改造广场被命名为"初民广场"。

改建后的初民广场

　　新校门重新设计建设，拆除原有的门房值班室，新建了一座崭新的门房。在宽阔的大门前有江泽民题字的"山西大学"校牌，红色大字，黑色底座上呈浅粉色花岗岩干挂，题字面稍稍向内倾斜，底座前几盏地灯。门卫值班室南北对称，其内部空间紧凑，外间一层值班，里间和二层上部是休息间，有钢梯通向楼上。外部三层立体书的造型，花岗岩干挂，值班室和两侧八字形围墙连在一起，向前形成一个怀抱，迎接着四方的人们，电动伸缩大门将它们串联在一起。新校门地面青石板铺地，灰色花岗岩条分格，黑色花岗岩块点缀，花岗岩路缘石收边，同时向内延伸和初民广场连在了一起。新校门门内沿着两侧种植圆柏常青树，开花灌木，草坪铺地，卫矛球收边。后

初民广场火炬树

初民广场常青树

三角亭

来落地花岗岩校牌经常被汽车撞坏而拆除。2014年新校门雨篷局部改造，门房门口钢架搭起支柱雨篷石材干挂、铝塑板吊顶、灯具安装、地面抬高踏步平台铺花岗岩、设栏杆围护、变成人行通道、南北门之间的地面更换青石板为花岗岩，铁艺人行小门和伸缩大门来回开启。在南门房的正立面立上了一块白色木质底板黑字校牌"山西大学"。

俯瞰初民广场

校庆花树

初民广场效果图

校门校牌

校门全景图

改造后的校门

十三、两座园子的建设

启智园，1995 年，在南校区物理学院楼与学生公寓文瀛十三斋之间，修建了一处供学生学习休闲的场所——启智园，占地面积 3200 平方米，环境幽静典雅，东西两面铸铁栏杆封闭，只有西侧设有园门可进出。在启智南路东物理楼南侧一条幽深的小路通向这座园子。外红内白两道混凝土圆环，中间还有一圈铁艺组成的圆形小门，两侧铸铁栏杆围起来，一进园门，是一红砖扎起的菱形小花坛，绕过小花坛，红砖铺设的小路，再往前是一处方形花坛，绕过花坛便是少女雕塑一座（1999 年移至此处）和极小极矮的平台，平台上还有一处小小的笔泉，不高的矮墙上一侧伸出笔尖状，似有泉水在流下。20 世纪 50 年代栽植、至今保存完好的一株椿树作为景观主体，古椿下扇形的小型平台上三剑石林立。园中树木枝叶扶疏，柳树花灌木及花坛巧妙布置，曲折的红砖小路连着靠东的花坛，绿苔斑驳，再加上拱形四角凉亭的建造，几处石质圆桌凳，古朴中又渗入了现代的表现手法，自然的总体布局而又相对封闭的格局，成为学习养心的好场所。因为地处偏僻，白天少人

启智园四角亭

启智园园门

走，夜晚更加寂寞，近几年疏于修整，园内景致较颓废。

2015年，启智园东原山无二厂搬迁后，盖起了三座学生公寓，周围环境改造，启智园两侧也拆除了园门栏杆围墙，变成了开敞式的，园中曲折荷兰砖小路重新规划，花坛和少女雕塑、四角凉亭还在，几株干枯的大树被伐掉，栽植了丁香、木槿等灌木，铺满了草坪，西入口的一株石榴树，开满了红花，结满了石榴，一片生机盎然的景色。

椿树　　　　　　　　　　　　　　　启智园雪景

改造后的启智园

核桃园，位于北校区外国语学院楼和大型仪器中心之间，占地近2000平方米，园中生长着二十多株核桃树，粗糙的树干，旁逸斜出的枝丫，大片的树叶，硕果累累的枝条，脚下是大片的草坪，挨着楼跟前栽植了若干丁香树，园两侧原为低矮花栏杆围住，中间圆形大门上书"核桃园"三个字。后来拆除了栏杆,鹅卵石铺就的弯曲小路贯通东西,小园中间有一圆形凸起平台,鹅卵石收边,磨盘点缀其间,简单古朴又雅致,靠西一处石质卧牛(校友捐赠)在此歇息,苔藓斑驳的红砖小路旁石凳上常有学生们在此大声诵读。再后又在园子里鹅卵石小路旁建了几盏庭院灯,照亮了园中的景致。

核桃园冬季全景　　　　　　　　　核桃园春天全景

核桃园局部

十四、校园园区、道路的命名

1994年9月,校办公室根据学校决定,在全校范围内征集校园园区规划及其名称,共收到应征方案四十余件,经过评审组多次评议,又反复征求师生员工意见,最后确定了校园规划及名称。

1995年5月,为加强管理、方便联络,增强教育和学术氛围,体现高等学府风貌，校长办公室发出［1995］4号《关于校园园区规划及命名的通知》，对全校八个园区、九条街道进行了统一规划和命名。现向全校公布，并在校园制牌立标。从本通知发布之日起，园区及马路名称将作为学校规范名称，今后发文涉及园区、马路，一律以此为准。

园 区	名 称
旧图书馆、主楼/花园	渊智园
办公楼区	睿智园
科学楼区	启智园
北院学生宿舍区	北学士园
南院学生宿舍区	南学士园
东部教工宿舍区	德秀村
教授楼区	集贤院
海南岛	蕴华庄

街 道	名 称
主楼/档案馆	北学士路
汽车队/艺术楼	南学士路
北门/北院南门 ·	德秀路
单身一楼/单身四楼	渊智北路
工会/校医院	渊智南路
总务处/印刷厂	睿智路
新校门/汽车队	书海路
南院北门/南水泵房	启智东路
新校门/菌种厂	启智西路

十五、水的需求之自备深井水源

　　我校自备深井有五眼（其中一眼是黑户），担负着我校日需水量的73%。以下是 1991 年深井的现状，近年来出水量急骤下降，从过去的2592 吨／日下降到现在的 1548 吨／日，以远远不能满足我校最低的需求。且有三眼深井已濒于报废。现分述如下：

　　第一号深井是我校 1962 年凿建的，位于南配电室旁边。井深 150米宽 250 毫米，焊接井管，使用近 30 年。原前出水量稳定，水质优良，但近年淤沙已到井口下 106 处，并掉入井内深井泵滤水管及管瓦架等物四件。今下请节水技术设备开发公司打捞、排沙、吹水，发现在井口下68.5 米出井筒严重变形，深井潜水泵已不能自由上下，外加很大力量才勉强提出和下入。由于该处变形，不能下处打捞工具，已掉入井内异物无法进行打捞。另外，新发现在 104 米处，斜卡有一长约 350 毫米，宽50 毫米，厚 20 毫米的扁形铁块，因而造成已淤沙无法排除；井筒淤沙严重，近一年内淤沙 5 米，该井报废。

　　第二号深井 203 米深，300 毫米铁井壁管。于 1988 年因井筒 21.8米和 34 米两处漏入井内污染水，含菌量严重超标；又发现在 95.58 米处井管断裂错位进浑水不能使用。请市自来水公司修井，原计划从 114米以上用井筒内加套管的办法封闭，但因井管断裂、错位变形，套管下到 101 米处，就不能再下，问题未能全解决，每次开泵时总得排两个多小时的浑水才能入库，近来发现出浑水时间大大延长，说明井筒地层又在变化，存在着井筒随时断裂无法修理而报废的可能。

　　第三号深井，虽然尚未发现井管断裂等事故，但水位下降严重，静水位从 1982 年的 42 米，下降到今夏的 98 米，年下降率为 6 米多，应该大大减少目前的抽水量，但因校内严重缺水，目前仍不能大幅度减抽水量。

第四号深井是 1985 年在购买许坦村农民土地时带来的一眼井，没有任何建井资料，经吹水实测，井深 106 米宽 250 毫米石棉水泥井管，出水量原为断续 15 吨 / 日左右，现在不但水位下降严重，且因滤水层护网损坏，严重进沙，并还有大颗粒砾石，损坏水泵无法使用。

总之，我校自备井已濒临报废地步，应当进行逐年更新。故请示今年批准报废四号深井，另凿建一眼新井，以提前解决好这一问题，避免突然井坏无法供水，出现教学、科研和师生生活缺水的混乱局面。

这是当年学校后勤部门关于自备水井运行的报告，自备深井水用来补充自来水不足，也是曾经后勤保障的一段往事，后来随着太原市水资源的统一调配和各方面条件的改善，自备水深井封闭，自来水 24 小时供应，使得学校不再为水的需求担忧了。

十六、中区供水站（消防水池）

新校门南，有一座 1500 立方米的地下消防水池和泵房值班室，建于 1996 年，水源来自城市自来水管网，专为周边建筑消防用水而建，同时也源源不断地给周边建筑提供生活教学科研用水。从化工学院北一条斜路西去就来到了中区供水站，路的两边树木林立，圆形水池上部凸出地面，土层覆盖，表面有一些玻璃钢雕塑造型，西部平房是泵房及值班室所在。进入值班室，配套配电间，再往里就是泵房了，靠北的泵房空间高大，设备安装在下面，顶部是起吊设备用的桁架，值班人员通过钢梯上下观察设备运行情况，内部紧凑，泵房狭窄，还有北门直通外面。南部几间休息室，踏步上去，是红色木制门联窗，室内空间再简单不过了。室外大柳树和灌木围绕着，这是在山西大学校区内建起的第二座大型基础设施——中区供水站。

随着 2012 年量子光学科研楼的建起并投入使用，泵房原有设备结构已经不符合现在的消防设计要求，急需增设独立的消防喷淋设施及信号传感，同时也将周边建筑的消防和生活用水分开来，分别由各自独立的系统进行供水。2012 年开始将初民广场周边的建筑消防包括泵房在内的设施进行统一改造。拆除了原泵房及值班室，按照设计在原址上盖起了地下一层泵房及地上一层值班室，地下泵房设备一应俱全，分低区水、高区水、消火栓、喷淋系统和各自的管网相连，室外管网也增加了消防喷淋管道，经过两年的实施，基本完成了泵房内部及广场附近室外管网改造，达到了预期目标。2013年，太原市坞城路拓宽改造，按照市政府要求，挨着路旁的地上泵房值班室

中区供水站平房　　　　　　　　　　　　水池通气口

拆除，仅留地下泵房，值班室挪到旁边的化工学院楼里，控制系统也一起放到值班室里。拆除后地面上做绿化处理，栽植了一些花灌木及植被。

截至 2002 年，我校已建有大型供水站两座。根据太原市水资委文件，关掉并报废校内四眼自备深水井，使用城市自来水，并改一天三供水为全天候供水。经过前期的调研、改造与调试，在百年校庆前得到了解决，并且运转良好。

十七、重点建设资金安排

1998 年 11 月 17 日，山西省政府晋政函［1998］146 号文件《关于山西大学 211 工程建设立项的批复》，同意山西省教委《关于山西大学"211 工程"建设正式立项的请示》及《关于山西大学进行重点建设的审查报告》，并批复如下：省人民政府同意山西大学"211 工程"建设正式立项。同意山西大学重点建设资金安排 2 亿元，其中 1 亿元用于学校基本建设，从 1998 年至 2002 年，每年安排 2000 万元，由省计委列入省基本建设计划予以落实。另 1 亿元用于学校重点学科建设、教学科研基础设施和公共服务体系建设，从 1998 年至 2002 年，每年安排 2000 万元专项资金，由省财政厅列入当年财政预算计划予以落实。

十八、小品建筑

在这个阶段，校园里也相继建起了几处小品建筑：小花园渊智门、工会门楼、校友捐资纪念亭、启智园四角亭和光电所门前不锈钢雕塑等。

　　渊智门，位于主楼和北图书馆之间，渊智南路北，小花园区的西出入口，当时小花园除了几个入口外四周还是铁艺栏杆围住的。渊智门建于 1990 年，是为纪念山西大学建校 90 周年而建，它是四柱三开间一楼庑殿顶式牌楼，红色钢筋混凝土柱子支撑起黄琉璃瓦顶，显得尊贵大气，中开间较宽一些，琉璃瓦顶屋面较小，屋顶正脊两端有鸱吻，戗脊末端有小兽而且飞檐起翘，十分轻灵，全部琉璃筒瓦制式，檐下梁枋画满了蓝绿彩画，并有一些垂花饰，以青蓝色为主，配以红色的柱子，两侧及后侧连着白色花架式回廊，西侧的回廊里栽植了一株攀援缠绕植物山荞麦，东侧回廊外有一株粗壮高大的臭椿树，下有镂空花砖支撑着水磨石板坐凳，借助色彩的丰富，加上琉璃的光泽，使得渊智门少了呆板之感，光彩华丽，整座建筑红、白、黄、蓝、绿颜色搭配起来可谓丰富多彩，不怕风吹日晒及雨水侵蚀，能持久保持鲜艳的色彩。中开间梁枋上部题有"渊智园"三个字，因为是钢筋混凝土结构，所以立柱下部不需要夹杆石箍住，侧部也不需戗木来支撑，本身就非常牢固。

　　2011 年，在渊智门现有的基础上，红柱前安置了狮子鼓形门墩，地面和坐凳更换为青石板，往西鹅卵石铺就的小路连着重檐六角亭，从六角亭下来向西去走过一截鹅卵石铺成的小路，尽头是梅花形休闲地，一处石桌石凳，供人们歇息。拆除了原来的铁质重檐六角亭，重新用青石板铺成六角坛地面，上面采用木制重檐六角亭，屋顶为黄色琉璃瓦，油漆彩绘。经改造后的渊智门和木制仿古六角亭一起组成了一处可供休息欣赏、学习、娱乐的好去处，也成了花园一景。

渊智门

渊智门西木质重檐六角亭（未彩绘）　　　　　　原铁质六角亭

渊智门飞檐翘角　　　　　渊智门花廊　　　　　回字花廊

渊智门

　　工会门楼，装饰性的门斗式牌楼建于 1991 年，它是紧贴在工会大门口的装饰，它不独立存在而是依附于门脸上，紧靠墙体外面立牌楼柱，四柱一开间歇山顶木构，四根红色木柱支撑屋面，屋面是歇山式绿色琉璃筒瓦铺面，屋面鸱吻小兽檐角飞翘，正吻小兽一样也没少，仿佛一只大鸟展翅欲飞，动感十足，灵巧的斗拱不是支撑屋面的重量，而是起了装饰的效果，额枋上卷草纹饰花样，下有绿木格制垂花样，这座门斗式牌楼挺有特色的，不大的牌楼精致灵巧，古色古香，留有韵味。

2009年发现西南角木柱下沉，经检查该柱底部腐朽，经过钢筋混凝土加固，重新油漆彩画，又焕发风采。

重新油漆彩绘的工会门头　　　　　　　　原彩绘图案

校庆捐资纪念亭，不是普通的亭子，而是一个有纪念意义的三角亭。它位于初民广场南侧，四周视野开阔，一处不规则形状的、花岗岩路缘石收边、四周碎拼花岗岩地面上，红色亚光小方瓷砖铺面的六角台基居中，几道黑色捐资纪念碑建于台基上，内圈是校庆90周年捐资碑三块，外围是百年校庆捐资碑三块，上面密密麻麻地写着捐资单位和个人的名字。地面上三足鼎立起一中央稍凸的镂空的顶子，砖砌里外几道墙体，数根钢筋混凝土制顶子框架，柱子将它们连成一体，加上 90 周年校庆和百年校庆各单位及个人捐款纪念碑（里圈是九十周年，外圈是百年校庆，黑色），形成小小的迷宫，露天的六角顶子微向上凸起，远望顶上一个小三角，檐顶砖红色，墙体浅粉色涂料，三根立柱处空地上种植六株紫藤，粗壮的枝干，青藤缠绕，顺着墙体往上爬，浓郁的树叶遮盖了顶子，红、粉、绿色彩搭配，洁白酱紫色的紫藤花，在宽阔平坦的广场上有了不一样的感觉，既庄重又活泼，尤其纪念碑上密密麻麻刻着捐资人和单位的名称，朝北的横眉上有书法家张铁锁题字"校庆捐资纪念亭"，人们不禁要驻足细看，小小的纪念亭，一处休闲纳凉的好去处，一处赏心悦目的风景，一处记载历史的纪念亭。

2003 年 5 月 8 日，百年校庆捐款纪念碑在我校建校 101 年之际隆重揭幕，揭幕仪式在初民广场举行。

校庆捐资纪念亭

纪念亭 紫藤树

　　启智园四角亭在物电学院南侧的启智园里，偏于西北角，一座四角圆拱形亭矗立在那里，一条红砖铺砌的游园小路，杂草丛生遮掩了路面，砖砌四方平台凸出地面，四角方立柱上几道梁一起形成牢固的框架结构，柱头牛腿雀替，上覆半圆球体倒扣在框架梁上，站在四角亭下面抬头看，穹顶球体四边又开有半圆天窗，几根放射状铁艺充当窗棂，亭子中间有石质桌凳，两侧柱间也有长条坐凳，另两侧有台阶可供上下，亭子通体白涂料，檐口一圈红色，整座亭子在四周柳树、丁香的绿色掩映下，也是一处幽静的去处。

启智园四角亭

　　不锈钢雕塑位于光电所门前，双螺旋形制，它是物理学上的一个符号，仿佛一条银色的绸带随风起舞，永不停止，刚性和柔性在此完美结合，这是科学与艺术的结合，乘着艺术的翅膀科学研究会变得有意思并越飞越高。

光电所门前不锈钢雕塑

第六阶段　佳景时期

时间：2000 年—2018 年

地点：太原市小店区坞城路

特点：溢彩

《中华人民共和国高等教育法》于 1999 年 1 月 1 日正式实施。该法的颁布和实施，标志着我国的教育已进入依法治教的新时期，再次重申"要切实把教育摆在优先发展的战略地位"。教育部《面向 21 世纪教育振兴行动计划》，实施"跨世纪园丁工程"，深化教育改革全面推进素质教育的计划为面向 21 世纪的高等教育的改革和发展指明了方向。

尊重知识，尊重人才，实施科教兴国战略，已形成全社会的广泛共识。随着高等教育领域的改革不断深化，人们对教育改革的认识和心理发生了深刻的变化，对教育的需求日益强烈。但是，当前高等学校后勤服务模式落后、后勤社会化改革滞后、后勤负担沉重的状况，已经成为制约高等教育发展的"瓶颈"因素。因此，进一步推进并尽快完成高等学校后勤社会化改革，成为当前重要的任务。

高等学校后勤社会化改革的总体目标是：从 2000 年起，用 3 年左右的时间，在全国绝大部分地区基本实现高等学校后勤社会化，建立起有中国特色、符合高等教育特点与需要的新型高等学校后勤保障体系。

中国的高等教育在近 10 年来应该说是发展规模最快最大的一个时期，表现为扩招，其一是扩建大学城，其二是扩招学生。

2000 年初，为了深化我校后勤社会化改革，逐步将后勤服务职能从学校剥离出去，增强学校的办学活力，经校党委会议研究决定，成立"山西大学后勤集团"，实行自主经营、自负盈亏的企业化管理运行机制，原山西大学总务处所属的各中心及其现有人员统一归并到后勤集团，上述单位原建制同时撤销，由后勤集团统筹考虑划分服务、经营范围，重新按集团章程自主组建新的服务实体，随着后勤社会化改革的深入，逐步将学校属后勤经营服务性的单位和工作全部划归后勤集团，原总务处机关人员和基建处归并成立为后勤管理处，后勤管理处的职责之一是负责学校基本建设项目的具体实施。

进入 21 世纪，学校制定了《山西大学"十五"建设计划》（2001—2005年），在基础设施一节中关于校园建设提出：

> 根据教育部校舍定额和国家重点建设大学的要求，多方筹措资金，加大基本建设的投资力度，到 2002 年，新增教育用地 374 亩，并做好规划和使用工作，同时相继完成面积为 23680 平方米的文科教学大楼、16000 平方米的学生活动中心、23513 平方米的教工住宅等工程，立足校外，加快商品化步伐，解决教职工住房问题；到 2005 年，力争完成或立项建设音乐美术教学楼、体育教学楼、环境工程学院教学楼及标准体育场馆、游泳馆、附属设施等项目。增加学生宿舍 10.8 万平方米，基本实现"42"目标。多种方式解决教工住宅 4 万平方米。学校基本建设立足高品味、高层次，融人文与自然为一体，绿化美化，创造文化氛围浓厚、环保质量优良的育人环境，基本形成北教学区、科教园区、南教学区三个具有鲜明时代特征的良好校园环境。

围绕着学校"十五"建设计划和 100 周年校庆庆典，后勤管理处积极开展各项工作，首先是文科大楼的开工建设和配合校庆进行的维修项目的实施。

一、文科大楼

近年来，我校办学规模不断扩大，但文科类教学楼一直沿用的是 20 世纪 50 年代的老建筑，面积窄小、布局不合理、实验条件差，严重制约着我校的发展。为进一步改善办学条件，在学校的努力下，我校文科大楼工程经省计委批准，1999 年 12 月 30 日正式立项，文科大楼是山西省重点建设工程项目，也是我校进入 21 世纪的第一座大型建筑，就目前而言是所有建筑中体量最大、最高的一座建筑。文科大楼的开工预示着山西大学的建设发展进入了一个崭新的时代。

文科大楼

文科楼所占的位置原先是南图书馆、分子所、电话站、新教学楼区域，南图书馆搬迁到新图书馆后，教育学院在此办公教学，分子所搬迁到科技大楼，当时几座楼围合的院子中间栽满了紫薇等花卉灌木植物。文科楼选址后，先行进行的是拆除工作：南图书馆和分子所两座楼全部拆除，新教学楼南楼拆除一半，仅余东侧阶梯教室。建成后的文科大楼位于文体馆之东，占据了科教园区的北侧，沿着科教园区广场而展开，在科教园区中最为精妙，既充分利用了地形地势之差，又达到了围合广场的效果。同样对于北面老校区来说，位于步行街的南头，又成为老校区步行街经典景观的完美收官，使得新老校区衔接得自然而然，恰到好处。经历了 20 世纪 80 年代开始至 21 世纪初的十几年的时间跨度，围绕着草坪广场而展开的一系列的不同建筑风格的楼群，使得科教园区及其周边的建筑型式基本形成了格局。

文科教学大楼建筑面积 23680 平方米，建筑高度为 44.1 米，该工程设计概算总投资为 5200 多万元。文科楼坐北朝南，主体建筑地上十二层，地下一层，裙房部分地上五层，北侧阶梯教室为二层，主楼一至五层设有门厅，休息室，60 个座位、90 个座位、160 个座位、240 个座位合班教室、计算机教室、语言教室、模拟法庭及展廊等，六至七层为各系实验室研究所，八层以上为学校行政办公室。2000 年 2 月 20 日全面开工，同年 12 月 7 日，文科大楼主体结构封顶，全部工程预计 2001 年底完工交付使用。工程采用了建筑业明文推广的十项新技术，被省科委、建委评为"山西省新技术应用示范工程"。

文科大楼"文"字门头

铭牌

　　文科大楼为框架结构，由位于中间十二层的主楼、地下一层停车场以及前后左右簇拥着南面是五层的教学楼，西面四层的教学楼，北面是二层的阶梯教室，东面是报告厅和钟楼组成的一个庞大的建筑群。这些建筑或通过室内过道相连，或通过室外走廊相连，既相互独立又有着千丝万缕的联系。

文科大楼内各建筑

　　整座建筑外墙下部咖色、上部乳白色间或咖色线条分隔的小方瓷砖贴面，高高的钟楼咖色瓷砖贴面，颜色搭配简约大气。宽宽的窗户上部是两个小小的洞口，唯独一层窗户是高挑的两两相连，不一样的窗口外观，给整座大楼增添了些许的别致。建筑南立面中间大门处，占据三层高的铝合金镜面玻璃幕墙密框架样子也很时尚，下部两根灰色光面花岗岩包住的框架圆柱支撑着，大台阶上的几道位置不同且式样也不同的大门通向楼内各处：感应自动门、平开门和椭圆形造型包裹的平开门。另外靠近西侧有通道，直接就来到了位于主楼和五层南楼之间的内庭院天井，利于楼内采光，鹅卵石和花岗岩间隔铺就的方块地面，一组人群雕像在里面的基座上。南大门口间或两道光面花岗岩，剁斧石铺就的大台阶平台朝南展开和广场融为一体，大门两旁高大的十株雪松和三色绿篱守护者，巧妙地解决了地势上的高差，尤其大门幕墙上方盾牌造型底座上面黑色象形字"文"，点明了这座建筑物的身份，它是山西大学文科领域最大最好的教学领地。进入南大门内，四层高的不规则形天井空间，环绕着四周一层墙面干挂灰麻光面花岗岩，右侧曲字台阶沿内墙斜向通向每一层并且和左侧的连廊环起来到达楼内各处，高高的室内空间上部金色钢管圆球造型吊灯垂吊下来，大门口一层台阶侧部经常发布一些学生们的活动消息。连廊西侧也是一处四层高不规则的大天井空间，值得一提的是靠边几根大框架圆柱勾连着四层高的点式镜面玻璃幕墙钢架，外面就是内庭院，两组金色钢管吊灯垂吊下来，这种结构造型独特新颖，别具一格，独此一处。因地势高差大，所以楼内一层公共部位台阶还是蛮多的。南北大门两两相对，可直通，北大门外高高的台阶上方也是凸出的五层高的铝合金外置密密框架玻璃幕墙，但不像南门宽。

　　虽然只要进了南大门，哪儿都能绕到，但是五层南教学楼还是在南大门靠西有一处单独的进出口，上檐下脚被铝塑板包封、弧形钢化玻璃形成小小的椭圆形门厅，推开不锈钢平开门，从这里直接能进到南教学楼教室里。室内平面布局教室两侧，走道居中，一层是阶梯教室，室内宽大的空间，安置了许多固定座椅，前方有讲台黑板，是一个学习的好地方。为疏散楼内人员，南楼西侧还有一处南门，平时关闭，近四层高的玻璃幕墙和大门等宽，

文科大楼内景

二层阶梯教室

大门外蓝色铝合金框架阳光板雨篷伸出很远，大门外平台边一截中间有圆洞的造型挡墙，引导人们走向楼外的踏步，一块铭牌挂在侧墙上，记录着参建各方单位。楼上二至四层平面布局基本相似，五层比较例外，只有朝南的通长柱廊玻璃幕墙封闭装饰和北侧一溜儿语音教室，屋顶向南伸出镂空的屋檐造型和下面一排檐柱，每逢节假日，屋顶楼边插起一杆杆红旗以增添节日气氛。

　　四层西楼同南楼相比外观类似。教室在西楼外侧，走道靠里侧，四层是宽宽的过道，连通着主楼和南楼，学习桌椅靠一侧放置。一层东侧有门开向阶梯教室内庭院，一层西侧也有凹进去的高度三层的铝合金框架玻璃幕墙不锈钢大门，平时关着，门外踏步边一堵独立弧形框架柱梁造型真石漆喷涂，几盏黑色庭院灯，伴随着身边的是几株卫矛球和丁香。旁边是地下车库的进出口，弧形的挡墙车道引导着汽车从地下车库一路上坡向南开去。再旁边是台阶（后来改为坡道）上去，经过一处方形洞口就到了北二层阶梯教室前的庭院空地上了。东侧和主楼二层通过一段柱廊相连的阶梯教室，相对来说比较独立，平面布局北侧是教室，南侧是走廊。阶梯教室东山墙处有大台阶可直上二层，通过教室前黑色铁艺栏杆柱灯走廊进入各个教室。一层教室过道前边咖色框架造型或圆或方给教室外景观增添了不一样的感觉。楼前一片空地当初是停车场，汽车通过原来在阶梯教室东边的汽车坡道上下，后来在 2015 年拆除了坡道，改为台阶，这样的话文科楼北门前就比较开阔了。阶梯教室北侧也有一堵独立的框架柱造型，灰色真石漆喷涂，也是比较独特的。

　　相对于周遭裙楼，主楼不算太高也不太居中，十二层的屋顶东西两处设备用房高高凸起，避雷针直插上空，主楼最高一层北侧是办公室，南侧是走道，镂空屋檐如同南楼般延伸出来，架在方管搭起的架子上。主体西部南侧外墙靠上四方洞口用黄、红、蓝、浅蓝彩钢板装饰出船帆的造型，独出心裁，既艳又雅。各层两侧是办公室，中间是走道，东头电梯前室自成一体，和安静的办公科研区相隔一道门，外观是封闭的玻璃幕墙。楼内二层是姚奠

中艺术纪念馆，五层是校史馆，展示的是学校从建校到现在一些珍贵图片
等，两馆定期向学生开放参观。

文科大楼内景

文科大楼三层报告厅位于南楼东侧，六根檐柱支撑起银色铝塑板装饰的
屋檐，室外曲字大台阶从一层直通到三层，黑色钢管扶手，侧部咖色瓷砖挡
墙，台阶下空，几根方柱支撑着大台阶，报告厅前后室门，从楼内也能进入
报告厅内，室内墙面乳白色和咖色装饰板装修简洁大气，高雅大方，一级级
阶梯上，软座位围绕着主席台，椅背上搭着刻有"文科大楼"字样的白色搭

巾，学校经常在此举办各类活动，主席台上方顶部电子显示屏打出活动主题。室外东侧高耸的咖色四方钟塔楼敲出悠远的第一声世纪钟声，山西大学百年校庆活动拉开了序幕，校庆活动就是在文科楼的南门外举行的。

2012年，移动公司赠送的大型LED电子显示屏安装在南门玻璃幕墙上方，每天滚动播放着学校的新闻消息。

2015年，学校对该楼内教室及公共部位进行油漆粉刷，卫生间地面铺塑胶，洁具更换。

2018年，将运行了十几年的两台客梯更换。

世纪钟的启用

2002年1月1日，我校在文科大楼前举行了"世纪钟"启用仪式，拉开了百年校庆的序幕。校领导郭贵春等和学校百年校庆指挥部各部门的负责同志及500余名师生参加了这次活动，副校长倪生唐同志主持了仪式，近中午11：50启用仪式开始。党委书记、校长郭贵春发表了热情洋溢的讲话。他首先向全校师生致以新年的问候，并说，山西大学"世纪钟"即将正式启用，今后的岁月里，这雄浑悦耳的钟声，将伴随我们迎来山西大学的百年华诞，催促我们在新时代开始我们的世纪征程。钟声悠悠，倾诉着百年荣辱；钟声铛铛，预示着新的希望。这钟塔，像一位深思的长者，一首凝固的史诗，古朴、厚重、写满沧桑，它凝聚了山大先辈的睿智，浓缩了学府百年的辉煌；这种塔，更像一座矗立的丰碑，镌刻着我们的汗水、足迹和成就，蕴含着勤奋、严谨、信实、创新的校训精神。遥望钟塔，我们不敢丝毫懈怠；聆听钟声，我们更觉重任在肩。号召全体山大人，为科学而创造，为真理而献身；为三晋的崛起而拼搏，为创建一流的大学而奋斗。让我们一同携起手来，争分夺秒，奋发有为，以优异的成绩向百年校庆献礼。

"世纪钟"建造在文科大楼三层报告厅东部，由钟塔和钟身两部分组成。塔楼造型选用山西大学堂主建筑格局为原型，咖色加上边角黑色铁艺造型加以变化而成。钟面采用古典式设计，尺寸2.1米，四方立柱式结构，上端有四根直插云空的银针，总高度达 30.8 米，钟声选择了英国古老的大笨钟浑音报时，电脑自动控制，钟声之洪亮，声音可波及方圆两公里。钟塔、钟身整体造型融传统与现代于一体、集中西文化于一身，寓意深远。每天 6：00、8：00、12：00、18：00、21：00 进行报时，5 月 8 日校庆日前，在每次整点鸣响之后还播报"距百年校庆还有 xxx 天"的语音提示。"世纪钟"悠扬的钟声，不仅是山西大学师生只争朝夕的节奏和步伐的象征，而且将会成为太原市坞城地区人们工作生活节奏中一道亮丽的风景。

文科大楼钟楼

2002 年 2 月 1 日，科教园区广场气球高悬，彩旗飘飘，数千名师生员工会集这里为我校的标志性建筑文科大楼的竣工庆贺。恰逢吉时竣工的文科楼使山西大学百年庆祝活动达到了一个高潮，就此新校门的初民广场及其四周建筑有了一个完美的结局。

楼前雪松的栽植

2002 年 3 月，迎着初春的阳光，二十多位特殊的"客人"定居百年老校，它们是来自河南安阳等地的高达 10 米的雪松。这些常绿雪松与刚刚竣工的文科大楼互相衬托、交相辉映，从侧面展现了百年老校的新的风貌。据

文科大楼全景

了解，这些刚刚移植过来的雪松平均高度达到 10 米，土墩的直径有 5 米，整个树重 3 吨左右。雪松树干通直，材质坚挺，少翘裂，有芳香，能耐久，雪松侧枝平展，冠似宝塔，形态雄伟，四季常青，是优雅的观赏树种之一。

二、老干部活动中心

21 世纪之初，学校投资 170 多万元兴建了老干部活动中心，建筑面积 1991 平方米，设有党员活动室、阅览室、书画室、健身房、乒乓球室、舞蹈室等。2000 年 11 月 18 日，山西大学老干部活动中心启用剪彩仪式隆重举行。

活动中心位于德秀家属区里，德秀路东，坐西朝东，和物业广场一西一东相对而立，二层建筑，西北角是一层，外墙粉色涂料，一层窗口线条走边，女儿墙和窗口线条红色涂料，"老干部活动中心"七个红字悬挂在大门侧墙上，门口设有踏步和坡道，一进门厅，靠墙边有几只沙发供来往的老干部们歇脚，右侧楼梯上二层。一层往前走大活动室在北，办公室在南，靠西侧是老干部们的排练室兼歌舞厅，里面经常

老干部活动中心楼

有歌舞活动。二层两侧是房间，中间是展厅，空间较大，每逢一些特殊时期，举办书画展览，这是老干部们自己书写的作品。二层西侧玻璃幕墙窗户给展厅增添些光亮，也可直接上到一层屋顶上，南侧活动间两个圆弧玻璃幕墙墙体朝向一层屋顶上。2011年，学校投资将老干部活动中心室内外进行维修，门口雨篷上"老干部活动中心"红色镂空大字架在装饰板上，卫生间翻新、楼内外粉刷、玻璃隔断及复合木地板安装、门厅吊顶装饰及地面暗红色碎花花岗岩铺设等，原先楼体女儿墙伸缩开裂，维修时采用装饰板钉在女儿墙裂缝处，统一刷成红色涂料，至今效果还可以。后来门厅乳白色瓷砖背景墙上粘贴"和谐文明 健康愉悦"八个绿色大字。温和的色彩，温馨的场面，给离退休人员送去愉悦之感。

老干部中心内景

三、文瀛苑

2000年9月1日，后勤集团向省教育厅递交关于请求下达自筹基建投资建设（公寓、食堂）计划。10月11日，山西省发展计划委员会以晋计投资[2000]750号文件下发自筹基建投资建设计划，批准我校后勤集团在二餐厅后和文体馆北侧建设公寓和食堂。

2001年，后勤集团贷款2600万元，在北院学士路西原第一锅炉房和三灶的位置基础上兴建了文瀛苑，由山西大学后勤集团建设、管理，是集餐饮、住宿、会议服务、购物、办公、娱乐于一体的综合性服务大楼。将此楼命名为文瀛苑，有其特别的意义，话还得从太原的海子边和山西大学堂的建立谈起：

文瀛湖和文瀛公园。太原的海子边，早先是东南半城的雨水汇集而成的两片积水，明朝时把北头大而圆的叫作圆海子，南头小而长的叫作长海子，统称为海子堰。清朝康熙年间，有一位姓裴的通政，见这海子边紧临山西科举考试的贡院，来省应试的学子多到此地游览，就给这片海子起了个文雅好听的名字——文瀛湖，也就是阳曲八景之一的——"巽水烟波"。清末光绪年间，冀宁道连甲对文瀛湖进行了清理，在湖旁建起了"影翠亭"。辛亥革命后，将此湖及此湖周围建筑围起来，命名为"文瀛公园"；后几经改名，先后于1928年改名为"中山公园"；1937年改名为"新民公园"；1945年改名为"民众公园"。解放后又两次改名，1950年将"民众公园"改名为"人民公园"；1982年又将"人民公园"更名为专业性的公园——"儿童公园"，此名一直沿用到目前。

山西大学堂和贡院。鸦片战争以后，中国沦为半殖民半封建的社会。在日益严重的民族危机中，救亡图存成为时代的呼声，改革中国旧有的封建教育制度，培养适应时代的有用之材，成为朝野上下议政的热点之一。光绪初年，山西巡抚张之洞在省城太原创办令德书院，即注重改革旧制，经世致用。戊戌维新前，时任巡抚胡聘之对令德书院再行改革，使令德书院成为全国顺应时势，颇有成效的书院之一。

1900 年的庚子事变加速了书院改学堂的步伐。早在戊戌维新期间，清政府就谕令将省府州县之大小书院，一律改建高等、中等与小学堂。1901 年清政府开始举办新政，9 月复命各书院一律改为大学堂："除京师大学堂切实整顿外，着各省所有书院于省城均设大学堂"。根据清政府的谕令，山西巡抚岑春煊即将原令德书院与晋阳书院撤销，于清光绪二十八年四月初一日（1902 年 5 月 8 日）合并成立山西大学堂，当时的校址就在文瀛湖畔的贡院。

山西大学堂的成立，不仅开创了山西教育的新纪元，而且在近代中国高等教育的发展史上也具有重要意义。为迎接百年校庆，校长郭贵春在山西大学诞生地——文瀛湖畔，亲手点燃了象征山西大学发展的校庆圣火。2001 年 7 月，山西大学后勤集团，在学校的支持下，贷款仅用 10 个月时间新建了集餐饮、住宿、会议服务、购物、办公、娱乐于一体的综合性服务大楼，2002 年 5 月正式投入使用。

文瀛苑，不仅是一个好听的楼名，而且从字面意思讲也有很深的意义，文瀛苑应解释为知识、文明、文化的荟萃地，将此楼命名为文瀛苑就是让千百万山西大学学子不忘山西大学的历史，不忘先辈开创的伟业，同时，激励学子们刻苦学习、努力钻研、积极攀登，为山西的社会、经济、教育、文化事业的发展做出更大贡献。

文瀛苑的布局和组成。文瀛苑一层为学生餐厅，每餐可接待 4000 多名在校师生就餐；二层为风味餐厅，主要为师生提供 10 余类品种丰富、各具特色的风味小吃；三层为文瀛酒楼，可同时容纳 800 人就餐，备有 11 个各种规格的包间，富有特色的川菜、粤菜、淮扬菜、晋菜让您尽享中华美味佳肴，同时还是师生聚餐、商务宴请、婚庆寿宴、朋友聚会的场所；四层为客房部，设有豪华套间、标准间、普通标准间、三人间、四人间，地下室还备有经济间供住宿者选择，客房设施齐全、清洁卫生、设计典雅、环境优美，同时，客房部还代理校园假期旅游咨询中心业务，如果您旅游、购车船票，客房部服务台将全方位满足您的要求；五层既有能容纳200人的报告厅、能容纳60人的圆型会议室、能容纳100人的多功能厅、能容纳40人的电脑网络室。同时五层还有国家级的山西大学素质教育基地办公室和毕业生就业指导中心、学生导评导读中心、学生心理咨询中心、学生科技活动中心、学生调研中心、学生艺术活动中心、学生社团理事会、文瀛苑管理办公室等单位；六层是山西大学学生工作部办公区；地下室南半部为超市，有近5000种商品，价格合理、服务周到，是师生在校园购物的好去处。

文瀛苑五层框架结构，局部六层，地下一层，坐西朝东，位于文体馆的北部，方方正正的大楼，室外东西一层窗户上通长的挑檐，铝塑板弧形装饰。外墙灰色瓷砖贴面，南北两侧山墙红色小瓷砖贴出分隔线条。宽大的铝合金玻璃窗户，空间高大，五层窗户为上下布置的方形窗口，建筑屋面四角楼梯间和设备用房高高凸起。建筑中部东侧主大门在高高的台阶平台上，大理石纹饰的铝塑板包封立柱，银色铝塑板雨檐，"文瀛苑"三个镂空红字立在雨篷上，铝合金玻璃大门迎接着四方来客。门内是大学生餐厅，右侧是大楼梯通往楼上，楼两侧还有大门及楼梯间，一个通向餐厅及楼上，一个通向

文瀛苑东立面

文瀛苑主大门

办公间。楼内三层以下是餐饮区；四层是住宿客房；五层以上是办公区。楼南侧电梯间直通向楼上各层，旁边是地下超市入口。楼北侧经过一段弧形坡道就来到了地下操作间，作为餐厅的精细加工间，所有的菜蔬须在此先经清洗处理，再送往楼上加工成美味菜肴。文瀛苑建起运营后，一灶就改造成为体育教学场地使用。

2014年学校投资将三层酒店东侧雅间的卫生间拆除，铺设复合木地板，油漆粉刷，改成办公室，西侧大厅分隔成大活动间，经改造交付校团委使用。四层的中间客房部全部拆除，保留东西两侧房间并改造成办公室及教室，于2015年交付马克思主义学院使用。

文瀛苑

　　　原文瀛酒店餐厅　　　　　　　原文瀛客房部　　　　　　　　文瀛超市

　　　原文瀛客房　　　　　　　　　文瀛报告厅　　　　　　　　原文瀛会议室

文瀛餐厅

四、百年校庆修缮活动

　　2002年是山西大学建校100周年的校庆纪念年。为迎接百年校庆、改善校园生态环境，把校园建设成为一个集可居可游可赏的绿化空间，体现山西大学悠久的历史和丰富的文化，达到环境育人的境界，从2000年开始，学校对校园有一个整体规划，内容以科教园区与旧西校门前区为主景区，通过操场西侧马路的长廊贯穿南北，以三条主要马路（德秀路、启智东路、学士北路）与渊智园、生化楼、启智园、科技楼周围为重点绿化美化地段，对其他地方进行补充完善。在校园内栽植各类常青树与乔灌木为主，在重点地段点缀山石小品，增加园林景观，提高校园绿化的人文内涵。

为此山西大学投入了资金对操场西侧的原平路进行改造，按照规划，改造成一条步行街也就是学堂路，为此进行了花岗岩路面铺设，并仿制山西大学堂校门在学堂路的北部；对西校门的毛主席雕塑及其广场进行重新规划和维护；对南校门及其广场和北校门也进行了维修改造。

北门维修

山西大学北门，位于学府街16号，从北门进入一个狭长的通道才能够真正进入校园。原先的北门还要靠里些，后来学校沿着学府街路边征地盖起了集贤庄——六栋教授住宅楼，同时将楼群东部的北门移至学府街路边，这样才有了真正意义上的北门。北校门由五间值班室平房院子和大门组成，值班室平房，红色木质门窗开在院内，通长雨篷，浅粉色外墙涂料，红色走边，前面还有一个小院，占地面积不大，略显拥挤，砖砌矮墙水刷石外表装饰，铸铁栏杆和花砖墙围住，花瓣形院门开在集贤庄，小院内栽植应季蔬菜，不大的平房基本满足门卫人员值班、休息需求。2001年针对大门进行重新设计维修改造，靠近东围墙两根立柱和值班室屋顶上空六根钢管共同支撑着，在校门上方连同值班室屋面上空搭起由钢架做成的大雨篷，弧形造型，全部用银色铝塑板包起来，八盏黑框灯具嵌入雨篷，以简洁大方的造型展示在师生面前。大门除东西两侧留了窄窄的人行通道外，其余为一进一出车行道，原值班室平房格局不变，只是粉刷一新，白底黑字木制"山西大学"校牌挂在平房外墙上。后来大门口安装车辆进出控制系统，缓解校内交通的拥挤。2011年，为改善值班保卫人员的工作生活环境，特将室内地面铺瓷砖、油漆粉刷、卫生间改造、配电系统更新等。

北门

北门值班室

学堂路改造

北院文瀛学生公寓区和大操场之间，原是一条用耐火砖铺砌的南北向小路，北通渊智南路，南接睿智路，不宽的小路旁边两边栽植的是枝枝杈杈的柏树，俗称"原平路"，这是 1988 年原平县委出资在我校南北图书馆之间修建的一条路。随着学校百年校庆的临近，按照学校的总体规划，将北校区建成具有传统意义的老校区，在校园建设中要极力反映具有百年老校的历史传统。结合统一规划，将原平路进行改造成为步行街，命名为"学堂路"，步行街的园林景观，以体现历经沧桑后又重新崛起的山西大学为主要规划思想。于是原平路上拆除了耐火砖小路，迁移柏树，并且拓宽道路，变成上下道，中间绿化带分隔，采用灰麻火烧板铺砌，光面花岗岩分隔走边的路面铺法，花岗岩路牙石。道路两边栽植江南槐，以龙爪槐、卫矛球点缀，两条由红叶小檗、金叶女贞及大叶黄杨组成的流线色彩型绿化带，体现出自然和谐且优美的景观效果。每到春夏之交，两边行道树上粉红色的江南槐花挂满枝

学堂路浮雕

头，红、黄、绿三色绿化带，又给人一种清新舒适的美感，中间绿化带草坪
上是一组由石头组成的历史景观，上刻有各种题字，它们或独自成景，或少
量堆积拼接，各自静静地散发着自然美，中间庭院灯，不高的黑灯柱，两盏
白色圆球灯，和石头景观及绿化色彩搭配相映成趣。

　　小路建成后，被命名为"学堂路"，路南 7 个圆形花岗岩球既起围合的
作用，又作为步行街南侧的收边。步行街北建起了一座山西大学堂校门，仿
照侯家巷的山西大学老校门而复制下来。路两侧绿化带里是山西大学的创建
代表人物岑春煊、李提摩太雕像，基座上分别介绍两位老先生的生平。仿制
的山西大学堂校门与花园的渊智门，相隔一片小广场和渊智南路而望，小
广场地面原为混凝土预制长方砖块铺砌，2014 年改为灰麻花岗岩面层，成
为停车的地方。2003 年在鸿猷体育场看台的西外墙上，一幅反映山西大学
百年建校历史浮雕《百年文脉》落成，深红色四块浮雕分别以校训"中西会
通 求真至善 登崇俊良 自强报国"为主题，具体到各时期建筑和人物为真
实写照。汇集了雕像、浮雕、石头、植物等具有人文气息的小品建筑的学堂
路，东面是标准的塑胶大体育场，西面是二三层不等的坡屋面的文瀛学生宿
舍楼，自然少不了周边绿色大树和花灌木的陪衬，此处成了山西大学一处
可供参观欣赏的人文精致景点。当然了，"学堂路"步行街从仿制的山西大

学堂路

学堂路

从南往北看学堂路

学堂路局部

俯视学堂路

学堂路旁

学堂路旁的小品建筑

学堂校门向北至渊智门，再一路向北经过老图书馆和花园景区直至学生公寓一二斋之间的松柏树，也是向北拓展延长步行街的一个思路。

五、体育场改造

　　北院大操场，东邻招待所专修楼培训楼，南邻拱形体育馆和平顶楼，西邻学生宿舍，北邻也是学生宿舍，面积不小的一片土操场，西部一座舞台和公体小二楼，北面是砖砌看台，东部有篮球架和简易的锻炼器材，一堵网球练习者的墙体，南部看台往南下去也是排球篮球场地，西南角是公共卫生间。400 米跑道的土操场面层由炉渣和土拌起铺成，刮风季节，往往是尘土飞扬，昏天黑地，环境极其恶劣，十分困扰着爱好锻炼的人们。时至2003 年，为改善校容校貌，提高体育教学质量，更好地响应国家大力开展体育运动的号召，同时也给大家提供一个休闲锻炼的好的场所，学校决定将北校区土操场进行改造，具体项目有：一个标准的 400 米塑胶田径场、人工草坪足球场、塑胶地面网球场及篮球场、人工草坪门球场，看台以及设置跳高、跳远、铅球、训练软跑道、健身区等各种功能的体育教学、训练、比赛、健身、休闲场所，以满足教学、师生活动的需要。

　　4月1日，我校举行了北校区运动场改扩建工程评标会，有5个体育设施建设公司参加投标。参照太原市建筑市场招投标办法和程序，评标会特邀了中国田径协会场地评审委员会的2名专家，并由主管校领导任组长，特邀专家、工程技术人员、用户单位共7人组成评标专家组，在纪检监察、新闻单位、工作人员以及各投标单位的参与下，进行了开标报价、证件审查、审核标书、唱标答辩、评委发言、投票等一系列程序，评标结果为北京鼎信体育设施有限公司以设计方案周全合理、基础面层一体化施工等优势中标。

　　施工期间，深挖场基，换掉原土操场黄土炉渣，水稳层沥青面铺设，给排水沟砌筑，最终塑胶跑道面层和人工草坪铺设，施工完毕后，操场四周用钢管穿塑铁丝网围合起来，西南和西北有大门通行，南面大门只是体育学院学生们通行，形成相对封闭的田径区、篮球区、网球区、健身区、门球区等各类教学锻炼区域，也保护了塑胶地面。将原操场北部的砖砌看台拆除，就着地势差砌了一堵挡土墙，墙上画上体育锻炼人物活动的各种姿势。田径跑道东部一排旗杆，举办升旗仪式和运动会等活动时都要挂上国旗和彩旗。东侧的网球场、篮球场、健身区、门球场各不相通，同样塑胶地面，除了健身区外（地面铺的红色釉面方砖），也用钢管铁丝网围住，经常有人们在此打球锻炼。

　　在改造操场的同时将西部原操场舞台及公体小二楼拆除，原地建造了一溜儿踏步看台，原为浅粉色外墙涂料涂刷表面，后看台踏步改为深浅双色灰，四周白色方管栏杆围住，居中央的主席台上方粗大的双排钢柱三角钢架支撑着天蓝色彩钢板遮雨篷，颜色的搭配，既活跃和谐又精致典雅。看台下面是专门存放体育器材的斜坡房间。

　　2003年10月，鸿猷体育场启用暨《百年文脉》浮雕落成剪彩仪式隆重举行，校长郭贵春致辞并宣布鸿猷体育场正式启用。土操场改成塑胶操场后有了一个正式的名字——鸿猷体育场。一块不锈钢材质的牌子上书"鸿猷体育场"挂在体育场的北门，门旁边是两株高大的毛泡桐守护者。这座现代化的标准体育运动场在红色的跑道、绿色的足球场、舒展的网球场，互相映衬，显得色彩分外的鲜艳，激发人们运动的欲望。

在鸿猷体育场运转了十几年后，至 2016 年，对体育场进行翻修，足球场人工草坪更换，第一圈跑道塑胶面层更换，体育馆北侧和西侧，篮球场地硅 PU 铺设，平顶楼北侧排球场地和武术场地地胶铺设。篮球场地、排球场地和武术场地，各有各的功能，铁艺栏杆围护，相对封闭，这几个场地利用率最高，太阳能灯具安装，照亮了夜间的操场，北面挡墙上各种体育运动姿势重新喷涂，给鸿猷体育场锦上添花，平顶楼北侧与场地之间的一片槐树依旧高大粗壮，飘散着花香。

改建前的土操场

鸿猷体育场看台

鸿猷体育场跑道

北门两株毛泡桐

鸿猷体育场全景

六、南校区规划建设

21 世纪初的 2001 年，为扩大办学规模，加快学校的建设和发展速度，经省政府批准，学校在南校区"二里河"南征地 374 亩地，作为学校扩建的基地，其中农用地 304 亩，省电建公司占地 28 亩，汾河灌区占地 42 亩。扩建南校区是学校"十五"规划重点建设工程。主要规划的建设项目有：音乐学院、美术学院、环境工程学院、体育学院等院系的教学、科研、实验及训练场馆等设施。

南校区规划是学校校园的拓展，主要的规划思想是一定要将其构建成低密度园林式绿色生态校园。在我校南校区将矗立起一座座低密度、艺术性精品建筑，加上环境绿化，人文小品等的设计和建造，使学校南校区规划形成功能分区清晰，开阔疏朗的生态化全新的景观和全新的学习、活动场所。2001 年学校针对南校区的规划设计方案工作，共有 5 家设计单位参与投标，报送了 7 个设计方案。6 月份召开了艺术楼等项目设计方案评审会，邀请省内外知名专家组成评审委员会对艺术楼（音乐学院、美术学院）、体育场馆及总体规划的七种建筑设计方案进行了认真评审，经专家论证，上海日兴建筑设计公司的 2 号方案、山西省建筑设计研究院的 3 号方案以全票入选。将专家对两个方案提出的修改意见反馈给设计单位，修改后的方案在 7 月初公开展示广泛征求意见，在此基础上加以进一步论证，择优选定其中一个为中标方案。

2002 年 3 月 29 日，在我校即将迎来百岁华诞之际，国债重点支持项目，山西省重点建设工程，艺术楼奠基开工仪式在扩建新征的南校园区隆重举行。这是学校在新征土地上的首期工程，也是我校新百年的奠基工程。自 2002 年开始，在二里河的南部新征回来的土地上，相继新建了艺术楼、环资楼、令德阁餐厅、理科教学大楼、附小教学楼和多功能图书馆以及各类基础设施。所有的一切从建设南校区艺术楼作为起点，当时施工期间，场地内满是杂乱无章的临时建筑房屋面临着拆除，泥泞不堪的地面，风起一场土飘扬的状况，基建工作者们不畏艰难硬是在困难重重的情况下，克服了一个又一个的难题，才建起了美丽的南校区。

七、南校区基础设施的建设

省发改委关于山西大学南校区室外工程投资计划：为了确保山西大学南校园区教学生活的正常进行，完善校内整体功能，我委于 2004 年批复了山西大学南校园区室外工程可行性研究报告，同意山西大学在南校区规划用地范围内，结合规划布局及已有建筑，进行水、暖、电、气等室外配套工程建设。该项工程总投资 7100 万元，其中省补资金 3000 万元，其余由学校自筹和银行贷款解决。目前，我委已下达 2004 年山西大学南校区室外配套设施项目资金 1000 万元。

南校区水泵房

水池上方

　　在新南校区的一片农耕田地里，学校第三座大型供水站拔地而起。这座供水站承担着南校区的生活教学科研供水及消防用水，水源来自市政自来水管网，2000 立方米的消防水池、兼具泵房、配电室及值班室功能为一体的一层建筑泵房、纵横交错的地下管网包括一次二次管网的铺设。一层泵房外观简单的造型，上弧形的窗户及大门，暗红色琉璃瓦的房檐微微内倾，灰色蘑菇石的踢脚墙裙，西侧外墙搭起铝合金框架，绿植爬满了西墙。泵房里两处大门南北分布，配电控制系统箱柜落地安装，铝合金玻璃隔断分隔开，靠北墙通往地下泵房的钢梯沿墙斜置，地下一层水泵设备管道间，源源不断地将自来水向外输送到各家各户。泵房西面，一片休闲场所，鹅卵石和碎拼花岗岩及人造石材地面，多样不同的面层做法，中央黑色大理石贴面的两块凸

水池上方平台

水池上方校徽

换热站

环资学院旁边换热站

起圆拼接平台，侧面踏步处一个校徽造型，若干颜色鲜亮的塑料管桶增加了立体感，三架"飞机"高分子膜欲展翅起飞，很有动感。泵房四周种满了木槿、银杏树等绿色植物。另外室外给水、消防喷淋管道的铺设，南校区箱变的安装，铠装电缆的铺设，换热站的建起，室外采暖管道的铺设，有力地保证了该区域所有建筑的正常用水、用电和采暖。弱电管网预埋，保证了各类弱电线路均地下敷设，地面上见不到架空的线缆。

灌溉支渠——"二里河"治理

2004 年之前来过山西大学的人都知道当初南校园围墙边有一条臭水河，俗称"二里河"。它是水利部门管辖的一条灌溉支渠，承担着周边村庄农田的浇灌用水，夏天杂草丛生，臭气熏天，人人都掩鼻而过，严重影响山西大学的形象。2004 年新征回来的土地上，"二里河"流经新南校区内，是时候整治这条污水河了，所以在建设新南校区的同时，学校下大力度决心改变"二里河"的形象。经过多方规划协商，在南校区修建灌溉暗渠也就是将"二里河"覆盖、建立令德水系包括令德湖和水渠以及桥梁。经过几个月的奋战，如今的"二里河"区域成了人们休闲娱乐的场所。

沿着"二里河"畔一路走来，只见河水波光粼粼，隐见小鱼徜徉嬉戏。河边栽植草木，"河"的南岸当初保留了不少有年代的大树，粗壮的树干，

令德桥

令德湖水系

高大的树冠，垂吊的枝条，远见令德拱桥飞架南北，南岸绿草带将大面积赭红墙白色搭配的艺术楼与二里河连接起来，建筑物在周围绿色环境的映衬下显得格外清新，西部起点是一处闸门，几根混凝土柱子连在一起，铸铁闸门锁住污水源头，钢梯平台给开关闸门提供了方便，闸门旁边是铸铁栏杆围起来的沉淀池，花纹钢板铺在上面。"河"北岸沿着不规则的河道又是一条国槐遮荫的景观大道，令德湖将水系扩展开来形成一片不规则的湖面，湖中两处小孤岛，湖边岛上生长着一株大柳树，湖中岛上生长着几株灌木和柳树，再加上令德湖南侧边上的白色膜结构景观小品，起到了在环境中画龙点睛、统领全景的效果。河道的东头紧挨着东围墙处也是一处闸门，只不过形质比西头的闸门要小一些。一眼望去，红墙绿树掩映在清澈的二里河水中，一派诗情画意的校园风景便呈现在每个走过这片校园的人的眼前。为沟通水系，方便南北两岸的教学生活活动，在河渠上修建了三座桥，它们从西往东分别是令德桥、二里河平桥和一座连接南北校区令德阁的双向运输桥。令德桥是一座拱桥，位于音乐、美术两学院教学楼之间，灰色花岗岩雕花栏板，桥面中间铺灰色剁斧石花岗岩石材，两旁是光面花岗岩石材，都是坡道，是一条以景观为主的桥梁，也是以人行为主的主要桥梁，站在桥上，周边的景观一览无遗，反而又装饰了桥下人的画面，北侧桥头种植了两株龙爪槐，在南侧桥墩处有"令德桥"黑色大理石立碑，时间是"二〇〇四年八月建"。二里河平桥则是灰色花岗岩雕花栏板、混凝土桥面，车行道和高高的人行道分

令德湖西闸门　　　　　"令德桥"碑　　　　　令德湖东闸门

开，是沟通河渠两岸的主要桥梁，可供人流和车辆通过，向南正对着学校的南门，所以是通行量最大的一座桥，这座桥的位置也是原来二里河渠上唯一可供通往海南岛的旧桥所在位置。最东面一座平桥主要连接着渠南令德阁和渠北侧学生宿舍区的，铁艺栏杆，桥面小方砖铺设和周边形成一体，分不清是桥面还是路面，不经意间已穿梭于"二里河"南北，使学生们有一条便捷的路线来往于宿舍、食堂之间。

　　这是我校建设新南校区治理"二里河"的一个缩影。

令德湖水系

令德湖水系

道路的铺设

2004 年在南校区建设楼群的同时，学校决定对南校区道路进行规划修建。关于南校区"二里河"水渠覆盖和修建北边一条 8 米宽的大路，学校还专门组织相关单位多次开会，协调各方对"二里河"沿线的建筑进行拆迁。水渠修建工作已逐步展开，为了保证修建工作按时结束，经与各部门协商，现就工程进展中出现的问题做出如下解决方案：

一、本着边修路边谈判的原则，由资产处负责联系开发商，后勤管理处配合，共同解决学校菌种厂楼南侧覆盖阻碍问题。二、老干部处空出两间车库供实验设备处的库房搬迁，老干部处的车辆停放问题由校办负责协调解决。三、"多收宝"所占库房搬迁到原开发公司。四、药品库旁边的临时住户要进行搬迁，并拆除临时建房。五、拆除南院操场东侧的旧公厕，在药品

库北边修建新公厕。六、保留南泵房一号井房和水库，一号井控制室移至南
配电室，其余建筑全部拆除。七、拆除旧音乐学院楼周围的平房建筑。八、
拆除现南院保卫部值班室，水渠修建过程中，由保卫部负责安排临时保卫工
作。九、资产与产业管理处负责与无线电二厂联系，拆除无线电二厂南平房
宿舍外围墙。十、后勤集团建筑维修中心临时搬迁，并拆除所有临时建筑。
从即日起，所有的搬迁工作要在一周内结束，校办负责监督。

经过前期多次的协调，"二里河"覆盖的同时，在北边修建了一条8米
宽的大路，依着河道横贯东西，"之"字形的道路连接着南北两院，西接启

校园道路

智西路一路向东向南直至南大门。从启智东路一路南来，经令德桥就来到了新南校区，令德桥北路口中间有一株有年代的大柳树，当初修路时没舍得伐掉，现在倒成了两车道的中间分界线，为避免汽车撞上现在用钢管栏杆围住，涂上醒目油漆。音乐美术学院楼东西各有南北向的一条混凝土道路，其南部也有一条灰色荷兰砖铺成的大路，这几条道路汇合形成南校区环形主干道。艺术楼庭院小青砖铺地，间或红青砖点缀，透出古朴典雅的学府氛围。艺术楼南侧，中心是绿卫矛、红叶小檗、金叶女贞的色块分明的大型园坛，向北辐射是以小青砖为主的引路，间或绿卫矛、红叶小檗、金叶女贞色块分隔，中间栽植塔桧，或通向艺术楼，或连接东西大道，或向南延伸草地。后来为形成立体化的园林效果，在绿篱中间又栽植了国槐。环形道路形成后，学校面向师生征集路名，最终以校训成名：美术音乐楼—令德水系北为令德路，东为俊良路，南为至善路，西为会通路。

在 2010 年，将西干道南延之南围墙边，路边太阳能路灯栽上，这也是校园里当初唯一的一处太阳能路灯。路西和新建的附小之间的空地上修建了一处小园林景观。开花灌木中，一条小引路引导者人们走向深处，花架，坐凳，一片荷兰砖铺成的场地，很安静的一处景观。

校园干道

绿化苗木的种植

环形道路形成以后，在主路边种植行道树，如：国槐、银杏树。尤其艺术楼南侧青砖铺成的路两侧，先是五角枫树木种植，因水土不服全部死掉了，后来改种为银杏树，春季时节，淡绿色的扇形叶片长满枝头，每当秋季来临，满树的黄叶成为校园一景，沿路落下一地黄叶，小雨绵绵的秋季尤其意境满满，非常美丽，银杏树在南院扎下了根，结了不少的银杏果，或许经过多年以后，有了岁月的积淀，留住人们心中的一块净土。蓓森朵夫音乐厅门前和美术学院前堆起两座小土山，青石板铺成的园林小路，曲曲折折从路边向山顶，围绕着石头假山，山上山下栽植各类花草树木：草坪、丁香、连翘、木槿、油松、合欢树、雪松、银杏等植物，一派草木繁盛的景观。

2005 年，化工学院南楼扩建，需将"U"形楼里侧的海红果树移走，最终选取了南院环资学院东面一处空地。现在每当春季来临，满树的小白花缀满枝头，真是鲜花怒放。到了秋季，果实成熟，红红的海红果实挂满了枝头，石桌石凳散在树下，成为南校区不可或缺的一处可人的景观。

山西大学新南校区的建设，建筑物密度疏朗，道路宽阔，令德水系，植物茂盛，视野开阔，真正实现了生态园林的校园环境，是一处学习、锻炼、休闲的好场所。

银杏路

海红果树林

通幽小路　　　　　　　　　　　　　雪中即景

校园中的绿植

音乐厅西侧小山植被

八、艺术楼群

艺术大楼是新南校区第一幢大型建筑物，2002年6月21日，经项目立项、研究、审批、设计方案招标、报批、施工及监理队伍招标，现场三通一平、技术论证、图纸会审、地基处理等一系列缜密、严谨的前期工作程序，于今天正式开工主体建设。2004年10月19日，山西大学艺术楼竣工典礼在南校区隆重举行。山西省直有关部门，兄弟院校，艺术楼参建各方的领导和嘉宾以及校领导为艺术楼竣工剪彩，典礼仪式结束后，来宾参观了艺术楼群，观看了在美术学院展厅举办的首次画展，欣赏了在蓓森朵夫音乐厅的首场音乐会。

2006年12月，山西省颁发了首届"太行杯"土木工程大奖。山西大学艺术楼等 18 项工程获此殊荣。据悉，"太行杯"土木工程奖是山西省土木建筑工程科技创新的最高荣誉奖，由山西省土木建筑学会组织开展评奖。今后，"太行杯"大奖将和国家詹天佑奖接轨，以后山西省申报詹天佑大奖的工程必须是"太行杯"奖的获奖工程。

包括音乐学院和美术学院两座楼的艺术楼群，是山西大学在新征南校区土地上的首期工程，也是学校百年校庆的奠基工程，2002 年 3 月 29 日，艺术楼奠基开工仪式在新南校园区隆重举行。楼群位于美丽的二里河南岸，坐北朝南占据着南校区半壁江山，层度不高密度低体量之大，艺术楼群充分重视交流与共享空间，楼群间设置了三色圃、五音庭、七律院 3 个庭院，以及连廊、室外琴房、展厅等，楼楼相通，开阔静谧，形成了生态园林化的艺术教学与研究园地。令德拱桥连接着学校的南北院，不过当初艺术楼开工建造的时候，"二里河"及其周边景观还没开始建设。

艺术楼群由东侧美术学院和西侧音乐学院组成，两座楼为框架结构，虽然层度高低错落不一，但设计风格如出一辙，前后二三排建筑，三处庭院，楼群以砖红色瓷砖贴面，白色涂料造型墙体点缀，有些弧形外表采用暗红真石漆喷涂。从校园启智东路一路南来，经令德拱桥下来向南就来到了艺术楼群前面，以令德桥为界东为美术学院，西为音乐学院。音乐学院和美术学院之间，一路上经过一片宽宽的空地，两侧黑色庭院灯柱排列，加上雪松法桐等绿色植物衬着砖红色和白色的楼群，中间形成步行道，周边可自行穿越。两座楼有两处连接着。一处是美术北楼西二层和音乐舞蹈排练室二层相连的东西向白色柱廊，以及相连的还有靠近排练室柱廊的延伸：井字梁顶子，黑色筒灯悬挂中间，白色框架斜墙体造型，沿着斜墙体旁的曲字楼梯踏步可上至二层柱廊，可下至舞蹈室东侧室外一层平台上；另一处是两南楼通过砖红色圆形墙体造型和柱廊连接。这一处点睛之作值得一提，两座楼的中间通过近四层楼高的外围圆形框架中空造型沟通，一层八根框架柱架空，柱上安装壁灯，行人汽车可自由通过，二层至顶是实墙体中间靠上有若干长方形洞口，下面是白色方块，二层内走廊直通，三层内走廊沿着圆弧向南转，四层内走廊是沿着圆弧向北转，虽然相连但并不互通，各自有门把守着。

　　东侧美术学院由南办公教学区五层楼、北画室教学区五层楼和东马蹄形展厅组成。门前四根高耸的柱子支撑着宽大的雨篷，铝合金框架镜面玻璃幕墙大门，白色的门前厅在周边砖红色楼群映衬下很是抢眼。进入楼内，高敞的门厅连接着各个区域，往西进入南区，两侧是教室办公室，中间是走廊，墙面上挂着画作；往北进入北区，一侧是教室，一侧是走廊，西头是一圆弧形楼梯间，墙面装有铝合金弧形玻璃窗户，走廊墙面上同样挂着画作，玻璃砖点缀墙体；门厅往东靠北的一处小鱼池吸引了人们的眼球，造型墙后面曲字楼梯径直上了二层展厅，马蹄形平面，中间几根圆柱，外墙上若干处不规则形状的洞口，在此经常举办各类书画展览，二层展厅门外一段走廊连着南楼二层，并且转过去也和北楼二层相通。相比较而言一层展厅就小一些，学生们的作业展示也经常是这里的主角。一层东面开有内凹的镜面玻璃幕墙大门直通室外，同样四根白色立柱立在外面支撑着白门楣框，规模比正门要小一些。东门北侧室外，展厅和北楼之间的空档，2010年加建了雕塑室，钢结构，填充墙，外贴同色小瓷砖，玻璃幕墙，朝南开启黑色铁大门。美术楼主体几处大玻璃幕墙窗框点缀着，宽窄高低不一的窗户照样采着光，一层窗间墙突出主体，砖红色的外墙瓷砖上点缀着白色的窗台和局部的白色墙体造型，屋面钢架造型铺展开来。2013年楼内维修时，南楼屋顶利用钢架采用玻璃幕墙将四周围住，加建成为教室库房。在美术学院楼，有一处庭院，就在南北楼围合的凹子里。白色柱廊连通着南北楼的西头，形成了相对封闭静谧的庭院，9株樱花树散种在其间，红荷兰砖铺成方块，深浅灰色荷兰砖走边，黑色鹅卵石沿着庭院边花岗岩雨水明渠铺着，正中间是齐白石坐像，面朝西，长须飘然，带着一幅眼镜，坐在藤椅上，注视着南来北往的人们。

　　美术学院楼值得一提的是由6个圆心构成的马蹄形展厅，二层，为砼现浇弧形剪力墙结构体系，从平面看是6个圆弧组合，从空间看还向外倾斜一定的角度，从而形成一个马蹄形的形状。"马蹄形"展厅共6个圆心点，相应由其 6 个半径圆弧相交组成一个马蹄形展厅平面,立剖面上一半随剪力墙沿弧形向外倾斜,最大处为 2.5 米,如此多的圆形点再加上立面圆弧的空间变化,施工起来难度很大,但最终有了一个不一样的展厅景观。

相比较西侧音乐学院的门厅不可谓没有气势,两根二层楼通高白柱,小巧的玻璃钢架雨篷在一层高的门楣上,铝合金镜面玻璃幕墙大门。2013 年艺术楼维修时大门更换蓝色镜面玻璃幕墙,玫瑰金框大门,雨篷更换为钢架铝塑板装饰,大柱子采用白色带有花纹的石材包封。建筑物外部造型和美术学院差别不大,颜色、窗口、局部玻璃幕墙如出一辙,包括屋顶的钢架。音乐学院总体包括南办公教学区五层楼、中舞蹈排练室二层楼、北琴房教学区三层楼、西音乐厅,各区既相互联系又相互独立。除了音乐厅,其余南楼、中楼、北楼一二层东侧白色柱廊黑色铁艺栏杆相连。从南楼一二层西门出来,有走廊北可至舞蹈室、琴房和庭院,西可直接至室外,虽然北走廊旁边也有廊,也有白柱,一层廊道的白柱子却是一个个独立成景的,二层宽宽的廊道是音乐厅贵宾接待室的屋面,地面釉面小方砖铺着,几处矮墙简单分隔一下,学生们可在此处练琴,顶是镂空的,后来在上面加了彩钢板可避雨水,2013 年在廊道上加盖了几间琴房,以缓解琴房教室的紧张,不过门前还是有通道能通过的。南楼办公教学于一体,两侧教室和中间走道,五层是教室在北,走道在南,玻璃幕墙全封闭,前面是钢架造型装饰。舞蹈排练室

音乐学院大门改造前

音乐学院大门改造后

中楼，二层靠东还有录音棚，平面布局是排练室在北，南室外白色柱廊，中间还有白色框架墙体造型，前后是建筑物的庭院，院中花岗岩雨水篦子，地面材料黑色鹅卵石、荷兰砖和花岗岩交替铺着，竹子、松塔等绿植栽着，相对封闭的园子，比较幽静，适合静下心来从事创作。2014年舞蹈排练室南面的园子里移走树木，占据几乎整个园子加盖了一层舞蹈排练室，共三大间，外柱廊变成了内走道和北侧的排练室连成一体，使得原先亮堂堂的走道光线有些黑乎乎，视线有些模糊。为方便管理，北楼琴房朝西有单独的进出大门，位置在音乐厅后门和琴房北侧混凝土白色框架装饰墙之间的凹子里，"琴房楼"三个字在门楣上，门前大大的平台踏步，还人性化地设了残疾人坡道，一侧生长着四株圆柏。进入楼内，是一处小小的门厅，楼内平面布局两侧琴室，中间走道，室内小琴室，墙面矿棉吸音板能减少排练者之间的相互影响，从楼外走过，时不时地能听到从琴室传出的歌声和乐器演奏声。蓓森朵夫音乐厅居西侧，从楼外西侧，走过玫瑰园，沿着由一溜儿白色独立圆立柱和卫矛球形成的路，就来到了音乐厅门前的平台上，花岗岩铺面的小矮

艺术楼群

墙墩既做不同位置台阶的分隔，又兼具平台收边的功效，和平台形成一体，平台边上种着圆柏和卫矛，再往西就是绿植满布的小土山，平台南北都有台阶和坡道，分别承担着不同的作用。大门口白色框架突出主墙体，框上"蓓森朵夫音乐厅"，镜面玻璃铝合金大门朝西在里面，迎接着前来欣赏音乐的人们。音乐厅的观众厅长 33.6 米，宽 21 米，高 15 米，为钢筋混凝土框架结构，井字屋架。里面真可谓金色大厅，四周墙面吸音板，混响效果，一排排布艺椅子等待着人们前来欣赏音乐。2013 年音乐厅维修时，进口处选用白色石材装饰墙面，上面飘着花纹云彩，玫瑰金框镜面蓝色玻璃大门，门楣上方"音乐厅"三个红色大字。美术、音乐除给予人们耳目的享受外，还陶冶了人们的情操，激发人们创作的灵感和想象力。

艺术楼群建筑物艺术的外观造型大气自然，很具现代主义，层次分明，体现唯美主义建筑观，全球化的文化交流使得建筑式样大致已无地域之分，但细微之处仍能体现出设计者的风格。

此时的建筑设计理念已经有了一定的变化，崇尚自然，节能环保，降低建筑物的能耗，比如：自然采光通风，中空玻璃窗，外墙保温，节能灯具、洁具，太阳光板蓄能，地热采暖等，使得建筑物无论是建筑费用还是日常使用维护费用都尽量降低到最小。

音乐学院音乐厅

美术学院内庭院连廊

美术学院外景

音乐学院　　　　　　　　　　　　　美术学院

两楼间通道

艺术楼群内景

艺术楼全景图

九、环资学院楼

　　和艺术楼一起竣工的还有环资学院楼，它位于艺术楼的西南侧，坐南朝北，主体五层框架结构，以砖红色瓷砖外墙为主、乳白色瓷砖为辅，白色造型墙体点缀，尺度适宜的铝合金窗口，大门口和东西山墙上镜面玻璃铝合金幕墙是主要组成部分。门口上方外伸一长方形雨篷，还伸出挺远，前端"V"形黑色钢管支撑着，钢架搭起造型框架银灰色铝塑板包封，镜面铝合金玻璃幕墙大门，门前有一处小小的广场，平台踏步，东面沿着阶梯教室西山墙缓行坡道一拐弯就来到了门口。

　　环资学院楼由北办公教学实验楼、中实验室、南阳光温室、西实验教学楼组成。北楼是办公教学实验之主楼，东西山墙三层以上四周大框架墙体凸

环资学院全景

出去，乳白色瓷砖贴面收口，镜面玻璃幕墙内凹，整座楼好像是凌空驾着。门厅内对面是报告厅和电梯。西侧是西楼和南面的实验室过道。东侧是二层楼高的一处空间，在这空间东面靠南通往二层的楼梯和二层走道相通，北面是凸出主楼的两个阶梯教室，室门开向楼内，当然还有通往室外的门一般是关着的。北楼楼上教室在两边，走道在中间，办公、教学、实验融为一体。北楼初建时，东面一、二层第一跨度内是仅有框架，没有填充砌体，2011年学院将墙体封住，乳白色外墙小瓷砖贴面，和这座楼形成一体，作为教学科研之用。中楼是两层楼高跟厂房一样大空间的实验室，外墙乳白色瓷砖贴面。西楼三层，南北走向，东面是过道，西面是实验室，外侧一、二层白色框架梁柱搭起方格造型，南侧是一处室外走廊，白色墙体框架，黑色铁艺栏杆，往南的走道尽头，挨着一堵有椭圆孔洞的实墙体是旋转楼梯。从楼梯下

环资学院内景

来就进入阳光温室了，白色梁柱组成框架由铝合金框架钢化加胶中空大玻璃围合着的，供实验者做科研之用，现在改为分隔的实验室和机房做一些环保科研教学研究之用。

2004年7月8日，刘维奇副校长主持召开新建艺术

环资学院门外

楼、环资楼物业管理、搬迁等工作专题会议。校办、后勤管理处、资产与产业管理处、后勤集团、计财处、环境与资源学院、音乐学院、美术学院等相关单位负责人参加了会议。为保障学校教学、科研工作的顺利进行，保证同学们的正常学习、生活，会议就以下主要事情做出决定，即新建艺术楼（音乐学院教学楼与美术学院教学楼）、环资楼的管理采取物业与学院共同管理的方法；搬迁工作的安排，以及其他工作如电信、网络、水、电、暖等问题，均做了布置和解决。

十、令德阁

令德阁餐厅位于山西大学南校区东面"二里河"南岸，海南岛（蕴华庄）北，环形道路的东侧。基本数据：工程于2004年6月10日正式开工建设，2005年7月30日竣工，8月10日交付使用。令德阁餐厅是由山西省勘察设计研究院完成地质勘察，上海兴田建筑工程设计事务所和山西凯的建筑工程设计事务所联合设计，中铁十二局集团建筑安装工程有限公司总承包施工，核七院建设监理公司负责监理，山西省建筑工程质量监督总站监督，山西大

学投资兴建。其占地面积 7660 平方米，建筑面积 21220 平方米（地下 6993
平方米，地上 14227 平方米），结构形式主要为框架结构，局部采用了钢结
构、网架和预应力结构，总投资约 6000 余万元。

令德阁餐厅工程地下一层为库房和超市，地上一、二层为操作间和餐
厅，局部三层为办公室。楼内设有大餐厅两个，小餐厅一个，包间九个，卖
场一个，咖啡厅两个，以及相配套的主副食库房、冷藏冷冻库、加工操作
间、盥洗室、出售间、办公室、会议室、金融超市等。同时配置有通风空调
系统、安防监控、数字网络、背景音乐以及大屏幕显示功能。可容纳 10000
余人就餐，能满足不同口味、不同消费档次就餐者的需求和广大师生的休闲
购物需要。

令德阁坐南朝北，按功能分三个区域：东办公区、西餐厅、地下经营
区。依地形建筑平面大致呈"直角三角形"，只不过斜边由变化多样的弧形
和直线组成，外墙也是砖红色瓷砖贴面，纯蓝色钢架局部点缀着屋顶和墙

令德阁

体，白色玻璃铝合金幕墙维护着餐厅，细部的夸张，简约的大框，颜色的搭配，和谐而统一。这砖红的墙体局部点缀着蓝色、白色、黑色以及银色等各色造型，加上前端开阔的视野，除了给予人们愉悦感之外，还有就是一种气势上的磅礴。令德阁餐厅建设注重山西大学百年老校文脉传承，保持校园整体风格，体现校区传统建筑风格与现代建筑艺术和协调和完美结合。本工程在设计和实施阶段充分进行了调研，广泛征求使用管理单位意见，在满足安全、环保、节能、卫生防疫等情况下，多次对设计进行修改，尽最大可能满足实际需要。其设计合理，功能完备，使用方便，施工精细，装修考究，室外配套环境优雅，花草环楼，林荫遮道，三季有花，四季常青，碧水环绕，景色宜人。

处于楼阁西北角的餐厅入口，又阔又高的弧形雨篷，往前探出很远，钢结构搭起造型框架，银灰色铝塑板包封，两排若干个高大的白色立柱支撑着，左右两道砖红色装饰挡墙依着通高的外围白色立柱形成了合抱似的入口景观，西挡墙外上刻有启功先生的题字"令德阁"的石头和松树、银杏树，一同形成了一个别致的餐厅入口，引导着人们走向不同的就餐区域，往前就进入了一层餐厅，往左楼梯踏步就上了二层平台，楼梯旁错落的花池往上渐收，应季花卉栽满立体花池，后来将花池铺上砖。门前大平台通道将每层两个入口连通。偌大的两层就餐大厅内，各种风味餐点丰富多样，满足各类人群不同的就餐需求。一排排的塑料座椅整齐排列，点餐区的合理排布和通道的有序设置，看似拥挤却并不混乱。三面玻璃幕墙外围护结构和中央一处长方形玻璃天井，解决了餐厅内自然通风和自然采光的问题。

楼外西侧围绕着西山墙一段白色曲形矮墙圈起来，矮墙上黑漆钢管随着墙体而变化，沿着台阶下去就是下沉式地下小型广场，地下一层超市就在里面。外围看起来是矮墙其实是挡土墙，挨着墙体两层立体花池也是随着挡土墙而曲折有型。令德阁西山墙玻璃幕墙间或窗户开启扇为主要围护结构，幕墙外框架结构造型墙砖红白色双色高低错落搭配，十六字校训挂在框架梁

令德阁西立面　　　　　　　　　　　　令德阁南立面

令德餐厅

令德开水房

下，这是令德阁地下商店的西入口景观。地下市场还有个东入口，在楼中间的北面，正对着"二里河"东桥，圆弧形的玻璃幕墙大门和玻璃雨篷，内部下楼梯踏步就来到了地下市场，地面环氧树脂地坪，内部经营多样，环境雅静，基本满足了学生们的需求，地下商场内还有奠中书院，李提摩太大沙龙，"文化 创意 读书 体验"商务印书馆体验店。

令德阁东面和南面以办公区、操作间和加工区等为主，从外观上来说，虽然一层窗户凹进在楼体框架内，但却不影响大尺寸的窗户很好地吸纳着太阳光，窗口些许的线条增加了可观性，屋面钢架造型冲击着人们的视线，最东面主墙体弧形和直线相交，弧形墙体中间圆圈洞口造型让整面墙看起来灵巧些。

令德阁餐厅的建成使用极大地改善了学校学生的用餐环境，内部设施的更新完善也给其中工作的人员提供了一个很好的工作环境。如今大规模的两座学生餐厅，北有建于2001年的"文瀛苑"，南有建于2005年的"令德阁"，替代了原来的一灶、二灶等灶房，改善了就餐环境，满足各类人群不同的需求，顺应了时代的变化发展，作为山西大学后勤保障的坚实基础，也给山西大学的建筑发展史上添上了浓墨重彩的一笔。

原令德酒店

令德阁学生生活服务中心的设计

作为学校长期发展规划的一部分，山西大学在 2001 年进行了南校区规划设计，规划中除教学建筑，学生、教工宿舍，还包括一系列服务配套设施。"山西大学学生服务中心——令德阁餐厅"（以下称令德餐厅）就是其中之一。该餐厅为一多功能综合服务设施，包括学生餐厅、小餐厅、咖啡冷饮店、超市、服务社等，建筑面积约 2 万平方米。

一、总平面设计

"令德餐厅"位于南校区东北角，北临二里河隔河与学生宿舍相望，南靠教工宿舍，西接艺术学院，东临规划路。基地紧靠南北校区的景观轴——二里河，地形呈楔形。总平面设计力求结合地形，使建筑融入环境，提升二里河景观轴的品质。考虑该地块人流主要以西、北方向为主，东南方向为次，故将餐厅主人口设在紧邻校内主要道路的西北角，超市及服务设施人口设在北面及西面，后勤及货物人口设在相对安静的南面以减少对居民楼的干扰。

二、平面设计

学校对"令德餐厅"的定位是能满足 6000 名师生在同一时间段就餐，并兼顾师生购物及各种服务，建筑功能较为复杂。如何把功能布置合理，组织好各种流线，充分满足当前学校食堂多变的经营模式，是此项目设计成败的关键。

由于自然地势低洼地形呈不规则形，所以本设计结合地形设置了地下层及下沉式广场，既丰富了室内外空间节约了造价，还利于功能分区。地下层内设超市、服务社、各类库房及设备用房，外部人流可从北面主要人口，及西面下沉式广场进入，内部工作人员和各种货物由南部一层进入。

一层设有大众餐厅，制作间、库房及员工用房。本层主要以制作大众化饭菜为主，制作间分间布置，以利于不同种类饭菜的制作，又方便分组承包。就餐人口经北部前庭进入，货物及内部工作人员由南部进入。

二层设有风味餐厅、制作间及工作人员用房，可给师生提供多样性的选择。小餐厅及包间可提供较高档次的饭菜，是师生举办活动的理想场所。咖啡吧位于下沉式庭院上部，透过大玻璃，南校区尽收眼底。

该层制作间、员工用房布置相对独立，以利于管理与经营。外部人员由北部前庭或一层进入，货物及内部工作人员由南部一层进入。

三、空间与造型设计

山西位于黄河流域，是中华民族的发祥地之一，具有深厚的文化底蕴。晋中民居独树一帜，具有非常鲜明的特点。在"令德餐厅"的设计中我们做了一些尝试，希望它既能传承历史，又能体现时代精神。设计充分结合地形，注重室内外空间序列的营造，由室外进入墙围绕的中庭，通过宽大的台阶进入餐厅，用现代建筑语言创造一种传统院落空间氛围。下沉庭院的设立及超市人口上方大片玻璃顶，使阳光洒入地下室，增加了趣味性。在这里各种空间相互渗透、交织、给师生提供了一个理想的就餐、购物及交往场所。

对于"令德餐厅"的造型设计，力求尝试在现代建筑语言中体现地域性。建筑以晋中民居为母题，通过对传统"墙"的组合、分解，使建筑造型具有现代感。在细部设计中把墙垛口、铁花饰、传统装饰图案……这些传统地域符号抽象出来，经过现代构成处理而赋于建筑之中，使得建筑既具时代特色，又有传统民居的影子。

（选自 2007 年《建筑学报》，作者：周旭宏　杜建民）

十一、理科大楼

　　理科大楼是日本国际协力银行官方开发援助和香港著名实业家田家炳先生资助山西人才培养的重要项目。2005 年 11 月 11 日，山西大学理科大楼奠基开工仪式在南校区隆重举行，并于 11 月开始桩基施工。

　　新的教学大楼于 2007 年建成并投入使用，与之前的艺术楼和令德阁建筑物相比而言体量较小，建筑面积 15000 余平方米，五层框架结构，大致呈工字形，坐西面东，位于音乐学院的西侧，和音乐学院建筑物相隔一条马路而望，东侧和室内游泳馆有个地势上的高差。大楼在设计上注重百年学府文脉传承，体现校区传统风格与现代建筑艺术的完美结合，注重建筑风格与周边现有建筑的协调一致，力求满足学校整体规划。此项工程采用由我校吴世勇教授主持研制的"高流态自密实混凝土"等新技术，为 2007 年度山西省

科技示范工程。理科大楼由北楼、南楼和中部六间大阶梯教室以及连廊组成。楼内以教室为主，设有 300 人、240 人、160 人、80 人大中小不同的教室 50 个，120 人微机房 4 个及计算中心的工作室及研究室，可同时容纳6000 名学生在此上课，为师生拓展适应现代教学模式的教学、科研空间。教学楼内把整个教室全部整合在一个相互贯通的空间内，分处在不同的标高上，为师生创造出丰富的交流空间，给我校师生教学、科研环境一个不一样的感觉，也极大地缓解了学生们上课自习教室用房使用紧张的问题。

理科大楼外墙较早采用岩棉板墙体保温材料，这座楼应该是我校南校区第一座外墙实施保温的建筑物。外墙以砖红色小瓷砖贴面、铝合金白色玻璃幕墙、白色局部框架造型、黑色铁艺制品等几种不同材质不同色彩，组成了这座建筑外观的主要元素。入口处大面积平展的玻璃幕墙中间或几处砖红色墙体，上沿白色框架收边，两处进出口大门外三面围合起来形成一个向前凸出的雨篷，浅粉色真石漆喷涂，南侧大门主框上挂着"田家炳教育书院"木质牌子，红底黑字，后来描成金色，侧内墙上挂着大楼的铭牌。门厅内，高高的大空间，井字框架梁，一个个玻璃采光屋顶，一只只黑色筒灯悬挂。大厅内地面是鲜亮的灰色花岗岩，往前是三

理科大楼门口

理科大楼

列大阶梯教室纵横排布，往右通往北楼，往左大台阶上了南楼的二层。门厅中心前上方浅黄色的装饰板上是校训"求真至善 登崇俊良"，中间是校徽，斜下方是一方浅浅的鱼池，池中小鱼游弋，玲珑假山堆其中，池边盆装植物沿池边摆放，太阳光直射进来，明朗的色彩，高敞的空间，舒心的环境。

北楼基本平面布局是教室两侧布置，走道居中，大微机房除外。三层以上为现代教育中心在此办公教学科研所用，为全校提供信息传输服务。外侧尺寸不一的窗口，五层窗口内凹，梯状铁艺装饰。凸出的楼梯间平台玻璃幕墙维护着，走道东侧玻璃幕墙从五层到一层，东南角一层凹进去，此处大门时常关着，玻璃幕墙转角维护着和一层走道连通。走道西侧门外都有一处小小的栏杆平台，一块通高的白色墙体将这几处平台相连。南楼外观跟北楼类似，只是东侧有些不同，室外大台阶通向二层平台，一块巨大的墙体栏板从上到下将各个走道门口小平台连住并向下延伸和大台阶护板形成一体。南北楼室内二层靠后有长廊连通着可上可下，空间变化丰富，室外四层铁艺长廊连通着南北楼，只不过一般是关着不通的。

2007年9月25日，行龙副校长在文科楼11层会议室主持召开理科大楼启用协调会议，校长助理梁吉业出席会议。

2007年11月3日，山西大学南校区彩旗高挂，气球高悬。山西大学理科教学楼落成庆典暨田家炳先生雕像揭幕仪式在理科教学大厅隆重举行。

2008年5月8日，位于理科大楼的田家炳教育书院举行揭牌仪式，木质红底黑字牌挂在理科大楼的门口。门厅里一尊田家炳先生半身雕像坐落在同样是汉白玉制底座上，慈祥的目光注视着来往的学子们，一块红底黑字"田家炳教育书院记"碑挂在墙上。

2011年，将门厅鱼池上方铝塑板由胶粘更换为干挂铝塑板，解决了跑胶问题，同时，在水池中间安置了一座玲珑假山，小溪流从上流下，有了些许的灵动之感。

理科大楼内景

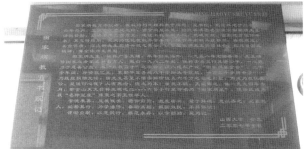

理科大楼内景

十二、新附小教学楼

2010年，在南校区的西南角，位于多功能图书馆南部，学校投资新建了一座附小教学楼，新建附小教学楼的时候，图书馆还没建设呢。这是继1995年之后又新建的一座附小教学楼，说是楼其实是包括教学楼等在内的一处院子，四周栏杆围合，南门开在院子的东南角，门房在大门东侧，西侧沿着栏杆围墙是自行车棚，门房北是坐东朝西的一溜儿平房——公共卫生间，平房前是一条从南门通向教学主楼大平台的道路，路西是塑胶操场。因地势高差，道路往北上台阶，就来到了教学楼前的一片硬化场地上，靠东还建有朝西的几间辅助教学平房，这是新附属小学院子大致的平面布局。

　　靠近院子的北围墙栏杆，教学主楼就建造在那里。建筑物四层，坐北朝南，外墙统一采用主墙体保温材料外贴砖红色瓷砖，局部搭配玻璃幕墙，灰色断桥铝中空玻璃窗户，教学楼中间门厅雨篷前伸，四根立柱支撑着，门厅上部是通高的玻璃幕墙。楼内部教室居两侧，楼道在中间，室内向楼道开有门窗，尽可能地采用自然通风与采光。楼地面彩色水磨石地面，既好清理又结实耐用，而且美观，宽大的空间给孩子们以舒展的场所。楼外门厅两侧种植一些常青树和卫矛等植物，楼前面是一片荷兰砖铺成的硬化场地，小学生们可在此进行户外活动。再往南是就着地势差而成的操场混凝土看台，中间还有供学生们上下的踏步，室外200米非标准混合型塑胶操场就在眼前，西

新附小教学楼

侧栽种法桐，柔和的红、绿色色彩鲜艳，场地为塑胶田径场，内场地设有塑胶篮球场及排球场，给孩子们创造了一处环境良好的室外活动空间。

2011年5月28日上午，山西大学附属子弟小学庆祝"六一"国际儿童节暨新校区启用庆典仪式在附小新校园举行。姚奠中先生为新附小题写了"山西大学附属小学"，郭贵春校长为新附小题写了新校训"崇实，乐学，明理，思进"。

2013年因南中环路拓宽改造，新附小院子南面往回收，导致门房拆除，院墙及自行车棚拆除。彩钢围挡临时围住。同年坞城南路拓宽，将附小院西面回收，操场西部法桐移走，塑胶跑道也回缩。按照红线位置原门房北墙留下，沿着此墙砌起一堵矮墙贴上小瓷砖成了外墙，自动伸缩大门安装，八字栏杆围墙收边，矮墙上重新挂着姚奠中先生题的"山西大学附属小学"金色大字。挨着附小东围墙在山西大学院里重新搭建自行车棚。南面栽种国槐和卫矛，中间将国旗杆安装上。将围墙重新砌筑安装铁艺栏杆和南门一起统一封闭起来。2014年又将破坏的塑胶跑道修补起来，沿着南围墙栽植了国槐，又形成了完整的院子，孩子们的乐园又回来了。

十三、多功能图书馆

2008年5月14日，山西省发改委、教育厅组织以太原理工大学朱向东教授为组长的专家组对山西大学多功能图书馆建设项目可行性研究报告进行了论证和立项审核，专家组在听取项目可研编制单位介绍可研报告情况及内容，认真审阅可行性研究报告文本和相关材料，经专家组充分论证、研究和评议，形成山西大学多功能图书馆建设项目可行性研究报告评审意见。

新建的多功能图书馆位于新南校区西南侧，理科教学大楼南面，建筑面积35000平方米，应该是山西大学坞城校区建筑面积最大的一幢建筑物，成为目前我省建筑面积大、设施先进、现代化程度高的图书馆。

山西大学自侯家巷搬迁至坞城路以后，图书馆已几迁新址：

1954 年建成的图书馆（南馆，已拆）；

1958 年建成的图书馆（北馆）、北馆六层书库；

1995 年建成的多功能图书馆（初民广场）；

2012 年最新图书馆（南校园）。

从位于北校区步行街南端的南图书馆到主楼后的北图书馆到初民广场的图书馆再到这座新建的多功能图书馆，曾三迁新址，建筑面积从当初的 2500 平方米到 5482 平方米到 16300 平方米再到 35000 平方米，年代跨度从 1954 年—1958 年—1995 年—2012 年，60 年的风云演变，除南图书馆拆除外，北图书馆归国家大学科技园所用，初民广场图书馆变成"商学楼"划归经管学院和各类研究所使用。位置上从北老校区到初民广场科教园区再到新南校园，在山西大学建筑史上的重要阶段，都留下了图书馆新建的身影。随着收藏书目的不断增加，管理的科学化，舒心的阅读环境，硬件与软件设施的改善使山西大学向着教学研究型的目标又迈进了一步。

图书馆建筑主体设计采用新古典主义的建筑手法，天圆地方玉立于天地之间，传承山西大学百年历史，呼应山西大学"中西会通、求真至善、登崇俊良、自强报国"的文化传统。建筑造型庄重典雅，立面韵律感强，同时加入了代表山西大学百年历史的建筑符号，将山西大学堂的塔楼既作为图书馆的一部分，又成为校园的地标，可谓经典。

新建建筑分为图书馆主楼和学术报告中心两块，一南一北，之间有一条通道，两者之间既联系又独立，靠屋顶的框架梁和铁艺架子沟通连接起来，相互成景。近似一座大致呈四方体的建筑，二到四层不等，框架结构，坐西朝东，对面是一条东西向的银杏大道。图书馆主楼外观装饰上的特质：大小通高框架柱、一层高的浅灰色花岗岩干挂、二层以上的墙体暗红色和浅色陶土砖粘贴、灰色砖走边、深灰色玻璃幕墙和大小不一的断桥铝窗户、白边局部造型。馆前广场，既呼应了校园现有建筑空间和道路，又方便读者的到达。一片空旷的场地沿着路边一溜儿花岗岩树坑，松树和卫矛栽其中，丰富了广场的立体景观。挨着楼边圆柏和灌木，加上灰色庭院灯柱绕图书馆一圈，又给予楼体绿色照应，在总体布局上延续了南校园整体格调布局。图书馆东西两立面类似的欧式廊柱凸出主墙体，除一层灰色花岗岩始终不变外，西墙二层以上深浅两色陶土砖交替轮番上场，东墙小立柱二层以上还是灰色花岗岩直铺到顶，局部中式铁艺造型窗。图书馆南北立面均由四大块组成，每一块一层都一样，二层以上南墙是平展的玻璃幕墙，北墙是浅色陶土砖粘贴，中间有窗户。块与块之间是侧门，上方是浅色陶土砖粘贴。北侧线装书匣的点缀，中西在此会通。主入口位于图书馆东北角，两根灰色花岗岩立柱和柱上门楣搭起门前框架，中央拱形大门，楣心长方块造型，将山西大学百年建筑——侯家巷工科教学大楼的拱形大门造型建筑元素加入进来，邓初民先生题写的"图书馆"三个字刻在门楣上，立柱上挂着姚奠中先生题写的"山西大学图书馆"木质牌，黄底蓝绿色字，旁边立柱上两盏黑黄色壁灯。大门旁边又是一处景观——塔楼，这也是百年建筑的符号，深浅灰色搭配，凹凸有致的空间几何造型，质感很强，建筑元素——罗马钟盘、避雷针、块状石材，仿佛时光停滞了一般，可是时针又分明在走。新建的图书馆大门景观最能体现建筑的厚重感和学校浓厚的文化底蕴。图书馆内左侧大楼梯通向二层阅读区，红色桌子圆弧形摆放，围绕着中心一尊孔子铜像，外圈弧形书架，三、四层错落的阅读区同样也是红色桌椅，高敞的空间使得整个阅读区舒畅，阅读区屋顶造型一圆盘向四周辐射，像轮毂一样，又似侯家巷工科教学大楼上的窗口一样，玻璃顶子吸纳着光线。南侧也是阅读区，开架书柜立在旁侧，供阅读者随时取纳。阅读区各式楼梯可通向各处，红色桌椅及书架、绿色台灯罩不锈钢质底座、深灰色地砖、白色立柱，几种颜色交织，既厚重沉稳又典雅清新，身居此处，沉浸在书海里，一刻也不想离开。

　　和图书馆一通道相隔的学术报告中心，两者的建筑符号如此相似又相互照应却又独自成景，近似正方形的平面在大门旁一截圆弧形墙体，既是外墙又是造型，一个个长条窗口吸纳着太阳光。高高的深灰色玻璃幕墙下圆弧形自动伸缩门，接纳着四方的人们在这里进行学术交流活动。门前立柱上同样点缀着两盏黑黄色壁灯，柱旁树坑里两株松树增添了些许的绿色。进入门厅，前方是玻璃栏板大楼梯台阶通向二层博雅会议中心门前，右侧也有台阶通向博雅后门，一层有大小会议室四个，二层就是博雅报告厅。

　　这片建筑群建成的时候，在图书馆的北面，学术报告中心的西面，一片小游园也同时建成。这片游园的北面是游泳馆，外墙天蓝色的游泳馆和小游园因地势之差，中间挡土墙分隔。园中弯曲的小路连着主路又通向游园中心，圆形平台中间花岗岩路缘石收边的花坛，应时花卉到期开放，四周散布着各种绿植诸如塔桧、国槐、灌木以及草坪，加上灰色圆盘庭院灯柱和花岗岩矮凳，因少人走所以幽静。后来为解决自行车存放，东头搭起了一处面积

图书馆南立面

图书馆北立面

图书馆东立面

不小的自行车棚，小游园更小了，变得更加寂寞了，而自行车棚也因偏僻，存放的自行车少之又少。

多功能图书馆基础数据：于 2009 年 2 月被正式列为山西省重点建设项目，是我校继老图书馆、文体馆、文科楼、艺术楼之后的第五个省重点工程，总建筑面积 35038 平方米，总占地面积 21899.7 平方米，总投资 16200 万元。其中省煤炭可持续发展基金 10000 万元，学校自筹 6200 万元。2012 年 5 月 2 日举行竣工典礼。图书馆设计藏书量为 320 万册，其中包括 20 万册善本书。各类阅览室总座数达到 4000 座，学术报告厅可以容纳 500 人。图书馆除基本书库和特藏书库外，其余均为开架阅览。体现了全新的理念：大开间，全开架，密集书架与普通书架每层交错，藏、借、阅、检、管一体化，全部服务和业务工作实行自动化、网络化管理。

图书馆内景

图书馆内景

图书馆外景

多功能图书馆的设计理念和构思

一、图书馆的发展简史

每个民族都以自己悠久的文化历史为傲，作为文化的记忆工具，书籍成为人类历史的重要载体，为了更好地保存书籍，图书馆作为一种主题建筑首先出现在皇宫和宗教神庙中，这一时期的图书馆只是书籍的存储空间；伴随着社会进步经济发展，在中国，图书逐渐步入了私人收藏领域，其中保存较完整的私人藏书阁之一是浙江宁波的天一阁，其作为私人储存书籍的场所，考虑了防火、防潮、防虫的多重防护措施，并考虑了固定的环境优美的阅览空间；天一阁标志着中国古人在明朝时期已对图书收藏有了成熟的建造工艺；在西方，教会为培养神职人员创办了大学，作为宗教衍生物的大学图书馆诞生于中世纪的欧洲，较典型的有巴黎大学图书馆和牛津大学图书馆；随着工业技术的发展，印刷技术的日益完善，越来越大范围民众对知识的渴求，以储藏为主，仅供少数人使用的古代图书馆被面向更大范围开放，藏阅并重，藏阅分开的现代图书馆逐渐在历史舞台上成了主角。

二、现代图书馆的分类

1974 年《国际图书馆统计标准》将图书馆分为以下六个类型：国家图书馆、高校图书馆、非专业图书馆、学校图书馆、专门图书馆、公共图书馆。

根据我国国情，我国当代图书馆主要有以下几种类别：公共图书馆、高等学校图书馆、科学研究图书馆、专门图书馆。

公共图书馆作为面向社会大众的各级图书馆，其特点是收藏范围广泛，种类多样；科学研究图书馆，作为专为科学研究和生产技术部门服务的专项图书馆，在几类图书馆中具有专业性最强，信息最敏感的特点；专门图书馆，为某一类专业人员服务的图书馆，如音乐图书馆，美术图书馆等，只收集一类或与此类相关的书籍、资料。

作为高等院校的重要组成部分，高校图书馆在高校教育中起着举足轻重的作用，高校是促进社会发展的人才基地，其信息更新的节奏，信息的全面性与教育质量息息相关，图书馆作为教育资源的必要补充和贮备基地，往往起到高校"心脏"的作用。

无论何种图书馆，在功能上都具备以下几种空间功能：藏书空间，阅览空间，出入空间，研究空间，办公空间，这些空间的有机组合，构成了图书馆的基本使用空间。随着科技的进步，计算机技术的日益普及，信息网络化的发展，"资料"有了其全新的定义：电子化、数字化、立体化、影音化成为资料发展的方向，电子媒介是资料储存的大势所趋。现阶段，作为电子媒介与纸质媒介的并存期，使用者对图书馆的功能布局提出了全新的要求。

三、山西大学图书馆的设计构思

（一）立项背景

山西大学成立于 1902 年，距今已一百多年，在这一百多年的办学历程中，山西大学形成了"中西会通　求真至善　登崇俊良　自强报国"的文化传统和"勤奋严谨　信实创新"的优良校风，山西大学学科门类齐全，是山西唯一一所综合性大学，山西大学图书馆与山西大学一起走过了百余年的历史征程。百余年来共积累各类文献 234.8 万余册。其中纸质文献有 204.8 万余册，而目前使用的图书馆建于 1995 年，面积只有 16349 平方米。这些年，随着学校办学规模的不断扩大，信息技术的高速发展，现有图书馆不论存书容量、阅览面积还是功能布局都无法满足学校需求，因此，2009 年初，征得相关部门批准，山西大学多功能图书馆面向社会招标。

作为一所依旧焕发青春活力的百年名校，到底需要怎样的一座图书馆，成为校方和参与竞赛的各设计单位自项目立项之初就思考的问题。

（二）设计思路

作为高校图书馆，既需要具备一般图书馆的所有特性，又有其独特性。从对外的流线上来讲，高校图书馆侧重于考虑校园内部的有机联系，在使用功能上，除具备资料储存和资料共享的作用以外，学生选择在图书馆自习也成为高校图书馆无法回避的功能要求问题，如何处理自习学生和阅览学生的流线交叉，并有效引导自习学生由自修需求向阅览、研究需求发展，如何成功引导学校图书馆相对集中的人流量，是平面布局设计自始至终都需要思考的问题，此外，在技术层面上，由于近十年计算机、网络的飞速发展，数字化资料的需求量日益增大，尤其是伴随着人民生活水平的不断提高，个人笔记本电脑在高校中普及率节节升高，电子图书阅览、无线网络的普及要求成为不可忽略的需求。

作为中标单位的中联·程泰宁建筑设计研究院（上海分院）的设计师们在山大图书馆的设计过程中，充分考虑了上述问题。

（三）规划及功能布局

图书馆从形体上由北向南分为学术报告中心和主楼两块，两块之间是可供消防、货运、古籍阅览的专用通道，主楼的主入口设计在校内道路上可一眼辨识的东北角，并在入口一侧运用了老图书馆的塔楼符号，寓意着百年名校文化上的传承。

进入主入口后，可选择在临时展厅观摩，还可选择在茶座处小坐，来阅览的学生可在集中管理的存包处储物后通过大楼梯或电梯直达二楼的出纳大厅，通过自动验证闸机，进入三层高的阅览空间；从二层起，阅览区除少数特殊房间外，大部分空间采取开敞式布局，使得学生可以在不同阅览区域自由活动，统一柱网、统一层高、统一荷载的"三统一"设计令平面的布局和未来的扩展充满了无限可能，增加了平面的灵动性。

从二层起多处挑空，将顶部光线引入室内，解决了大进深建筑内部采光不足的问题，顶部天光通过设计者对天窗的巧妙设计，均匀而有效的洒满三层中庭的各个角落。

阅览空间中，除了容纳常见的各类别的书籍借阅，在三层相对独立的北侧布置了多媒体阅览、电子阅览及多个视听教室。此外，遍布全馆的无线网络为自带笔记本电脑的阅览者提供了随时随地查阅馆藏及网络电子资料的可能。

主入口南侧为办公入口，考虑到办公、管理、服务的分散性需求，在主楼西侧靠近电脑机房、设备机房处布置了两个办公次入口，避免了各部门办公人员活动流线的迂回交错。为最大可能减小书籍的运输路线，新馆将接近一半的藏书量布置在了一层。在确保了任务书要求的藏书量之后，设计在一层南侧考虑设立了可供800人使用的自修教室，此处作为自修教室，有自己专用的出入口，在内部有直通图书馆通道，可有效引导自修学生在自修之余走进图书馆研读，另外考虑图书馆的发展需求，此处也作为预留书库充分考虑了与平面其他书库的沟通，现设计与普通书库有两处预留走道联系，将来可随藏书量的变化，选择利用部分或全部的预留书库。

主入口北侧是相对独立的学术报告中心，可同时容纳830人在其中举办各种规模的学术会议，在使用时、人员出入时丝毫不影响图书馆的正常使用，二层设有钢连廊保证了与图书馆主楼方便的联系。

（四）建筑造型

在建筑造型上，天圆地方的大布局，立意于伟岸的山体和通透的玉环相衔，暗喻书山有径、山中含玉，在细节上考虑与原有校园建筑的风格呼应，除主入口标志性塔楼以外，东西两侧的欧式柱廊，既可以美化建筑又可以起到遮阳的作用，局部中式窗的点缀以及南北两侧线装书匣的符号，与山大"中西会通"的校训相合，除优美的内部环境外，建筑本身就是一道满足精神需求的人文风景线。

新建的山西大学图书馆不仅是一座现代化的图书馆，还为广大读者营造了一个幽雅、宁静的绿色生态空间，它的建成使用，必将为山西大学这所百年名校添上一笔华丽的色彩。

（选自2009华北地区高校基建协作会第十九次学术研讨会论文集，作者：李艳　张云）

十四、量子光学科研楼

　　量子光学楼是国家重点实验室，位于科技大楼东南角，在原光电所楼的南部，南操场北。量子光学科研楼的建设，进一步扩大了实验空间，改善了科研条件，为我校量子光学及光量子器件国家重点实验室下一步更好地开展量子光学科学研究、培养高层次人才、加强光量子器件研发，引领带动全校各学科共同建设具有地方示范作用的研究型大学奠定良好的基础。

　　量子光学楼工程 2011 年 9 月破土动工，2012 年 10 月竣工投入使用，地上五层、地下一层，框剪结构，建筑面积 8911 平方米，总高度 23.5 米。量子光学楼坐南朝北，前面是一片开阔的硬化场地，楼前栽植着雪松、玉

量子楼

兰、卫矛球、丁香、草坪等植物，喷灌系统自成一体。建筑物整体外观主体深灰色小瓷砖粘贴和前厅浅灰色花岗岩搭配，尺寸适宜的灰色断桥铝窗户，简单质朴，庄重大气，没有过多的装饰造型。前厅外墙凸出主体，浅灰色的花岗岩平平展展，很有质感，仅有几处大小不一的窗口算是点缀，有些不同的是一溜儿暗红色的门楣，平台上三根立柱支撑着门楣，后面是深色玻璃幕墙大门。门前西侧墙上挂着"量子光学及光量子器件国家重点实验室"和"山西大学光电研究所"木牌，红底白字。楼外花岗岩铺砌的平台前面一条小路，雪松栽两侧，卫矛球收边，西侧草坪地里一尊女神雕塑坐像，衣裙随意褶皱飘散，手抚着一本书，台座上是"思索"二字。进入门内，豁然开朗，眼前一亮，浅黄色云纹花岗岩贴面，对面背景墙上"攀登奉献"，地上浅色花岗岩铺地，黑色线条分隔，中间有探索空间科学的标志。宽大的前厅，同时又是安静的门厅，从两侧就进入了楼主体。主楼内平面布局办公教学科研实验室在两旁，走道在中间，地面地胶铺着，墙面乳胶漆粉刷一新，各类实验设备在各自合适的位置上发挥着作用。工作在其中的科研人员自信而又严谨，踏实而又创新，坚守着科学阵地。

量子楼内景

量子楼南立面

十五、学生令德公寓区的建设

扩大办学所增加了招生人数，原有的学生公寓已远远不够满足使用，需要觅址新建学生公寓。在南校区的东部是一片菜地，南面是著名的"二里河"，学校采用各种模式在这片土地上用十五年的时间建起了十五栋学生公寓。

第一栋学生公寓令德十二斋的建设：我校办学规模不断扩大，而制约学校更快发展的瓶颈之一是学生食宿问题，为了突破这一瓶颈，适应高校后勤社会化改革的需要，2001年2月，后勤集团自筹基建投资贷款兴建的新学生公寓破土动工。新建公寓楼位于我校南校区东南角学生二灶东，建筑面积8700平方米，可容纳1700人住宿，新公寓楼2001年8月底完工并交付使用。该公寓楼坐东朝西，南北走向，六层砖混建筑，室内平面布局为东西两侧是学生公寓房间，中间是走廊，两个大门朝西，另有疏散侧门在南北两山墙，相比之前的学生公寓室内比较宽松，二层以上每间还有凸出的阳台。楼体除一层、六层和阳台外墙涂成乳白色，其余外墙涂成砖红色。2006年将该学生公寓北面一层划出，改为公寓服务中心办公室之用。2012年将阳台采用塑钢窗封住。

令德十二斋

　　学生公寓令德八至十一斋的建设：2001 年后勤集团贷款 2300 万元，开始在令德十二斋东又新建了四栋学生公寓，2002 年交工。这四栋学生公寓呈南北排列，均为地上六层、地下一层砖混建筑，外观一致，不同的只是朝向，北二排坐北朝南，南二排坐南朝北，中间簇拥着一片篮球场，众星拱

令德公寓

月，仿佛一只巨大的天眼，巡视这人间的喜怒哀乐，悲欢离愁。每栋楼有两个主门，门前一根立柱支撑住前伸的雨篷，还有两个疏散侧门，门外平台踏步八字栏板。进入大门内，一侧边门通往地下室，中间是主楼梯，再分两侧通往上一层，每层皆如此直至楼顶。楼体外观凹凸有致，局部线条走边，有凸出主墙的洗漱卫生间两两相对，窗口玲珑小巧，一层外墙贴有灰色瓷砖，楼主体外墙涂砖红色涂料，其余为乳白色涂料。这四栋学生公寓楼与楼之间形成了三处开放式的庭院，没有栅栏围墙，其中最中间一处是篮球场，混凝土地面，两套篮球架，周围没有绿化苗木，楼前铺有六角砖路。其余两处楼前庭院是六角砖路，再前就是卫矛球、松树和草坪等，楼间砖砌乒乓球台案，敦敦实实的，经常有学生在此打球。

学生公寓令德七斋的建设：2004 年 5 月 21 日，山西大学 0 号学生公寓工程（现令德公寓七斋）顺利封顶。这栋公寓是当年开工，当年竣工投入使用，保证了 2004 级新生 9 月份入住。0 号学生公寓是我校今后学生公寓建设的样板工程，该楼位于前述四栋学生公寓的南边，"二里河"北面。公寓主体结构采用我校吴世勇教授研制的"高流态自密实混凝土"新技术。

学生公寓令德五、六斋的建设：2005 年完成这两栋学生公寓建设，它们位于前述公寓的东面靠北，最北和公寓十一斋并排。建设楼体的同时也完成了室外配套包括这片公寓区的上下水、暖气、消防、强弱电各类管道的铺设，主道路铺砌荷兰砖，栽种绿化苗木。

学生公寓令德一至四斋的建设：2005 年争取通过引资完成这四栋学生公寓的主体建设，位置在公寓五斋的南侧。在引入资金的同时，引进先进的管理机制，提高公寓管理水平：1. 由资产处负责招商引资；2. 由后勤管理处负责办理报批手续；3. 监理单位由后勤管理处招标选定。2006 年这"四小"工程通过竣工验收。

令德一至七斋共有七栋学生公寓，它们的建设年代前后历经三年，它们的建筑风格是一致的。这七栋均为六层砖混建筑，屋顶上有水箱间和活动室。七斋公寓坐南朝北，一、三、五斋公寓坐南朝北，二、四、六斋公寓坐北朝南。外表平整，多变的阳台，两侧房间阳台全封闭，六层通长不锈钢管阳台栏板，一至五层水泥板和不锈钢管共同组成阳台栏板，楼主体中间层外墙拦腰一圈砖红色涂料，底层顶层阳台乳白色外墙涂料，再加上墨绿色的门联窗口，红白绿几种颜色的搭配和主侧门口一层蘑菇石材局部装饰，使得整个楼从远处看起来非常潇洒，造型美观大方、清新灵巧。它们两两面对面，间距30多米，组成三个门前广场，楼前栽植着绿篱花卉，树坑里种着法桐，斑驳的树影倒映在硬化场地上，前院是个活动的好地段。两楼背靠背，后院非常清静，荷兰砖铺就的小曲路时而进入一处小园景，时而一小平台坐凳散布其间，时而小白沙带弯曲自如，多样化的植物群，花卉苗木品种繁多，立体化高低错落，是一处修身养性的好景致。在公寓南北主路上，行道树金丝槐两旁栽种，下面是绿篱收边。

令德公寓

令德公寓

在令德一斋和七斋南面，和"二里河"隔着一片硬化场地，同样是小园林，两处花架木质坐凳，几株粗大的紫藤爬满了花架，紫藤花吊垂下来，洁白绛紫的花朵，藤萝架下，眼前的场景使人不经哼唱起歌剧《伤逝》里著名的二重唱——《紫藤花》："紫藤花，紫藤花，洁白酱紫美如云霞，为了献给心上的人，我把你轻轻摘下……"。公寓七斋南侧一溜儿连翘黄花开满树枝，油松在微微起伏的地势上长势喜人，荷兰砖和人造石铺成的硬化场地，人们在其中活动交流。精致的小园子，需要精心的构思，不必奢，只求精。

学生公寓令德十四斋至十六斋的建设：2013 年在市政府的协调督促下，位于山西大学南院的山无二厂整体搬迁，厂房拆除清除建筑垃圾。2014 年在原山无二厂的基址上，物电学院的东面，学校决定兴建三栋学生公寓。进行开工前的准备工作施工用水电铺设，这三栋学生公寓包括周边环境改造于 2015 年 9 月份顺利交工。这三栋学生公寓，六层砖混建筑，局部七层，坐北朝南，外表平展，主体也是做了保温处理，外墙涂浅咖色涂料，深咖色局部点缀。北面楼体中部阳台整体凸出，楼道两侧楼体凹进，南墙靠东侧中间层

南立面

北立面

令德公寓大门

稍有凸出，宽大的深灰色铝合金推拉窗，屋顶灰色方管栏杆一圈围住。深色不锈钢大门居中，门前踏步平台，侧部还有坡道。楼内楼梯居东西两侧，宿舍在楼道的两侧，每间都有阳台，只不过从外观看来不太明显。

围绕着这三栋公寓，周边环境整治包括道路、停车场、运动场地、绿化以及公共卫生间等也同时展开着规划改造。首先是公寓楼前楼后转通道路和绿化中小路铺设，采用灰色荷兰砖路面材料，花岗岩路缘石收边。楼前栽植庭院碧桃和紫叶李，草坪铺设。南学士路和东侧公寓道路翻新，沥青混凝土铺面，行道树国槐栽种。公寓十二斋西，原是学生二灶旧址，令德阁建起使用后，将二灶拆除，就着原有混凝土及瓷砖地面修建了一片简易篮球场地。周边改造的同时也改造了塑胶篮球场地，安装六套篮球架，太阳能路灯照明安装。公寓九斋和十斋之间的混凝土篮球场地也铺上塑胶，变成了排球和乒乓球类场地，四周卫矛围住。篮球场地北一条步行街，花岗岩火烧板铺设成上下道，中间绿化带分隔，松树和卫矛球栽上，黑柱白球庭院灯安上，路北小平台上栽植7株白玉兰。再北是草坪砖铺成的停车场，917换热站旁新建了一座公共卫生间，满足室外活动人员的需求。在大框架有了眉目后，绿化苗木大批量的栽种，国槐、雪松、灌木、绿篱、草坪，等等，山楂树成片种植，小白花满树开放，红果结满枝头，想起那首著名的苏联歌曲——《山楂树》，换热站东侧一片小小的樱花园。十四斋前从生物学院北侧绿化带里移栽过来的紫叶李，杆枝粗壮挺拔向上，小白花开在紫色的叶片当中，迎着阳光相互渲染，下面胶东卫矛绿篱围住，形成了一片片小园林，开阔疏朗的地界，色彩斑斓的世界。

令德公寓外景

令德公寓外景

　　这片学生公寓区共计十五栋楼房，被命名为"令德学生公寓"。

　　在学校南校区近几年新建的这些建筑，如出一辙的低矮体量庞大、外墙砖红色瓷砖、中空玻璃幕墙、白色局部点缀、各异的门厅入口、墙体的外部装饰、蓝色钢架等组成了它们最重要的元素，不断翻新的建筑材料发挥到了极致，施工技术的不断完善，给了设计者和施工管理人员更广大的发挥空间，此时的建筑环境疏朗开阔，低密度而又相互连接，就像一幅大写意山水画，一步一景，步移景换，是一个兼学习研究休闲的好环境，又如多乐章气势磅礴的交响名曲，平铺直叙，高潮迭起，为山西大学的建筑发展史在该阶段画上了一个完美的句号。

十六、旧西校门的复原建设

在坞城校区，作为山西大学百年建校的经典建筑群——山西大学西校门及其周边建筑群落，代表了山西大学 20 世纪 50—60 年代的建筑风格，是山西大学百年建校中期在建筑形式上的集中反映，西校门及其周边建筑群落原貌极具深厚的文化内涵，凝聚了几代人深厚的情感寄托。几十年的风云变幻，心中的圣地面目全非，随着时光的流转，重建恢复原有模样成了多少校友的心愿。所以复原建设提上日程，成为山西大学校园建设"十一五"发展规划的重要内容之一：拆除西校门南北临街门面临时建筑，恢复原校区景观，重建"拐角楼"（包括西校门、校医院、政管楼及其周边环境）。

在晋发改科教发［2007］1178 号文件《关于山西大学教学科研楼项目可行性研究报告的批复》中提到：省教育厅：西晋教财［2007］151 号文收悉。山西大学西校门区南北两幢教学科研楼系上世纪 50 年代建筑，目前出现地基大面积不规则下沉，并有部分坍塌，使有关院系的教学科研工作受到严重影响，师生人身安全受到严重威胁。经研究，同意学校拆除该两幢建筑物，按照原设计风格恢复西校门区建设。建设内容主要包括南北两幢教学科研楼、西校门及围墙、室外配套设施等。总建筑面积 7130 平方米，其中南教学科研楼 3466 平方米，北教学科研楼 3664 平方米，围墙 200 米。项目总投资 2200 万元，其中省投资金 2000 万元，学校自筹 200 万元。工程建设工期为一年。

　　该区域建设从 2007 年 5 月开始兴建，首先是北侧校医院拐角楼和校门及围墙的建设。先行进场开始的是西侧围墙处门面房建筑的拆除，建筑垃圾的清运，拆迁户的搬迁，地下管网的改线，施工三通一平的解决，施工过程当中大树的保护，经过三个多月的紧张施工，通过验收按期交工。

　　校医院位于山西大学西校门的北面，西邻坞城路，2007 年 5 月 28 日破土动工，经参建各方夜以继日的工作和努力，克服了拆迁难、场地小、工期紧等重重困难，历经有效工期不足三个月的紧张施工，于 8 月 31 日全面竣工并通过验收，按期实现了学校工期目标，确保了新生入学后的集中体检，大大改善了就医条件和环境。校医院内设有各类内外门诊、药房、化验室、心电图室、理疗室、防疫保健、手术室、注射室、观察室、办公室、会议室等用房，功能十分齐全，为山西大学教职人员和大学生提供了很好的医疗场所。

　　校医院楼包括二层门诊楼、北面放射室平房和南侧西校门北门房等，建筑面积 2411 平方米，建筑高度 8.15 米。二层门诊拐角楼，地下局部一层，地上二层，结构形式为砖混结构，砖红色瓦屋面，外墙保温并灰色小瓷砖粘贴，下部一圈为灰色花岗岩干挂，白色檐口和窗口走边，绿色铝合金窗户，门前平台踏步和坡道，白色雨篷前伸，"山西大学医院"红色字体挂在雨篷上，内设有各类用房，功能齐全。北平房，平屋顶，灰色外墙涂料，檐口白色涂料，门前檐下走道。楼群周边大槐树被保护下来。西校门北门房，和校医院形成一体，门房旁人行柱廊通道，白色雨篷下两根白柱坐在黑色柱础

校医院

校医院

校医院平房

北门房

上，屋檐上花边女儿墙，这是侯家巷山西大学堂的门房旧样。2013 年配合坞城路拓宽改造，校医院平房屋顶加上钢框架铺瓦，外墙贴上灰色小瓷砖，和门诊楼外观一致。

政治与公共管理学院教学楼位于山西大学西校门南面，西临坞城路，是我校旧西校门校园文化景观复原工程的组成部分，包括教学主楼和北侧西校门南门房。2008 年 5 月竣工验收，验收结果为合格。建筑面积 1761 平方米，地上二层，建筑高度 8.15 米，结构类型为砖混，建筑形式和校医院一致。缓解了政管学院教学科研用房紧张。2008 年 5 月 30 日，山西大学政治与公共管理学院教学楼竣工验收会在新落成的政管院教学楼二层会议室举行。

随着西校门南北门房的建起，大门围墙将它们连起来，围墙底座和立柱采用厚重感的蘑菇石粘贴，黑色铸铁栏杆及其两扇大门闭合，门房门廊人行便道开通，围墙里栽植丁香、樱花树和松树，浅粉色的樱花开满枝头，一块木质白底黑字校牌"山西大学"镶嵌在南大门蘑菇石立柱上，至此，西校门复原工程正式全部竣工。

政管学院

南门房

政管学院

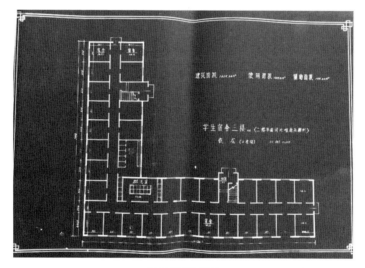

拐角楼平面图

　　历经沧桑的老校门镌刻着学校历史沿革与变迁的足迹，历届山大师生不时怀念的老校门凝聚着一段段美好的回忆，也凝结着代代相传的母校情怀。老校门的恢复重建，是广大校友、师生的共同心声，是对历史传统的尊重与继承，也是对大学文化的极好诠释。2008 年 5 月 8 日是山西大学建校 106 周年的喜庆日子，当天上午，在学校西北角的老校门前，南来北往奔忙的人流都被一个全新的景致所吸引——绿树、鲜花、彩旗、气球、标语环绕在睿智而慈祥的一代伟人——毛泽东同志的塑像周围，老校门恢复重建揭牌仪式在这里隆重举行。校党委书记秦良玉、校长郭贵春、校纪委书记赵怀洲、副校长贾锁堂、刘维奇与部分师生员工代表相聚在老校门前，参加了老校门恢复重建揭牌仪式，仪式由校长助理梁吉业主持。

校长郭贵春在老校门恢复重建揭牌仪式上深情致辞。他说，山西大学老校门的恢复重建是广大校友、师生的共同心声。在母校建校106周年的喜庆之日，我们热烈举行老校门恢复重建揭牌仪式，必将进一步凝结山大学子的爱校情感，弘扬古老学府的厚重文化。郭校长说，每一所大学都有自己独特的建筑，集中体现办学的风格和文化的内涵。作为大学的标志性建筑，校门越老，意味着历史越久、底蕴越深，自然具有更加鲜明的象征意义。山西大学的老校门质朴素雅，与雄浑凝重的主楼、雄伟庄严的毛主席塑像浑然一体，交相辉映，折射出悠久历史的韵味，跳动着薪火相继的韵律。这是山西大学亮丽的校园风景，更是承载传统的文化景观。大学校门是每一个学子成长成才的起点，也是每一个学子走向社会的起点。山西大学已经走过106年的光辉历程，培养了12万名各类人才。暑往寒来，一批批莘莘学子走进校门、走进梦寐以求的大学，一批批优秀学子走出校门、走向施展才华的社会。历经沧桑的老校门镌刻着学校沿革与变迁的足迹，记载着学子昂扬奋进的精神风貌。历届山大师生不时怀念的老校门，凝聚着一段段美好的回忆，也凝结着代代相传的母校情怀。

校长郭贵春说，老校门的恢复重建，是对历史传统的尊重与继承，更是弘扬与创新大学文化的良好契机。伴随着高等教育大国向高等教育强国的历史性转变，我们要实现研究教学型大学向具有地方示范作用的研究型大学的历史性跨越，需要我们传承弥足珍贵的办学传统、需要我们建设与时俱进的大学文化。站在崭新发展的起跑点，让我们在继承和创新中共同打造富有特色的学府文化，以更加开放的姿态、更加坚定的步伐走向社会、走向世界、走向未来。

在鞭炮声中，党委书记秦良玉、校长郭贵春为老校门揭牌。

山西大学老校门

山西大学旧西校门复原记

山西大学，百年学府，创立于1902年。在建校的各个时期，都留下了印记。建筑文化是大学文化的载体，它见证了山西大学文化传承的百年历程。山西大学旧西校门复建工程，基本上恢复了20世纪50年代山西大学的建筑格局和校园文化景观，由教学主楼、两侧拐角楼、校门围栏围合了一个不大的广场，毛主席像居其中，组成了对称的中国式古典的建筑群，灰色的外墙、白色的窗套、墨绿的窗口、人字坡屋顶、花边女儿墙、校门栏杆围墙，四周松柏翠枝，花草繁盛，植被葱茏，完美体现了西校门古朴典雅的原始风貌。现在旧西校门复原，简约大气，含蓄幽深，既符合当代审美与传统意境的融合，又着重追求宁静深厚的文化意蕴，使山西大学成为文化的圣殿，艺术的净土，精神的乐园。

身居此处，静下心来，用情观赏，以心感悟，建筑文化的魅力。

2008年5月7日　任荣华

山西大学西校门复原记

山西大学西校门，兴建于20世纪中叶，集建筑功能、政治标志、人文情怀于一。斯入者，必怀修身治国平天下之志，齐聚者，尽舒满腔忧国为民之心，夫出者，愈怀远在天涯却情系于此，一门、一物、一景，绵延承继百年山大求真至善、登崇俊良之精髓。

奈时境变迁，人是，物非，沧海桑田，亦过眼云烟。然百年学府之蕴，从容淡定，凝重悠远，忆故思故，复故，势之所趋、人之所向、己之所责。吾辈未敢稍有懈怠，二〇〇七年盂夏，正式动工复建，三物齐立、万心合一，整年，告竣。校门之古朴、塑像之庄严、主楼之厚重、侧楼之典雅，松柏葱茏、花繁叶茂而拥簇其间，叹矣！慰前人之心愿，树后世之楷模，足矣！是为记。

二〇〇八年荷月　王中庆

十七、南校门

在学校东南面，在四周许西村菜地里，有一片孤独的院子，俗称"海南岛"，每每去这里要经过许西村菜地和灌溉支渠"二里河"旁边的土路。当时海南岛院子四周砖砌围墙，大门开在北侧，即现在的 45 楼和 53 楼中间围墙处，当时院子里靠南有一幢三层楼房，其余平房，还有锅炉房一座，后来院子里相继盖起来楼房，大门就朝西开启。沿着这片院子围墙西边，原有一条简易土路向南就来到了位于"二里河北岸"的南校门。简易的砖砌围墙及门垛，旁边西侧还建有门房两间，东侧蕴华庄高层建起后，这条简易路就成了主路。随着太原市南中环街的拓宽改造，将"二里河"覆盖，2015 年蕴华庄高层南侧修建沥青路，在周边道路和绿化环境的逐步改善下，将南门原简易大门围墙及门房拆除，重新设计规划，一座崭新的南大门出现在人们面前。

南大门由塔楼值班室、展墙、人行道过厅、伸缩门组成。塔楼值班室部分，方形塔楼十几米高，外墙深咖色小陶土砖贴面，采用了侯家巷老建筑工科教学大楼上的建筑元素，正立面下部三条竖向层次感的凹槽，中部平展内凹似镜框，上有不锈钢亚光本色大字"山西大学"，由姚奠中先生亲笔书写，刚中见柔的笔体，不锈钢亚光本色和深咖色墙面搭配起来，一深一浅，相互映衬，很有厚重感，其余三面平展，上部小立柱分居四角，既给塔楼添了些许的灵巧感，同时又一脉传承了山西大学的老建筑文化。一层值班室和十几米高的塔楼互为一体，值班室不锈钢花格大门开向院内，踏步平台，方管栏杆收边，兼具值班、休息等功能，和周边地势有高差。和塔楼相连的西侧展墙，是山西大学向外传播文化信息的展示窗口，通体外贴深咖色小陶土砖，展墙中部内凹一平面，灰色花岗岩干挂，上有不锈钢亚光本色"求真至

善　登崇俊良"八字校训，展墙顶类似城垛，侧墙也有两条竖向凹槽。适宜的尺寸，凹凸有致的外立面，塔楼和展墙一竖一横，互相衬托，配合得恰到好处。人行过厅，一东一西，东厅和蕴华庄高层南立面齐，西厅和塔楼南立面齐，南大门人车分流，自动伸缩门在中间，行人在两侧通行，踏步平台上面高高的过厅，灰色花岗岩干挂，东厅内靠高层墙体也有三道渐次叠进的墙体，深咖色陶土砖粘贴。后来沿着建筑边缘，做了景观灯光亮化美化。如今的南校门及门前广场接纳着南来北往的人们。

南大门

南大门展墙和塔楼

十八、两座园子的建设

丁香园，位于文科大楼东，大型仪器平台楼南，和南侧道路有 1 米多的高差。原是南花房物业平房和其他辅助用房，占地面积 1000 多平方米，平日里花卉的培育，清洁工具的存放，进进出出的服务人员，杂乱的平房建筑，对周边教学办公的建筑环境形成制约。2010 年初，后勤管理处下大力度整治校园环境，通过各方协调，将该区域拆迁，并与 10 月份左右完成绿化美化。

园中间由红、黄、灰色荷兰砖铺成圆形和错落方块形两块小场地，圆形中心绿篱栽种，塑木坐凳安置其中，小引路将方圆两块小场地它们连通并通向各处，南面修建两处台阶踏步，方便人们上下。坐在比南部地势高的平台上，看着来来往往的人，一种悠然自得的逍遥心境。若干 2 米多高的丁香灌木丛栽植园子中间，木槿搭配栽植，白玉兰树栽在大型仪器平台楼南面一溜儿，绿篱绕着小引路转，龙爪槐在圆形和方形之间的小路分列两旁，加上南面原有的白杨树和条桧，形成了丁香园中以丁香为主的、高低错落的、多样化的植物园。同时将北面楼体翻修瓦屋面，外墙进行浅粉色乳胶漆粉刷，红瓦绿檐，勾勒出窗间"回字"花纹，构成一幅美妙的画面。

丁香园景色

丁香园景色

　　紫薇园，位于研究生学院（原附小楼）楼前。2011 年附小搬迁后，后勤管理处对商学楼（原图书馆）东南两面、物理楼北、研究生学院楼（原附小）南面以及西面的周边区域进行整体规划改造。以建设开敞的活动场所为宗旨，道路要贯通，特别是为保护原附小围墙外 14 棵大杨树，修改道路方案，沟通东西道路，扩展南北道路，园子建设以丰富多样的绿化为主。首先将附小院内围墙、库房、公共卫生间等附属建筑拆除，同时将围绕商学楼（图书馆）东面道路中间的、物理楼北面和东面的铁丝网栏杆予以拆除。然后进行地下管网改造、路基修整，采用沥青混凝土、荷兰砖铺设路面，道路形成后，十三盏白绿色路灯沿着路边安装。研究生学院楼（原附小）院内地面标高比围墙外要高，将楼前混凝土操场拆一半留一半，留下的成为楼前的活动平台，拆除的部分标高变低，成为一处植物园——紫薇园，园中大量种植紫薇（百日红）、法桐、木槿、卫矛绿篱和草坪等植物，北部地势高差通过三层绿篱收边，东面原有一颗高大柳树，加以保护，为此修建了六角园坛，蘑菇石铺立面，青石板铺上面，周边青石坐凳，大树周围塑木圆形坐凳，成为一景，西侧也保留下了一颗大柳树，东西两株大柳树摇摆着枝条，相互致意。道路拓宽后，商学楼（图书馆）东 9 株大柳树根基裸露出来，为保护大树，在每颗大树四周砌方形坐台，灰花岗岩贴面，既保护了树木，又给路人提供了休息的地方。物理楼北侧绿化场地也扩大向北移，将白杨树收纳进来，两条人行道一南一北东西贯通，并且连通着中间由荷兰砖铺成的一片硬化场地，旁边铺种着卫矛球和景天。同时对幼儿园的外部环境也进行了改造，拆除大门及围墙，修建铁艺栏杆大门围墙，外墙黄红色乳胶漆粉刷，门柱花岗岩粘贴，一块"山西大学幼儿园"不锈钢牌挂在门柱上。

　　青石板、荷兰砖、绿化植物、路灯，配合周边建筑外墙涂料的色彩的搭配，开阔了视野，丰富了建筑环境，经过一个多月的建设，改造后的这片生态小园林称之为——紫薇园，又是一处赏心悦目的小园林。

紫薇园景色

十九、供暖锅炉房改为换热站

在山西大学校园内，曾经建有七座锅炉房，它们分担着不同区域建筑物的供暖热源。第一锅炉房建于 1953 年，主供除家属区平房外的所有楼房区域；第二锅炉房建于 1957 年，主供教学主楼及周边八个宿舍和俱乐部；第三锅炉房建于 1962 年，主供家属区北部的楼房；第四锅炉房建于 1973 年，主供家属区南部的楼房；第五锅炉房建于 1959 年，主供南院楼房；第六锅炉房建于 1960 年，主供海南岛楼房；第七锅炉房建于 1988 年，是临时性的，主供生物楼等。锅炉型号由起初的"M"形组合铸铁炉片、兰开夏锅炉、K4 锅炉、北京四季青锅炉、太原锅炉，逐年更替维修，从人工上煤到机械化设备运转，是一条艰辛的供暖之路。供暖期间校园里粉尘污染严重，随着室外供暖管网的合并改造，供暖锅炉房里的设备更新换代，从 20 世纪 80 年代起，逐步取消了第二、第三、第六、第七锅炉房，也减少了烟煤粉尘的污染。

1999 年 6 月 25 日，为落实"一控双达标"的环保目标，太原市环保局、小店区环保局会同"中华环保世纪行"采访团协助我校采取定向爆破的方法，成功地拔掉了第一锅炉房的烟囱，将该锅炉房所带采暖建筑分流至我校第四、五锅炉房。第一锅炉房位于北校区西部，内有三台北京四季青 6T 锅炉，现为文瀛苑所在地，所带的供暖建筑有文瀛公寓区、北教授楼区和老建筑等区域。

2004 年 12 月，在新南校区，我校第一座换热站——918 换热站（位于我校海南岛东侧）建成并投入使用，建筑面积为 24.5×15.6 平方米。规划供热面积为 318579 平方米，换热站内安装有换热器、循环泵以及水箱等设备，该换热站所供的建筑物有蕴华庄家属区、艺术楼、令德阁、环科楼等，基本

918 换热站

上是位于二里河南部的建筑物。

2005 年 4 月 1 日，山西大学副校长刘维奇主持召开了关于集中供暖的专题会议，校办、后勤管理处、资产处、计财处、后勤集团等相关单位的负责人参加了此次会议。

会议讨论了第四锅炉房和第五锅炉房的拆除问题和旧锅炉资产的转让等问题，会议根据学校提出的要求，决定由资产处牵头负责锅炉房资产的转让或报废以及锅炉房拆除的有关事宜，后勤管理处、后勤集团要做好各项配合工作，从学校大局出发，尽量提高资产的转让价格。集中供暖后，校园管网由后勤集团维护。会议明确了集中供暖后后勤管理处和后勤集团工作任务：后勤管理处负责完成三个换热站的建设以及相关修建任务；后勤集团负责暖网运行的管理、服务以及和热力公司的联系等工作。

　　刘维奇副校长对集中供暖工作提出了四点要求：一、确保11月份集中供暖；二、确保集中供暖后内部网运行效果；三、确保学校资产不流失；四、确保做好后勤集团供暖职工的思想工作。

　　为进一步美化校园，减少煤烟污染，2005年9月10日，拆除了在旧址上翻新已运行十五年的第五锅炉房，内有三台太原锅炉10T，在原址上新建917换热站，建筑面积为28.5×12平方米，彻底解决了南校园煤灰污染问题。第五锅炉房位于我校南校区令德公寓西部，所供区域为初民广场周边建筑、令德学生公寓等位于学校中区的建筑物。

　　2006年9月19日，拆除我校第四锅炉房，内有五台北京四季青锅炉6T。该锅炉房位于我校家属区南侧，紧邻家属5、7楼，一直承担着为家属区的供暖工作，多年来煤灰污染、噪音污染等问题时时困扰着周围的住户。

原第五锅炉房

取而代之的是新建了一座 915 换热站，建筑面积 28.5×11.5 平方米，所供区域为北院建筑物。因位于北门的六栋教授楼建筑的供暖处于供暖末梢，效果一直不太理想，于 2008 年将六栋建筑的供暖归学校北门旁地科所院内供热站所带。

915 换热站

在新南校区西部，因为是南校供暖管网的末梢，理科大楼、环资学院的采暖情况一直不理想，再加上 2011 年该区域西南角新附小楼的正式启用，多功能图书馆的建成使用，所以，增建一座新换热站势在必行。后勤管理处经与热力公司多次联系协商，共同认定在环资学院南新建换热站一座，编号为 918A，并在南校区令德阁南侧铺设一条从东侧引入的一次热网管道至该换热站，该工程与 2011 年 8 月开工，新换热站建筑面积 15×24 平方米，至供暖前 10 月底全部完成，正式送暖，效果很好。所供的区域有新附小楼、多功能图书馆、理科大楼、环资学院楼等。

至此，山西大学院内供暖锅炉房全部拆除，由太原市热力公司统一集中供暖，校园内彻底消除了煤烟污染、噪音污染、排放污染等，给创建卫生文明校园提供了基本条件。

918A 换热站

二十、垃圾站的建设

2001 年 11 月，为了改善校园环境，响应省市有关部门的号召，学校投入专项资金在生物环保楼西侧，西邻坞城路，新建一座垃圾中转站投入使用。二层楼高，外墙粘贴乳白色小瓷砖，室内桁架吊运集装箱处理垃圾的设备及时地将校内收集回来的垃圾压缩清走。垃圾中转站的建成，使我校的垃圾实现了集中管理，压缩运输，彻底改变了生活垃圾露天堆放的现象，减少了环境污染，方便了垃圾的外运，很好地改善了校园环境和卫生条件，为全校师生和教职工创造了一个良好的生活、学习环境。

垃圾站

2013 年，配合太原市坞城南路拓宽改造，学校垃圾站迁移改造，在新附小东面自行车棚北侧新建了一座垃圾站，并将坞城路旁生物学院西原垃圾站拆除。新建的垃圾处理站二层高，外墙是红色瓷砖粘贴，塑钢窗，同样承担着校园内垃圾中转工作任务。

二十一、公共卫生间的改造

2004 年 9 月，为改善校园环境，给师生提供舒适的工作学习和生活环境，学校对南操场、校工会、鸿猷体育场的 3 个公共卫生间进行了彻底维修改造。其中南操场西侧公共卫生间是拆除了原旧厕所，新建了一个卫生间。此项工程 8 月初开始，9 月 1 日竣工，历时 1 个月。在后勤管理处的严格监督与组织下，三个高质量、高标准的公共卫生间展现在全校师生的面前。

　　改造后的 3 个公共卫生间采用了延时自闭冲洗阀控制式蹲便器、红外线感应自动冲洗阀式小便器、红外线感应式的大理石台面的洗手池及花岗岩地面、铝扣板吊顶、通顶瓷砖贴面等较高档次的装饰，并由后勤集团安排有专人值班，随时保洁，告别了过去"脏、乱、差"的现象。同时，改造后的公共卫生间解决了过去"长流水""长明灯"的现象，改造后的 3 个卫生间每年可为学校节约水电费约 10 万元。

　　2015 年，随着学校令德学生公寓十四、十五、十六斋的建起，周边环境也进行了规划改造，在 917 换热站旁边新建了一个公共卫生间。2017 年，学校投入资金将公共卫生间，尤其是工会门前和鸿猷体育场的卫生间予以翻新改造，更换洁具、灯具、墙地面瓷砖、隐身板以及上下水管道等。

南操场卫生间

令德区卫生间

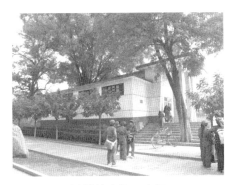
鸿猷体育场卫生间

工会门前卫生间

二十二、小品建筑

内涵丰富的校园文化建设当然离不开小品建筑的点缀，在该阶段，相继建起了如下的小品建筑：

文科楼西南角的孔夫子铜立像，高大的身材身着宽衣长衫，双手交叠置于胸前，宽袖及地，高发髻，目光平视，似乎在教导弟子"学而时习之，不亦悦乎？""有朋自远方来，不亦悦乎？"

孔子像

"孔子"题字

步行街北头的岑春煊、李提摩太两位建校元老胸像，一位顶戴花翎胸前朝珠身着官服，一位白色领花传教士打扮，一左一右，一中一西结合，开创了山西的高等学府教育。

初民广场西南侧的邓初民先生坐像，汉白玉制，中华人民共和国成立初期的校长，戴着一副眼镜，手拿本书，温文儒雅坐在那里，嘴角微翘，温和的目光看着眼前来来往往的学子们。

李提摩太胸像

岑春煊胸像

邓初民雕像

美术学院楼庭院里有齐白石老先生的坐像，宽大的衣衫，消瘦的双颊，一副圆眼镜，一双洞察事物细节的眼睛，一派艺术大师的清新脱俗，瘦弱单薄的身躯开创了中国近代美术史，是"中国人民的艺术家"。

齐白石雕像

文科楼天井内还有一组人物群雕，年龄不一，坐站随意，敲鼓、抽烟、聊天，翻看黄历，选择黄道吉日，自在惬意，小夫妻你洗衣来我种地，司空见惯的场景，好一派农家的田园风光，纯朴善良的人们，他们是山西籍作家赵树理笔下的人物形象。

文科楼天井人群雕像

初民广场中央不锈钢及前侧花岗岩雕塑，山西大学百年校庆不锈钢雕塑——"飞翔"成为"山西城市雕塑艺术选萃"之一，学校美术学院雕塑专业青年教师作品，入选在吉林省长春市举办的国际雕塑作品展。雕塑"飞翔"为不锈钢材质，形状如同一只火炬，高10米，宽4米，以中间的"S"形为中心轴，寓意"山西大学"，三个半圆代表着文化、教育、科技，外形既像光盘，又似展翅飞翔的雄鹰，象征着百年山西大学培养出的一批批人才。上下10根不锈钢管组成了优美的旋转空间，代表着众多学子，又象征着网络科技。整件雕塑流露出对自然科学的一种崇敬之心，将艺术家对于世界感性的认识借理性的镜子投射了出来，极具力量与情趣，显示了山西大学在改革开放的时代，在百年华诞之际，开拓未来的决心，也使观赏者从中获得一种全新的体验。制作者有他的理念和感情在里面，反映校史的低矮花岗岩雕塑成一弧形，娃娃们爬上爬下，手指触摸着浮雕的凹凸，仿佛把历史细细地揣摩；2012年将这两组雕塑用不锈钢栏杆围住，校训牌挂四周。

初民广场浮雕

初民广场不锈钢雕塑

鸿猷体育场看台西侧墙上的一组大型浮雕，以十六字校训"中西会通 求真至善 登崇俊良 自强报国"为主题，分四块反映各个时期的典型片段来表达山西大学的办学历程，有人物，有书籍，有建筑等，采用玻璃钢材质，表面喷涂成暗红色，和浅粉色墙体形成强烈对比，再加上周围绿色植物、题字的石头、庭院灯、花岗岩石质路面，几种颜色的搭配，很耐人寻味的一组场景，常常驻足细细品味。

学堂路浮雕

秀丽的令德湖旁三组钢管架撑起三张白色高分子膜，如同蓄势欲飞的雄鹰，又像悉尼歌剧院的局部表现，似音乐流淌在美丽的令德湖水域上面，溅起一朵朵小小的水花。

在我校步行街的北头立着一座山西大学堂校门，仿建于 2001 年。整座大学堂校门坐落在由灰色大砖砌筑、长条青石板块收边的平台上，不同宽度及高度的长条青石板块踏步一南一北正好解决了两侧地势差。学堂校门由灰色青砖砌筑而成，分为三开间，中开间高一些开着拱门，旁边立着古罗马有

飞塑

竖向凹槽的白柱各 2 根，柱头上花饰，再往边上是疏密相间的喷涂麻面的各 9 根白柱，这些立柱不是通高的，它们坐落在类似须弥座上，中间的束腰加高了，上有一些高浮雕砖雕，正面 4 块横向长方形砖雕，4 块竖向小砖雕，图案是花饰，反面亦如此。这样一横一立，少了呆板，整体上搭配协调。中间拱门上部书写"山西大学堂"5 个大字，题字往上有 6 块竖向波浪块。应该说白柱、砖雕、青色砖墙体是这小品建筑的组成要素，灰墙白柱使得山西大学堂校门尊贵大气，典雅精致，这是一座精致的小品建筑。从留存于太原侯家巷的太原师院的大门仿制下来，以资纪念，也是山西大学百年历程的见证。

渊智门和并列南侧的山西大学堂校门，一北一南解决了南北地势上的高差，一艳一素，给人以视觉上的冲击，最重要的它们是山西大学九十年校庆和百年校庆的见证，两者衔接得一切看上去都那么自然，本该如此。

山西大学堂校门

山西大学堂校门装饰

渊智园

　　从外形看，渊智门和山西大学堂校门两者大相径庭，其实，牌楼最初起源于建筑的院门，牌楼作为一种标志性和装饰性的小品建筑，它所具有的柱子、梁枋、斗拱、大屋面、彩画等具有我国古建筑的因素，这些因素组合起来代表地域文化，在我国传统建筑中起到控制美化空间的作用，它不是功能性建筑物，它的存在给建筑群落增添了活力和艺术感染力，于是古老的牌楼在新时期焕发其新的生命力。从外形上看这些各异的雕塑，反映了人们心中的图腾，也给生活在钢筋混凝土丛林里的人们带来一些视觉上的享受，心灵上的洗礼。

　　鉴知楼门前西侧草坪里，有一处三角形标志碑立在那里，整体外贴红色长条小瓷砖，碑座的须弥座中间内凹有回字纹饰，边框收边，颜色比碑身要深一些。碑身部分内嵌白色大理石板，边框收边，三面都有姚奠中先生的金色题字"中国社会史研究中心""鉴往知来""山西青少年爱国主义教育基地"，上部白色出檐，碑顶部分叠涩收进，整座三角碑尺度适宜，红白搭配，成为一景。

三角碑

量子光学楼前智慧女神

新建的量子光学楼前草坪里，灰色花岗岩的方形基座上，是"思索"二字，一尊智慧女神坐像坐落在须弥座上，一手抚着书，一手支在曲起的膝盖上，光着脚，头部微侧，低垂的眼睑，一副思考问题的状态，一副自信而又祥和的神态。微卷飘起的头发，斜襟小立领中式上衣，褶皱的衣裙和长披肩随着坐姿自由摆置，这是科学与艺术的结合，严谨而又自由，科学是人类发展的根本，艺术赋予科学丰富的想象力。

音乐学院西侧通往音乐厅的小路旁边的草坪里，立着一不锈钢雕塑，那是艺术系音专 1987 级全体同学于 2017 年 7 月 29 日敬立的。黑色大理石基

音乐厅门口雕塑

座上不锈钢亮色音乐符号造型，红色的书本摊铺在符号上，像正在飞翔的大雁，越飞越高。

美术学院门前的草坪里，立着一石质雕塑，是艺术系音专美专 1983 级毕业三十年相聚敬立，时间是 2017 年 7 月 21 日。本色石雕基座上，刻有篆书"文艺岁月　彩凝时空"，绿色字体抒发着同学们沉积的情感，麻花似扭曲在一起的雕凿圆线条，一幅剪不断理还乱的画面。

美术学院门前雕塑

二十三、石头的故事

在山西大学的校园里，有很多校友捐赠的各种点石。走在校园里，不经意间一块块石头迎入眼帘，它们或独自成景，或少量堆积拼接成堆，各自静静地散发着自然美，它们的形状各式各样，有傲然孤立者，有玲珑剔透者；有卧，有立；有白灰色，有青色；几乎成了草坪里的点景小品，这些点石既表现出自然之美，又表达主人的情意，让人见石生情。人们赋予了点石不同的人文内涵。

步行街上堆石组，这一组堆石，选择了数十块形态美观的原生石料，有主有从，或拼缀或排列成景，颜色不一，在上面刻着些许文字，比如："山西大学堂""山西大学校""英才辈出""精益求精"等，串连起来，将山西大学办学历史和优良传统、校训、学风一一刻画，欣赏之余，铭刻在心。

步行街上的石头

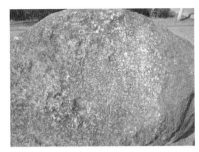

步行街上的石头

步行街上的石头

初民广场西南角草坪里，立着一块刻着"太行云根"的巨石，浅褐色，纹理古拙，形态端庄，表达的是一代又一代知识分子对母校的拳拳情怀，"太行云根"——学风之根，多美的意境，似云中漫步。

"太行云根"巨石

音乐学院西北角矗立着似碑状的高大巨石，大头在下，小头在上，劈空当立，瘦高孤峙，那是中文系1957级全体同学在入学50周年之际敬立的一块石头，上刻"心系母校感念师恩"，仿佛能看见一群白发苍苍的老生心怀对教育事业的敬意和期盼的赤子之心向我们走来。

碑石

这些点石中，符合"瘦、皱、漏、透"观赏石标准的顶数艺术楼前的三块独石，它们小巧灵珑，玲珑剔透，通透的腔体似三头小狮子在草坪上嬉戏玩耍，顽皮可爱。

三块独石

选择一块特别的石料，上刻文字，旁边种植植物花卉相配成景，构图简洁，寓意颇深。如令德阁前的点石，上有启功先生的题字"令德阁"三个字，旁边种着一棵油松，构成一幅美妙的松石图。

启功先生题字"令德阁"石

当然了，还有零星散布在校园草坪中的点石，好似大山的余脉在此延伸，或体态庞大，或小巧宜人，颜色因材质不同而异，再现山石的自然之美，打破了草坪的呆板和单调。一种人文精神美化着校园，在教育人才的过程中起着有形或无形的作用。

校园中的石头

校园中的石头

校园中的石头

校园中的石头

　　南校区的艺术楼西部，有花岗岩点石一块，四周都能观赏到，面西，体形稍巨，色泽灰白明亮，表面光滑细腻，脑子里闪现一句话"谦谦君子，温润如玉"，人生的境界大抵如此。此石如此受人喜爱，皆因其给人以温润感。上题红字"1977届恢复高考第一年，我们和国家的命运一起改变"，改革开放30年的巨大变化，一块上好的石头肩负了其中的历史成就，寄托了人们心中的美好愿望。

立石

　　山西大学百年建筑的发展在坞城路的校址上画了一个完美的句号。

　　在山西省委和政府的支持下，山西省发展和改革委员会于 2013 年 8 月 8 日下文晋发改科教发［2013］1739 号批复山西大学东山校区建设项目：一是同意该项目在老峰村以西、岗头村以北、东山过境高速路以东选址实施新校区建设；二是同意学校规划总建筑面积 96 万平方米。分三期建设，一期为 2014 年—2016 年完成建筑面积约 40 万平方米，二期为 2017 年—2019 年完成建筑面积约 40 万平方米，三期为 2020 年—2022 年完成剩余工程，主要建设内容包括：教学、实验实习实训及附属用房、图书馆、体育场馆、会堂、学生宿舍（公寓）、食堂、后勤附属用房及室外设施配套工程等项目（不含教工住宅）。项目建成后，可满足约 3 万名在校生进行学习生活；三是项目总投资 57 亿元（不含与土地相关的费用）。资金来源由老校区土地处置、政府投入、申请银行贷款、学校自筹和社会引资等多渠道筹措解决。

　　经前期一系列工作，于 2017 年 6 月 30 日在东山校区举行了开工典礼仪式，山西大学建筑的发展又踏上了新征程。

　　山西大学百余年的发展，目前拥有坞城校区、大东关校区、东山校区（在建）三个校区，总占地面积 201 万平方米，建筑面积 110 万平方米。绿化面积 29 万平方米，建筑内部设施完善，外部环境优雅，逐步形成了以传统格局为主的北校区和以现代建筑为主的南校区，成为"林荫遮道、花草围楼、三季有花、四季常青"的"花园式"学府，形成了"中西会通、求真至善、登崇俊良、自强报国"的文化传统和"勤奋严谨、信实创新"的优良校风。

　　1988 年，太原市政府命名山西大学为"园林化单位"。

　　2001 年 4 月 22 日，学校获"太原市园林化标兵单位"称号。

　　2002 年，省政府命名山西大学为"绿色学校"。

　　2018 年，在省部共建和"一省一校"建设基础上，我校正式成为教育部和山西省政府合建的部省合建高校。

建筑的保护与文化

一、建筑的价值和保护

山西大学百年建筑史上，有几处建筑活动值得回忆：

在侯家巷校址，第一座无梁的新式建筑——大礼堂于 1904 年修建，这里曾是学校举办各类纪念意义活动的场所，非常具有历史人文纪念意义，该礼堂于 1998 年太原师范专科学校整修校园而被拆除变成操场。

在侯家巷校址，1917 年修建的工科教学大楼，是山西大学建校初期最重要的地标，也是山西省早期高等教育所保留的唯一建筑物。于 1996 年已被山西省人民政府批准成为省文物保护单位，并在 1999 年由太原师专对此进行了整修与维护。

在坞城路校址，20 世纪 50 年代，修建了一批建筑：主楼、图书馆、体育馆、物理楼、学生公寓等并且由它们组成了山西大学传统的北校区，历经五十年的风雨变迁，有的被拆除；有的至今仍在使用；有的建筑被太原市命名为历史文化建筑予以保护；有的建筑在人们的"保护改善"下，失去了原有的风格。

2001 年，拱形大门及围墙被局部复制在现在山西大学学堂路北头。

2007 年—2008 年，西校门及其拐角楼、周边环境建筑的复原，门房花边女儿墙围绕四周，红色木质柱子，灰砖贴面的拐角楼，主楼与围墙大门及一起围合了一个时代的记忆。

这些围绕着建筑由此引发了一个建筑的价值和保护的话题。

我们现在研究这些旧建筑，绝不是"发思古之幽情"，一座大学的发展不能没有实在的记忆，也不能没有实在的依托，表面上它是研究过去的建筑文化，实际上它既与过去有联系，又与现在甚至将来有密切的联系。

山西大学的建筑从外形的简单质朴到纷繁复杂，外墙色彩由统一到变化，外墙装饰材料复杂多变，内部空间变化多样，基础设施完善，环保节能材料的使用，从各方面尽量满足不同的需求，并保证使用上的安全。建筑的价值是由建筑所具有的功能来决定，这种功能包括两方面的内容：一方面是物质上的功能，另一方面是精神上的功能。物质上的功能说明建筑有比较大的适应性和通用性。通用性即一栋建筑可以经过反复的或多方面的或长期的使用，也就是说在这栋建筑或者建筑群里及其周边环境里可以经过很多事情，关系到很多人在其中并通过建筑被真实地被保留下来，能够引起人们美好的回忆，这就引申到了精神上的功能，建筑能够真实地记载当时的建筑技术和艺术以及社会文明的程度，建筑的精神功能在一定的场合下，往往具有超越时代的性能。建筑是人类一切文化活动的载体，所以对这些具有历史文化价值和感情价值的建筑，产生了怎样保护的问题。

1972 年，联合国教科文组织大会第十七届会议通过了一项《保护世界文化和自然遗产公约》。在公约中，"文化遗产"中包括建筑群。什么样的建筑群属于文化遗产？定义为从历史、艺术和科学角度看，在建筑式样、分布均匀或与环境景色结合方面，具有突出的普遍价值的单立或连接的建筑群。

在从事建筑的活动中，该怎样去保护好我们的建筑及其环境？这是一个值得探讨的问题。

在我国 2007 年 12 月 29 日施行的《文物保护法》中，规定其一是整体保护，其二是原状的修复。

整体性的保护，指一组建筑群的整体和所在的环境。就如何保护历史文化价值和感情价值的建筑，在"威尼斯宪章"第六条提出："古迹保护包含着对一定规模环境的保护，凡传统环境存在的地方必须予以保护，决不允许任何导致改变主体和颜色关系的新建、拆除和改动。"

在实践中，整体性的保护会受到周边新建筑的冲击。我校西校门的主楼及其环境被列入历史文物建筑保护，但其北部不远两栋高层建筑的兴建破坏了这种格局，使得其周边环境显得拥挤促狭有失原貌。

原状修复性保护，随着岁月的流逝、人事的变迁，建筑物会受到大自然的侵蚀、人为的破坏，那么，该如何修复？是我们在具体实践中探讨的课题，也是我们日常中的重要工作，经常会发生。《文物保护法》中明确提出："对于文物保护单位，在修缮、保养、迁移的时候，必须遵守不改变文物原状的原则"。在"威尼斯宪章"中"修复过程是一个高度专业的工作，其目的旨在保存和展示古迹的美学与历史价值，并以尊重原始材料和确凿文献为依据"。

我国建筑学家梁思成先生对文物建筑的保护概括为"修旧如旧"四个字，而不是要它焕然一新，作为从事建筑行当的专业人士，应对各个时代的建筑物有所了解并负有保护职责，不可轻易将之尤其是外观拆旧建新。应该了解这幢建筑物的建造年代，它所反映的时代特征，维修时，结构上的缺点可用新材料来弥补，在外表上，要极力地维持或恢复现存各文物建筑建造初时的形状。能够清醒地认识到并做到这一点，且大力宣传这种思想，是我们专业人士肩负的不可推卸的责任。

对于原状修复，要保持一模一样恢复原貌，也有些困难，现在建筑行业新材料、新工艺等层出不尽，日新月异，尤其是外墙装饰变化更替很快，旧有的装饰材料被废弃不用，想找一块配得上的材料不容易，还有可能找不到，只好采用替代品。

在具体实践中，为满足人们当时的需求和多方面的功能变化，建筑物及其周边环境经常会被改造，并且有时被改造得面目全非，似是而非，引用梁思成先生的一句话"亦常在'改善'的旗帜之下完全牺牲"。

我们盼望学校出台一部关于《山西大学建筑保护条例》的方案。

二、山西大学的建筑文化概略

建筑文化是一门综合艺术，好的建筑糅合了人类的智慧、信仰和感情。

我国历代学者对文化的传统观念，局限于文人学士的诗、文、书、画，而建筑则被视为"匠作之事"，其实不然。徜徉在山西大学的校园里，欣赏融会传统建筑艺术和现代建筑理念的建筑群落，仿佛置身于时空隧道，经过时空转换，把山西大学历经沧桑而又蓬勃发展的百年历程表现得淋漓尽致。

时空转换到百年以前，山西大学成立于 1902 年，前身是山西大学堂，设中西两斋，创立人是岑春煊先生和英国人李提摩太先生，时任山西大学堂节制和西学专斋节制。约在 19 世纪末 20 世纪初，在中国较为集中地出现了一批中西交汇的建筑。山西大学堂刚刚创建时乡试贡院和皇华馆是临时校址，从图片资料上看是围墙围成的平房院落，前辈们就是在简陋的环境中引进和传播了西方先进的科学文化和学术思想，孕育了山西的高等教育。到了 1904 年，山西大学堂校门——牌坊式的建筑上面刻着"登崇俊良"四个字，文学院和学堂图书馆等基本上还是中国传统意义上的建筑，而同时建起的法学院就是一个中西合璧的建筑物，少了几分古朴，多了几分洋气，大概接受西方学术思想法学院比较早。到了 1917 年，国立山西大学校校门和教学大楼相继建成，这两个建筑物成了山西大学建校初期的标志性建筑，雍容华贵，典雅大方。灰色的外墙、白色的窗套、拱型的窗口、花边女儿墙等给二层教学大楼带来了生机。大楼中央矗立着四方钟楼，催人奋进。顶部的避雷针直插云霄。现在这个建筑物还保留在位于太原市侯家巷的太原师范学校内。当时社会大环境正处于传统与现代化的边缘，经济与社会转型的边缘，山西那个时期比较封闭，不太喜欢接受外来的东西，从山西大学早期的建筑物可以反映出那时山西大学堂的教育迫切接受西方文化的思想和科学技术。所以说建筑是人类文化的历史，是人类文化的记录者，它反映时代的步伐和精神。

时光转瞬到 20 世纪五六十年代，为扩大办学，山西大学在坞城南路（现址上）又相继建起教学主楼、体育馆、物理教学大楼和十几幢二三层学生公寓，等等。这批建筑物集中反映了中华人民共和国成立初期建筑的特点，显示出高耸宏大、坚实稳重的外观。那时受苏联建筑的影响较大，墙厚层高，结构粗大，灰色外墙，层数都不高，很具保暖性。教学主楼位于旧西校门正对面，平面呈"凹"字形，整体三层，局部四层，正面看六个粉白柱子（现改为红色）玉立于门口，支撑起一片天。体育馆位于操场南侧，木构圆顶，顶面玻璃瓦红色、蓝色，运动的颜色。物理教学楼位于南校园，平面呈"凹"字形，整体四层，局部五层，好大的窗户以利采光。它的外形基本没变。值得一提的是位于旧西校门的毛主席像，站在二层平台上的毛主席身穿大衣，面带微笑，一手拿帽，一手向人民挥手致意，其意浓浓。这尊毛主席像又几乎成了山西大学旧西校门的标志。我想这可以说是文物建筑了，它承载有历史、政治、文化乃至情感的信息，是历史的见证者。

　　最有诗意的要数十几幢学生公寓了，人字木构架屋顶，灰色（现红色）的外墙，白色的窗套口，一踩上去吱吱作响的木地板。这里曾住过多少莘莘学子，一时也记不起，他们的学习生活情况、喜怒哀乐，只有这些有灵气的建筑物默默地将一切记录下来。楼前的园林小院曾留下他们青春的脚步，在树荫下一起背书、娱乐，装扮各自的小屋，逐渐形成校园宿舍文化，乃至毕业多年后，寻找青春的足迹，学生时代的生活，总是和当时的教学楼、学生公寓联系在一起。学校要举行大型纪念活动如百年校庆等，学子们回到母校，总是要到曾经住过的宿舍楼前照个相，在曾经熟悉的校园留个影，在学校的林荫小道漫步回忆，为什么呢？因为这些建筑环境能引起他们对过去的回忆和情感。这些建筑物所载有的信息不是个人的，而是历史的、民族的，正如画家所画的画，文人学士所作的诗文等，建筑物一旦形成，就有了生命，有了灵气。在很多人的头脑中，建筑是"匠作之事"，看来这个根深蒂固的观念需要慢慢地转变。好在人们已经认识到这一点了。

　　下面说一说保护文物建筑这个问题。所谓文物建筑，是指历史上遗留下来的载有历史、经济、政治、文化科学乃至情感的信息。这在前面说过。它们是各民族在一系列实践中的历史见证。著名建筑大师梁思成先生曾谈到：保护古建筑是要它老当益壮，延年益寿，而不是要它焕然一新，返老还童，可以概括为"整旧如旧"四个字，古建筑绝对是个宝，而且越往后越能体会它的珍贵。作为从事建筑行当的专业人士，应对各个时代的建筑物有所了解并负有保护职责，不可轻易将之尤其是外观拆旧建新。应该了解这幢建筑物的建造年代，它所反映的时代特征，维修时，结构上的缺点可用新材料来弥补，在外表上，要极力地维持或恢复现存各文物建筑建造初时的形状。在山大，有几处可视为文物建筑：旧西校门的毛主席像及周边环境、体育馆、人字木构顶的学生公寓、家属 1 号—10 号楼及周边环境。

山西大学百年学府，历经山西大学堂—山西大学校—山西大学历史性的变迁，反映在各个时期的建筑文化中，有建校初期的中西会通的建筑，有建校中期的仿苏联式建筑，更有现在的反映时代潮流的建筑。所以说山西大学的建筑发展史，从另一侧面也反映山西大学的文化发展史。其深刻内涵是不言而喻的。

代表现在时代潮流的建筑文化集中体现在新西校门及新南校区的建筑群落。横贯 20 世纪八九十年代的建筑作品在新西校门南侧的科技大楼，东侧是图书馆，北侧是文科大楼。建筑物外墙颜色依次为白色、黄色、浅粉色，整体色泽以浅色为主，色调轻快。这三幢大楼的设计虽不出自一人之手，但建筑风格正是 20 世纪八九十年代流行的建筑潮流，周遭裙楼，中央兀立起挺高的主楼。内部结构依次更具人性化，有了更多的共享空间，从工艺和新材料的使用上依次更具现代化。这三幢大楼和新西校门围成了一个大广场，好象一个三合院，总体疏朗，地势北高南低比较平坦，从新西校门往校园里看，三合院内一览无余，中央广场是一大片草坪，中间有一座展翅欲飞的不锈钢雕塑，侧前方有一扇形的浮雕，是反映校史的。总之校前区很宽敞。拥有一片广场，对于拥挤的城市建筑群来说，无疑是件好事，但从建筑学和城市规划的角度来看，毫无遮拦的草坪广场有些单调，有些呆板，而且应该有那么一点点神秘感，不要让路过校门的路人看透，留有余味。所以规划设计的目标就是对于人们生活以及工作上的舒适和视觉上的美观。强调对人的关怀，强调"天人合一"，这是我国 5000 多年来的建筑文化一直贯彻的一种精神。

21 世纪建筑文化的潮流是兴建节能或绿色建筑，诸如在采光及遮光系统、自然通风系统、热水供应系统、建材系统等方面，尽可能地降低建筑物的能耗。在新购回来的新南校区已经建起了艺术大楼和万人餐厅、学生公寓区，层数都不高，占地面积大，规模宏大，内部结构更趋合理。外观色泽砖红色，间或配以白色，整体很活泼，也很大气，再加上 2004 年新改造的"二里河"景区，已经有了精品的雏形，所以建筑创作的范畴已经不再局限于单幢建筑，而是扩大到关于人类生活的整个环境。

（选自 2006 年《山西建筑》，作者：任荣华）

校园环境与绿化美化

一、山西大学校园绿化美化建设总结回顾

山西大学位于山西省太原市小店区北部，东经 112°33′、北纬 30°15′，占地面积 51.2 万平方米。校园地势北高南低，南北高差为 1 米，土壤略偏碱性。全年最高气温在 7 月份，极端气温分别为 39.4℃ 和 25.5℃，春秋干旱，夏季多雨，冬季西北风强劲。目前学校占地面积 138 万平方米，建筑面积 98.7 万平方米，截至 2010 年底，学校绿化用地面积已达 296155 平方米，绿化覆盖率达 42% 以上。校园内现植有近 60 科 140 余属 300 余种乔木、灌木近 3 万株，拥有草坪 5 万多平方米。另外还建成了渊智园、启智园、丁香园、紫薇园、初民广场、学生生活小区、家属住宅小区等多处绿化小区及白腊一条街、银杏一条街等。

山西大学校园环境建设得到了国家、省、市领导的高度评价，自 1987 年被评为太原市首批"园林化单位"以后，几乎每年都被省、市、区政府及相关部门评为"省级文明单位""省级绿色学校""园林化标兵单位""护林防火先进集体""东西山绿化先进集体"等。如今的山西大学校园三季有花、四季常青、绿草围楼、景色秀丽，既是全省高校唯一的一所"省级文明单位"，又是全省"精神文明建设十大标兵单位""十佳文明学校"和省级"绿色学校"，还是太原市"园林化标兵"单位。

几十年来，山西大学始终以改善校园生态环境与校园的对外形象为出发点，以绿化美化为主要手段，力图将校园建设成集文化、生态、景观、休息、娱乐为一体的绿化空间，创造出自然景观，使天、地、人、自然万物相辅相成，达到天人合一的至善至美境界。

山西大学校园环境的总体布局上，将校园分成三个区，北院为历史校园、中间为人文校园、南院为科技校园，各个分区各有特色。

　　北院——历史校园，运用古典式园林的布局手法，体现古老典雅、饱经沧桑的历程。东西走向的渊智北路、渊智南路、睿智路以其古朴沧桑、幽静典雅、郁郁葱葱的植物景观为特色，体现出了山西大学古老而又久经风霜的创业历程。而南北走向的北学士路、步行街、德秀路作为新老交替、从上世纪 70 年代到本世纪的过渡区域，其园林布局、景观设置与植物配置上更是独具特色、变化多端、新奇而又引人入胜。北院共有两个园子一条步行街，一个是渊智园，另一个是丁香园。

　　渊智园。渊智北路与渊智南路因渊智园而得名，行走于树皮斑驳、树冠浓密的刺槐树下，欣赏着人行道绿色草坪砖上红绿相间、巧妙搭配的大叶黄杨与红叶小檗绿篱，加上造型奇特、错落有致、间隔点缀的高桩地柏，不自觉中便进入了山大人引以为荣的绿色生态空间。渊智园为上世纪 80 年代初所建，占地面积 116 万平方米。建园之始，为了将有限的资金投入无限的景观之中，园林建设者们修旧利废，建成了 50 余米的花架一座、凉亭四座，利用本校学生的实习作品建成雕塑两座，利用兄弟院校所赠送的及开荒造林时所间除的苗木完成了渊智园的绿化建设。目前，从花架支柱及顶梁粗细不同、形状各异的斑驳迹象，便可想象出建园者的良苦用心。

　　另外，建园者挖湖堆山，形成了山西大学北院迄今为止唯一的一座人工湖，湖水占地面积 300 平方米。夏季湖心荷花绽放、水草飘浮，成为整个游园中最引人注目的一道景观。所挖出的土方就地消耗，在渊智园的西北与东北角堆砌假山两座，两假山遥相呼应。东北角的山亭为整个游园的至高点，站在亭中俯瞰全园，可见游园采用自然式布局，植物层次丰富、季相鲜明。坐落于游园中间的美术学院在古树围绕、鲜花映衬的灌木丛中与整个游园构成了一个和谐的整体。渊智园中景观多变、环境幽雅，成了全校师生业余休息、锻炼身体的良好场所，同时也为美术学院的学子们提供了良好的写生素材。最近学校又投入资金 40 万元进行了整修，平整的道路铺装、奇特的广场设计、全园绿毯式的草坪、焕然一新的亭台花架、亭园灯的安装等，都给人们提供了一个更加悠闲自在、开阔舒畅的环境氛围。

丁香园，位于北校区图书馆北，经管楼南，原是南花房平房，占地面积1000多平方米，平日里花卉的培育，清洁工具的存放，进进出出的人员，杂乱的平房建筑，对周边教学办公的建筑环境有一个制约。中间两块各色荷兰砖铺成圆形和错落方块，小引路连通并通向各处，木制座椅安置其中，坐在比南部地势高的平台上，看着来来往往的人们，一种悠然自得的逍遥心境，南面局部修建两处台阶踏步，方便人们出走，2米高的丁香灌木丛栽植其间，木槿搭配栽植，白玉兰树一溜儿栽在经管楼南面，同时将经管楼外墙进行浅粉色乳胶漆粉刷，勾勒出窗间"回字"花纹，翻修红瓦绿檐，一幅美妙的画面。

步行街，以体现历经沧桑后又重新崛起的山西大学，以昂扬斗志迎接新的挑战为主要目的。其景观序列以草坪隔离带上拔地而起、雕刻有各种名言警句及校训的石景为主体，用以怀旧并催人奋进。步行街北端"山西大学堂"两边的草坪地上耸立着山西大学的创建人岑春煊与李提摩太之塑像。在鸿猷体育场看台的西墙上，一幅反映山西大学百年建校历史浮雕《百年文脉》，汇集了雕像、浮雕、石头、植物等具有人文气息的小品建筑的学堂路成了山西大学一处可供参观欣赏的精致景点。

两条由红叶小檗、金叶女贞及大叶黄杨组成的流线形绿带，体现出自然和谐且优美的景观效果。每到春夏之交，两边行道树上粉红色的江南槐花挂满枝头，又给人一种清新舒适的感觉。步行街南端的两个盘龙华表，与北端的清末建筑"山西大学堂"遥相呼应。整个步行街在引起人们无限暇思的同时也成了全校教职工夜间散步、业余休息的好去处。驱车从北校门进入，在形体高大、秋叶橙黄的白蜡树的指引下，欣赏着香气浓郁、花色明亮、翠绿欲滴、造型美观的丁香花与大叶黄杨造型，再经过南北院的分界线——树冠遮天蔽日、环境幽雅的睿智路，便进入了山西大学的南校区。

北院学生公寓小区，绿树红墙、绿草围树的公寓楼小区，体现着山大的传统，南院现代公寓楼巍峨高耸，昭示着现代气息，小区内阅报栏、乒乓球台等设施一应俱全，已成为山大学子真情的港湾和驿站。

北学士路及步行街景观特色　北学士路200米长的绿带，将北院拔地而起、耸立于蓝天碧草之间的毛主席塑像与现代化的多功能活动中心紧密地联系在了一起。而铺设着新型花岗岩路面的步行街，在移步换景的各种园林景观的指引下，也将北院古老的"山西大学堂"校门与南院宏伟壮观的文科大楼巧妙地结合在了一起。

中间——人文校园，以初民广场景观特色，沿着两旁长有合欢树的书海路，欣赏着竞相开放的石竹花，在护坡上错落有致的植物配置及山荞麦、爬山虎形成的绿色屏障的指引下，突入眼帘的便是开阔明朗的初民广场（用山西大学第一任校长"邓初民"名字命名）。

初民广场为占地118万平方米的开阔绿地，绿地随坡就势，采用自然地形，解决了南北院的高差问题。初民广场周围巍然屹立着科技大楼、图书大楼及文科大楼，成为广大师生课间休息的绿色空间。广场宽阔的草坪上平地而起的浮雕与钢雕，展示了山西大学的沧桑历程与光明前景。绿毯式的早熟禾草坪上喷灌设施齐全，尤其在阳光普照之时，喷灌的水花如七色彩虹，景色奇特。夜幕降临，光控的礼花灯与时控的草坪地灯时隐时现，另有一番情趣，再加上雕塑周围的花灯，更是风光无限。这一地带作为现代式景观的突出代表，完全采用了现代式园林的表现手法，体现了一个开阔明朗、积极向上，同时又庄严肃穆的文化氛围。

启智园，位于物理楼南面，以太原市市树国槐为行道树的南学士路旁，开辟了一座供南区学生学习的场所——启智园。启智园占地面积3200平方米，整体设计以上世纪50年代栽植、至今保存完好的一株古椿作为景观主体，古椿下扇形的广场上剑石林立，激发着学子们奋发向上。园中树木枝叶扶疏，花灌木及花坛巧妙布置，再加上现代式的水池布局及凉亭的建造，古朴中又渗入了现代式的表现手法，自然式的总体布局而又相对封闭的格局，成为学习的好场所。

紫薇园，位于旧附小楼前，物理学院北，2011年附小搬迁后，将围墙、库房、厕所等附属建筑拆除，同时将围绕图书馆东、物理楼北、东的铁丝网栏杆予以拆除，结合周边环境，包括图书馆东、南面，整个一个大环境，园子建设以绿化为主，以建设开敞的活动场所为宗旨，特别是为保护围墙外14棵大杨树，修改道路方案，进行地下管网改造、拓宽道路、荷兰砖铺设、白绿色路灯安装、大量种植紫薇（百日红）、法桐、白三叶草、木槿等植物，北部地势高差通过三层绿篱收边，东面原有一颗高大柳树，加以保护，为此修建了六角园坛，蘑菇石铺立面，青石板铺上面，周边有青石坐凳，大树周围有塑木圆形坐凳。道路拓宽后，图书馆东9颗树木根基裸露出来，为保护大树，在每颗大树四周砌方形坐台，灰花岗岩贴面，既保护了树木，又给路人提供了休息的地方。

南院——科技校园，当我们走进现代化的艺术楼、环资楼、新南区学生食堂，审视凝结于建筑本身的思维艺术与曲线美感时；当我们顿足于二里河改造景区、艺术楼南中心广场、石拱桥及行车桥，体恤那流转的灵动之美时，我们从心底流露出了许多感叹，但这一切仅是一个结果之美，透过结果去体味那种真正的过程之美时山大后勤基建员工用朴实无华展现给我们一种真切的劳动美、动态美……

作为一所百年老校，山西大学悠久的历史与文化传承高度浓缩在校园环境里，建筑是一种象征，它不仅要包含历史的脉络，同样也要体现时代的气息。

南院运用现代式园林的表现手法，体现生机勃勃、开阔明朗的现代校园景观。整个校园以几条道路作为连接各个区域的纽带，道路绿化作为对外的一道风景线，其特色鲜明、景色多变。沿着道路一路走来，随处可见各个景区镶嵌于其间，景区中花草围楼、绿树成荫、鸟语花香，形成了良好的育人氛围。

来过山西大学的人都知道校园内有一条臭水河，称"二里河"。它是水利部门管辖的一条灌溉支渠，夏天杂草丛生，臭气熏天，人人都掩鼻而过，严重影响山西大学的形象。2004年，学校下大力度决心整治二里河。经过多方协商，在南校区修建灌溉暗渠也就是将二里河覆盖、建立令德水系——

包括令德湖和水渠，经过几个月的奋战，如今的二里河成了人们休闲娱乐的场所。

沿着二里河畔一路走来，只见河水波光粼粼，隐见小鱼徜徉嬉戏。河边栽植草木，远见令德拱桥飞架南北，南岸绿草带将红墙白顶的艺术楼与二里河连接起来，西部起点是一处闸门，几根混凝土柱子连在一起，铸铁闸门锁住污水源头，这是我校治理二里河、建设新南校区的一个缩影。

二里河覆盖以后，在北边修建了一条八米宽的大路，横贯东西，连接南北院，艺术楼东西各有一条混凝土道路，其南部也有一条青荷兰砖铺成的大路，这几条道路形成南校区主干道。艺术楼庭院小青砖铺地，间或红青砖点缀，透出古朴典雅的学府氛围。艺术楼南侧，中心是绿篱花木的大型园坛，向四周辐射以小青砖为主的引路，间或绿篱色块分隔。或通向艺术楼，或连接东西大道，或向南延伸连接楼群。

绿化苗木的种植：道路形成以后，在路边种植行道树，如：国槐、银杏树。音乐厅和消防水池前堆起两座小土山，山上山下栽植各类花草树木：草坪、丁香、连翘、木槿、油松、合欢树、雪松等植物，草木繁盛。

学校还另外开辟了核桃园、毛白杨林、十多种植物混交林、火炬树林、樱花、红叶碧桃林等几个规模较大的生态林区。每年秋季，核桃园给人带来丰收的喜悦。漫步毛白杨林下有如在森林中的感觉。混交林错落有致、层次分明的各色景观，火炬树秋天的红叶及火红的火炬花，樱花及红叶碧桃在春夏之交的繁花似锦，以及在寒冷冬季里红果累累的金银木……都给今日的校园增添了一道道亮丽的风景。

在这里，还必须提一下山西大学为太原市东西山绿化工作做出的突出贡献。当步入太原西山56林班时，就会惊奇地发现，昔日的荒山秃岭已无影无踪，展现在面前的是一望无际的绿海，郁郁葱葱、景色宜人，真可谓早春桃李花香，夏日枝繁叶茂，中秋果实累累，严冬松柏挺拔。这不是仙境，也不是神话，而是山西大学师生经过近20年的艰苦努力，在绿化太原东西山工作中所描绘出的一份毕业答卷。

1964 年，祖国刚刚渡过三年困难时期，太原市就把绿化东西山提上了重要议事日程，给山西大学划分了 133 万平方米的绿化任务。从那时起，山西大学就成立了由书记、校长挂帅的绿化指挥部，动员师生员工进驻西山脚下的芮城村，拉开了绿化西山的序幕。年年春秋两季，上至校长、教授，下至职工、学生，分批轮流上山整地造林。每到植树季节，芮城村就热闹非凡，老乡家都住着山西大学上山植树的人员，食堂就设在姓杨的老乡院里。这些平时手捧书本的教授、学生，住在山里，吃在山里，一干就是一周到半个月，许多人的手上、脚上都磨起了泡，但没有一个人叫苦叫累。生物系有位姓赵的老师，身体不好，但也要坚持上山植树，直至晕倒在山上，才被学生抬了下来……他们就是这样不怕苦、不怕累、顽强拼搏，一直坚持战斗在绿化工地上。

经过三年的突击整地造林，取得了初步成效。满山遍野都挖下了很规则的植树坑，并且大部分栽上了树苗。他们就像抚爱自己的子女一样，抚爱着这些小树苗。天旱了，他们从几十里外拉水上山，一株一株地浇灌，对少数弱小的幼苗，还要遮荫，给予特别保护。他们真不愧是辛勤的园丁！

然而，就在他们干得热火朝天的时候，"文化大革命"开始了，造林绿化也就中断了。已成活的树木因无人管护，火灾、虫害、滥砍等时有发生，老校长、老教授看在眼里，痛在心上，伤心地掉下眼泪。1973 年，市政府恢复了绿化东西山办公室，调整了部分单位的绿化任务，加强了对绿化东西山工作的领导，省城东西山的绿化又有了新的转机。当时，山西大学的绿化任务被调整为 65.7 万平方米。从此，他们重振旗鼓，又踏上绿的征程。每年春、夏、秋三季，都要组织浩浩荡荡的植树大军，上山整地、种植、浇水、管护……

为了加快绿化步伐，提高造林质量，1978 年，他们在总结经验的基础上，针对立地条件差、造林难度大的情况，狠抓了科学绿化。请学校生物系的教授上山勘察，根据气候、土地等自然条件，选择了适宜的树种，对营养袋育苗和栽植技术进行了改进。同时，采取了"先铲荆、后除根，先挖坑、后整形，先植苗、后浇水，夏遮荫、冬避风"的整地造林方法，从而大大提高了造林成活率。市绿化东西山办公室总结推广了他们的经验，许多单位相继到他们的绿化工地参观取经。

党的十一届三中全会后，山西大学对绿化工作更加重视，先后为绿化西山投资 10 万元。经过几年的努力终于出色完成全部绿化任务，在 65.7 万平方米绿化区内，林地面积达到 36 万平方米，拥有松、柏等各种树木 12 万多株。

如今的山西大学校园，绿化率达到 42% 以上，花园、雕塑、人文建筑、广场、灯光在一派绿色中相映成趣，花园式的开放大学的美景佳境吸引着周边群众和全国各地的学子的驻足和向往。

欲把西湖比西子，浓妆淡抹总相宜。漫步于宽广现代的初民广场，流连于草木葳蕤的渊智园，徜徉于幽静古朴的学堂路，悠久的晋文化与综合大学现代文明融洽似水的气息扑面而来，沁入肺腑。置身在美丽的山大校园，我们的心灵也仿佛得到了净化。学校将继承百年传统，坚持以质量求生存、以特色求发展、以改革求活力、以开放求效益的办学思路，努力推进高水平高效益办学的协调发展，建成山西省高素质人才培养、高水平科学研究、高技术成果转化、高层次决策咨询的中心，成为国内高水平、国际有影响的具有地方示范作用的研究型大学。

（选自《高校后勤研究》，作者：卢宇鸿　孔剑平　郝丽华）

二、浅析山西大学校园园林化建设

概况

山西大学位于太原市小店区，东经 112°33′、北纬 30°15′，占地面积51.2 万平方米。校园地势北高南低，南北高差为 1 米，土壤略偏碱性。全年最高气温在 7 月份，极端气温分别为 39.4℃和 25.5℃，春秋干旱，夏季多雨，冬季西北风强劲，地下水位较低，校园缺水严重。

目前校园绿化面积 20.58 万平方米，绿化覆盖率达到 40.2%，有乔木 10193 株、灌木 11001 株、绿篱 6746 延长米，垂直绿化 2438 平方米，草坪 77200 平方米。另外还建成了渊智园、启智园、初民广场、学生生活小区、住宅小区等多处绿化小区。

校园环境得到了省市领导的高度评价，自 1987 年被评为太原市首批"园林化单位"以后，几乎每年都被市委市政府及其相关部门评为"省级文明单位""省级绿色学校""园林化标兵单位""护林防火先进集体""东西山绿化先进集体"等。

校园规划的指导思想与基本原则

（一）规划的指导思想

山西大学的环境建设始终以改善校园生态环境与校园的对外形象为出发点，以绿化美化为主要手段，力图将校园建设成集文化、生态、景观、休息、娱乐为一体的绿化空间，创造出自然景观，使天、地、人、自然万物相辅相成，达到天人合一的至善至美境界。

（二）规划的基本原则

1. 园林景观的布置与周围的建筑环境协调一致；

2. 依照原地形骨架，随坡就势组织景观；

3. 利用原有材料，创造出独具特色的校园景观；

4. 植物选材因地制宜，适当引进景观树种；

5. 植物配置错落有致，平面绿化与立体绿化相结合，考虑到四季的景观效果；

6. 以园林化造园手法，创造人文景观，体现山西大学独特的文化氛围与学术气息。

规划的总体布局与分区结构

（一）山西大学校园环境的总体布局

北院运用古典式园林的布局手法，体现古老典雅、饱经沧桑的历程。南院运用现代式园林的表现手法，体现生机勃勃、开阔明朗的校园景观。整个校园以九条道路作为连接各个区域的纽带，道路绿化作为对外的一道风景线，其特色鲜明、景色多变。沿着道路一路走来，随处可见各个景区镶嵌于其间，景区中花草围楼、绿树成荫、鸟语花香，形成了良好的育人氛围。

（二）分区结构及景观特色

1. 北校区景观特色　北校区东西走向的渊智北路、渊智南路、睿智路以其古朴沧桑、幽静典雅、郁郁葱葱的植物景观为特色，体现出了山西大学古老而又久经风霜的创业历程。而南北走向的北学士路、步行街、德秀路作为新老交替、从 20 世纪 70 年代到 21 世纪的过渡区域，其园林布局、景观设置与植物配置上更是独具特色、变化多端、新奇而又引人入胜。

（1）渊智园景观特色　渊智北路与渊智南路因渊智园而得名，行走于树皮斑驳、树冠浓密的刺槐树下，欣赏着人行道绿色草坪砖上红绿相间、巧妙搭配的大叶黄杨与红叶小檗绿篱，加上造型奇特、错落有致、间隔点缀的高桩地柏，不自觉中便进入了山大人引以为荣的绿色生态空间——渊智园。

渊智园为 20 世纪 80 年代初所建，占地面积 1.6 万平方米。建园之始，为了将有限的资金投入无限的景观之中，园林建设者们修旧利废，建成了 50 余米的花架一座、凉亭四座，利用本校学生的实习作品建成雕塑两座，利用兄弟院校所赠送的及开荒造林时所间除的苗木完成了渊智园的绿化建设。目前，从花架支柱及顶梁粗细不同、形状各异的斑驳迹象，便可想象出建园者的良苦用心。

另外，建园者挖湖堆山，形成了山西大学迄今为止唯一的一座人工湖，湖水占地面积 300 平方米。夏季湖心荷花绽放、水草飘浮，成为整个游园中最引人注目的一道景观。所挖出的土方就地消耗，在渊智园的西北与东北角堆砌假山两座，两假山遥相呼应。东北角的山亭为整个游园的至高点，站在亭中俯瞰全园，可见游园采用自然式布局，植物层次丰富、季相鲜明。坐落于游园中间的美术学院在古树围绕、鲜花映衬的灌木丛中与整个游园构成了一个和谐的整体。渊智园中景观多变、环境幽雅，成了全校师生业余休息、锻炼身体的良好场所，同时也为美术学院的学子们提供了良好的写生素材。最近学校又投入资金 40 万元进行了整修，平整的道路铺装、奇特的广场设计、全园绿毯式的草坪、焕然一新的亭台花架、亭园灯的安装等，都给人们提供了一个更加悠闲自在、开阔舒畅的环境氛围。

（2）北学士路及步行街景观特色　北学士路 200 米长的绿带，将北院拔地而起、耸立于蓝天碧草之间的毛主席塑像与现代化的多功能活动中心紧密地联系在了一起。而铺设着新型花岗岩路面的步行街，在步移景异的各种园林景观的指引下，也将北院古老的"山西大学堂"校门与南院宏伟壮观的文科大楼巧妙地结合在了一起。

步行街的园林景观，以体现历经沧桑后又重新崛起的山西大学，以昂扬斗志迎接新的挑战为主要目的。其景观序列以草坪隔离带上拔地而起、雕刻有各种名言警句及校训的石景为主体，用以怀旧并催人奋进。步行街北端"山西大学堂"两边的草坪地上耸立着山西大学的创建人岑春煊与李提摩太之塑像。两条由红叶小檗、金叶女贞及大叶黄杨组成的流线型绿带，体现出自然和谐且优美的景观效果。每到春夏之交，两边行道树上粉红色的江南槐花挂满枝头，又给人一种清新舒适的感觉。步行街南端的两个磐龙华表，与北端的清末建筑"山西大学堂"遥相呼应。整个步行街在引起人们无限暇思的同时也成了全校教职工夜间散步、业余休息的好去处。驱车从北校门进入，在形体高大、秋叶橙黄的白蜡树的指引下，欣赏着香气浓郁、花色明亮、翠绿欲滴、造型美观的丁香花与大叶黄杨造型，再经过南北院的分界线——树冠遮天蔽日、环境幽雅的睿智路，便进入了山西大学的南校区。

2.南校区景观特色　南校区以东西走向的书海路与南北走向的启智西路、启智东路和南学士路作为纽带，把开阔明朗的初民广场、幽静典雅的启智园和鸟语花香、景色多变的生态园区连成了一个有机的整体，同时也将山西大学近年来蓬勃向上的场面描绘得栩栩如生。

（1）初民广场景观特色　沿着两旁长有合欢树的书海路，欣赏着竞相开放的石竹花，在护坡上错落有致的植物配置及山荞麦、爬山虎形成的绿色屏障的指引下，突入眼睑的便是开阔明朗的初民广场。

初民广场为占地 1.8 万平方米的开阔绿地，绿地随坡就势，采用自然地形，解决了南北院的高差问题。初民广场周围巍然屹立着科技大楼、图书大楼及文理学科大楼，成为广大师生课间休息的绿色空间。广场宽阔的草坪上平地而起的浮雕与钢雕，展示了山西大学的沧桑历程与光明前景。绿毯式的早熟禾草坪上喷灌设施齐全，尤其在阳光普照之时，喷灌的水花如七色彩虹，景色奇特。夜幕降临，光控的礼花灯与时控的草坪地灯时隐时现，另有一番情趣，再加上雕塑周围的四盏射灯，更是风光无限。这一地带作为现代式景观的突出代表，完全采用了现代式园林的表现手法，营造了一种开阔明朗、积极向上，同时又庄严肃穆的文化氛围。

（2）启智园景观特色　在以太原市市树国槐为行道树的南学士路旁，开辟了一座供南区学生学习的场所——启智园。启智园占地面积 3200 平方米，整体设计以 20 世纪 50 年代栽植、至今保存完好的一株古椿作为景观主体，古椿下扇形的广场上剑石林立，激发着学子们奋发向上。园中树木枝叶扶疏、花灌木及花坛巧妙布置，再加上现代式的水池布局及凉亭的建造，古朴中又渗入了现代式的表现手法，自然式的总体布局而又相对封闭的格局，成为学习的好场所。

（3）各生态园区的景观特色　借助于南院围墙的基础种植及各条马路端头的开阔地段，学校还另外开辟了核桃园、毛白杨林、十多种植物混交林、火炬树林、樱花、红叶碧桃林等几个规模较大的生态林区。每年秋季，核桃园给人带来丰收的喜悦。漫步毛白杨林下有如在森林中的感觉。混交林错落有致、层次分明的各色景观，火炬树秋天的红叶及火红的火炬花，樱花及红叶碧桃在春夏之交的繁花似锦，以及在寒冷冬季红果累累的金银木……都给今日的校园增添了一道道亮丽的风景。

结论与建议

山西大学的园林化建设自上世纪 80 年代以来取得了重大的发展，建议今后更应注意与校园历史文化的有机结合。

植物出现老化趋势，在保留一定古木的同时应逐步更新。

植物配置上应注意季相变化与功能的需要，加大垂直绿化力度，利用有限空间增加绿化面积，提高生态效益。

（选自 2003《山西林业科技》，作者：王琰　冯海花）

三、谈谈高校建设中的生态化与园林化

随着知识经济时代的到来，高校扩招政策的实施，我国高校基本建设掀起了一个高潮。如何营建生态化园林化景观和体现高校文脉传承的校园建设，为广大教职工提供一个舒适的教学、科研以及生活场所，是高校基建工作者应认真思考的问题。

建立以草坪、低矮灌木、高大树木为主的多层次、立体感的生态园区

在山西大学图书楼东侧有一处绿林，它虽不算很大，但很有韵味。脚下是草坪，每隔不远高大挺拔的白杨树林和婆娑的柳树点缀其中，一低一高，中间层是桃林，其实是看桃，不能吃的，那真是柳垂金线，桃吐丹霞，高高低低，既应于植物间种照应，又给人一种美感。春天，春风刮过一派繁盛；夏天，桃花盛开，火红一片，白杨树遮挡灼热的日头；秋天，秋风一起，金

黄色的芭蕉叶子纷纷落于脚下，干干净净回归大地；冬天，雪花给草坪盖上一层厚厚的棉被，挂在树梢，冰清玉洁。一年四季风景各异，给人以享受。像这样的"豆腐块"树林在山西大学北区还有多处：生物楼东侧、南操场北侧等。所以建筑物四周，不必拘于形式，基底可以铺草坪，但草皮只是一个衬托，相间有一些鲜亮颜色，色彩各异的低矮灌木，易活，好侍养，再想高的话，还可栽种一些高大伟岸的树木，如北方常见的诸如洋槐、杨树等。柳树很好看，只是春天柳絮飘飘，与人不便。就是说层次分明、错落有致、颜色鲜亮的多层次立体交叉绿化格调是校园绿化建设的基调。

来过山西大学的人都知道校园内有一条臭水河，称"二里河"。它是水利部门管辖的一条灌溉支渠，夏天杂草丛生，臭气熏天，人人都掩鼻而过，严重影响山西大学的形象。今年，经过多方协商，学校下大力度决心修治"二里河"。经过几个月的奋战，如今的"二里河"成了人们休闲娱乐的场所。

沿着"二里河"畔一路走来，只见河水波光粼粼，隐见小鱼徜徉嬉戏。黑色草坪灯柱立于河边，远见彩虹拱桥飞架南北，南岸绿草带将红墙白顶的艺术楼与二里河连接起来。艺术楼庭院小青砖铺地，间或红青砖点缀，透出古朴典雅的学府氛围，整个图面在河水的映衬下交相辉映，甚是好看，这是我校治理"二里河"、建设新南校区的一个缩影。

艺术楼南侧，中心是下沉式喷泉池，向四周辐射以小青砖为主的引路，或通向艺术楼，或连接东西大道，或向南延伸连接拟建楼群。目前已建成轮廓，山西大学新南校区的建设，应坚持硬化与绿化结合，两者相辅相成，互相照应这一原则。"二里河"的改造成功，成了典范，充分体现了生态化、园林化建筑的两个共生：人与自然的和谐共生、科学、信息技术与人文相互融通共生。

建筑物已建成，基本的道路轮廓已形成，钢筋混凝土结构需要装潢来掩饰、美化。同样庭院建设需要绿化、硬化来完善。在满足人们使用功能的前提下，硬化当然越少越好，绿化自然越多越好。

在新建南校区，依地势，道路两边选种一些尊贵大方、不乏美丽的树种，宁静典雅，法国梧桐是一个很好的选择。比如：蓝桥以南 10 米宽的马路，艺术楼两侧 8 米宽的大马路，二里河北岸新建马路，等等。作为沟通前二者的东西大道（艺术楼南侧），配合楼群周边环境，可种植合欢树，粉色的小绒花娇艳无比。显得整个喷泉景观很有动感、立体感、层次感，配合艺术楼红白相间的色调。喷泉景观四周不要一马平川全是草坪，那样就有点儿呆板。

音乐学院、美术学院坐落于美丽的"二里河"畔，加上以后拟建的两区体育学院及场馆等，新南校区的建设以音体美为主调，东区是万人餐厅和学生公寓，主旋律美丽、活泼、好动。广场及庭院的美化应具艺术性，动静相宜，色调能激发人的创作激情，大胆前卫。可能的话，种植一些名贵花木、树种，打造一个承前启后的精品工程。

建设具人性化、人文精神的生态园区

不论是建筑物，还是庭院建设，处处围绕着一个主题：以人为本。多从人的角度去考虑如何创建一个具人性化、人文精神的园区。做好校园绿化，不应局限于人的行为活动。不管是建一片绿地也好，封一片也好，都应做到人融入绿，绿色衬人。否则，人就不能与绿亲密接触，这就违反了人与自然和谐共一的原则。

在建设新南校区的过程中，不可避免地要遇到原有树木与拟建筑物之间的矛盾。是留是去，没有定论。作为一个好的建筑师会利用原有环境树木、地形、地貌等营建他的作品，既不破坏环境又能达到他的目的。

二里河畔原有几棵槐树，估计有几十年的树龄，取掉它们，沟通河畔无可厚非，但取后巧妙结合，既保护了大树，又使得二里河畔湖显得生机勃勃。

在合适的地点，可以设一片各有特色的绿苑，形如校北区的核桃园等。或是在纪念特殊意义的日子里，种一些有特殊意义的树种，可留做长久纪念，学校应该留有学生的痕迹，让学生教师共建"师生林"。或是让南方与北方结合起来，建"竹园"。形成一个小小的苏州园林，让江南风光在北方地区永驻，让人真正参与绿化工作而乐此不疲。在校园、庭院里，点缀些雕塑，小巧而有意义，彰显文化底蕴。

综观山西大学"二里河"景观建设的经验，及其他高校新建、扩建的战略，引发了从事高校基本建设专业人士营建绿色校园的思考。

回归自然，做到两个"共生"

人类的活动千差万别，有一点是肯定的，那就是人类和大自然息息相关，只有按照大自然的发展规律行事，人类活动才能上升到更高层次。所以高校建筑首先要体现人与自然的和谐共生，再上升到科学、信息技术与人文互融共生。建筑活动要紧贴其建筑的地形、地貌去布置，不要刻意追求奢华，校园绿化覆盖要达到50%，尽可能多地利用自然元素。

人类科技活动和建筑物功能有关系，有什么样的科技活动，就有相应的建筑物相配，同时承载特定的历史阶段及文化。各时代所具人文精神也不同，它和每个国家、每个民族的文化发展史有关系。所以，每一幢建筑物及校园建设要充分反映科技与人文精神，要做到物质和精神相统一。

生态建筑与可持续发展

生态建筑与可持续发展的实质就是尊重大自然、尊重人类，使二者融会贯通，互为影响。生态建筑有两方面的含义，其一是回归大自然，其二是减少能耗。它和前述所说两个"共生"是一脉相承，都有其共性那就是自然与人的和谐。

可持续发展是指发展既满足目前当代人的需要，又不至于对后代人的需要构成威胁。它有两个方面，一是需要，二是限制。所以降低能耗，消除污染，保护环境是高校基建行业人士义不容辞的责任。

绿化中体现校园的文脉传承

绿是大自然的精髓，是生命之源，有了它人类活动才有希望，才会充满活力。视觉上可以养眼，功能上是地球食物链的第一链。在高校园区建设中，它可以衬托、美化、掩饰建筑物。每一高校都有其自身的发展史，有其深厚的文化底蕴和内涵，有其自己的独特个性，各基建人士结合自己高校校园的地理环境特点，发挥自己的聪明才智，借鉴兄弟院校的建设经验，打造一个绿色校园，给教学科研活动、生活活动创造好的环境。

功能建筑物组成校园的基本轮廓，而绿色是包围在各功能建筑物上，形成一幅动静相宜的、色彩绚烂的天然国画，同时又是一首充满激情的诗歌，也是一首催人奋进的歌曲。绿色赋予建筑之生命，校园之灵魂，做好新建校区的绿化工作是每一个"园林师"永恒的主题。

（选自 2005 年《山西建筑》，作者：任荣华）

四、谈谈高校学生公寓的园林小区建设

创建和谐社会，是当前和未来的全球化的主题。其核心内容是人与自然的和谐。作为城市规划和校园建设是和谐社会的一个很直观的内容。大到一个国家，小到一座城市，都有它们各自独特的风格和格调，是现代化的，还是古典的，以及折中式的，无不从它的自然景观、人文景观、城市规划建设无一遗漏地表现出来。建设的内容有宫殿、庙宇、陵墓、古城、园林、绮丽山川等，它们或多或少，直接或间接影响我们的生活和生活质量。作为建设规划者，他的设计理念思路要和周围的环境地形地貌、当地的风俗习惯、社会大环境接轨，具体操作者要结合当地实际情况，以人为本，以自然为本，以精而不奢的原则实现自己的创作实践。

　　同样，建筑物和它的庭院建设也有一个和谐统一的创作理念。建筑文化是一门综合艺术，庭院即园林文化也是一门博大精深的综合艺术。二者相辅相成，都具深厚的文化功底。建筑群落的布局与周遭的道路、水系、荷花池、操场、花卉苗木、雕塑、灯光、颜色等形成一个趣味实足的有机整体，从而达到一种可居、可游、可赏的宜居悠闲场所。在这里人与自然和谐共处，相映成趣，情操得以提升，环境好了，人的素质高了，人们会自觉地维护环境。别样的诗情画意，使人达到恬淡自如，宁静致远，物我两忘的境界，天人合一，这正是5000年来中国传统建筑和现代建筑所追求的最高境界。

　　在山西大学的校园里，有一回忆历史、展望未来的校园美景，可谓是一处生趣盎然的园林。靠近校园西部，从北到南林立着二十来栋学生公寓，二层、三层至六层不等。其中十多栋是20世纪五六十年代建起的，它们坐北朝南，体现人的尊严，夏天呼吸温暖潮湿的空气，冬天遮挡寒冷的西北风，是一处歇脚的港湾。木构人字顶，二三层砖混结构，灰瓦红墙，尺度适宜的窗口，非常简约，各建筑前庭十分宽敞，经过几十年的风云变幻，深厚的文化内涵已悄悄渗透每一方寸之间。楼前高大的国槐、蓬松的丁香、脚踏的草坪及闲适的桌凳，建筑和庭院交相辉映，楼与楼之间的栅栏围墙掩映在绿色的山荞麦下，院门或圆形、或花瓶形、或多边形，院中小径弯弯曲曲通向人生舞台，各类四时花卉掩映其中，显得古朴隽永，富有诗意。从步行街一路走过去，仿佛一幅随着脚步声徐徐展开的锦绣画卷。该建筑群其外部环境北接小花园，其间的蝴蝶谷、假山、长廊、四季花卉树木古朴雅致，东临历史步行街和塑胶大操场，南倚12层文科教学大楼，植被葱茏，色泽鲜明，常年空气清新，建筑物疏密相间，空间层次丰富，精巧讲究，布局灵巧，极尽园趣，正如一本书中所描绘江南园林的词语"秀得典雅，美得娇媚，平淡疏朗，自然朴素"，仿佛一幅大写意山水画，人在其中，如在画中，精致的建筑，古朴的环境，鲜艳的色彩，浓浓的笔墨，这就是一幅流动的山水画，而且是立体的，世纪钟的悠然钟声，带着美好的期盼，伴随着一代又一代学子们度过了求学的时光。

园林小品的形式是多种多样的。从北到南，从东到西，无不烙上时代和地域的痕迹。热河怀古，苏园寄情，曲阜拜圣，布达拉之缘，香格里拉之风，茶马古道。曾经的繁盛，寓情于景，情景交融，留下多少遐想的空间。拙政园中小亭，上面匾额"与谁同坐轩"意境深远，取苏东坡的《点绛唇·杭州》词："与谁同坐，明月清风我"，其中的情愫丝丝在手；雾香去蔚亭的楹联"蝉躁林愈静 鸟鸣山更幽"这活脱脱一个空空道人的禅意；孔府大门上的一副蓝底金字对联"与国咸休安富尊荣公府第 同天并老文章道德圣人家"，天下第一人家，牛气冲天。"画中有诗，诗中有画"，超凡脱俗，意境深远表现在手法上运用对比、寓意、衬托、对景、借景等，有一些元素在里面：山、水、花、树、亭、台、楼、阁、雕、联、石、光、影，等等。当然，这些元素不一定全用上，随便拿几个揉在一个有限的空间里，注入了全新的无限的空间感受和意境，映衬着精致的建筑物极富韵律感，互相赋予了生命，有了灵气，就像大艺术家画画，给笔墨充盈了鲜活的格调，寄情于山水之间。

有了以上建筑与园林的理解，下面一处山西大学新建学生公寓的庭院建设就有了基调，建设一流的学校，当然包括建设一流的建筑物和园林，它们是大学文化不可或缺的一部分。流经山西大学南院一条灌溉支渠约有600多米（山大段），过去渠里流淌着浇灌水，难免有一些下水随着流下来，到了夏天气味熏人，渠两边杂草丛生，人们掩鼻而过怨声载道。现在好了，经过改造，变成一条清清水渠，上架彩虹石拱桥和平板桥，渠边令德湖里飘着荷花。为山西大学校园建设增色不少，有了水，就有了灵气。坐落在渠的东部北岸是一片学生公寓规划区，分为三大排：东排——正在建设6栋楼（今年交工）；中排——已使用5栋楼（2000年交工）；西排——拟建3栋楼，另中西两排之间加着一栋楼，也就是说共计15栋学生公寓，容纳1万多人在里面。好大的庭院，兼有生活区及活动区，该如何建设？既富有亲切的生活气息，又是一个释放青春活力的场所，又是一个陶冶情操、丰富内涵的地方，应该说建设园林化小区是它的总的宗旨，而且是非常人性化的，开放性的，自由化的。

已使用的中排有 5 栋学生公寓，乳白色的主体外观凹凸有致，窗口玲珑小巧，北二排坐北朝南，南三排坐南朝北，中间拥着一片篮球场，众星捧月，仿佛一只巨大的天眼，巡视这人间的喜怒哀乐，悲欢离愁。楼与楼之间没有栅栏围墙，很开放的。庭院的建设有一定的绿化、硬化，楼前六角路，再前是草坪，比较呆板单调，空间不够丰富。也就是说仅仅具备了可居的功能，可游、可赏的境界远远没有达到。东排有 6 栋学生公寓，其中 4 栋今年交工，但这 6 栋楼的建设风格是一致的。外表平整，多变的阳台，两边全封闭，六层通长不锈钢管阳台拦板，一至五层水泥板和不锈钢管共同组成阳台拦板，再加上墨绿色的门联窗口，拦腰一圈砖红色，底部顶部阳台乳白色外墙涂料，大门口一层蘑菇石材，使得整个楼从远处看起来非常潇洒，造型美观大方、灵巧、清新。它们两两面对面，背靠背，间距 30 多米，组成 3 个大庭院，西排有拟建 3 栋学生公寓，方案还没有定，但庭院是一定要有的。因为建筑物正在施工过程中，还没有成形，所以思路很开阔。前面说了建筑园林小区宗旨既然是开放性的、人性化、自由化的，那么它的园林元素应该运用的很自由、很个性化。建筑物外观造型一致，外墙是否用颜色区分。一个庭院一种风格，一种思路，并和建筑物的外形颜色搭配一致。小亭、曲径、石、雕、灯光等都可以用上，当然高大的树木是不可或缺的，适合北方生长的比如白杨树、国槐、柳树、松柏等，生长快，短期见效，均可栽植，地方允许的话，可以建若干片小树林带、花卉区。高大树木、低矮灌木、小块草坪三者结合起来现成一个巨大的天然氧仓，净化我们周围的空气。四季花卉可以美化我们的生活，培养我们的美感，春访桃花，夏观荷，秋赏枫叶，冬瞻松。这里或缺的我想应该是"雕"了，雕塑在园林建设中起画龙点睛的作用，往往有事半功倍的效果，构思简明，错落穿插，布局和谐，凝重高贵。材料多种多样，信手捻来：木、石、砖等，主题丰富多彩："岁寒三友"——松、竹、梅图案；取自浙江千岛湖天清岛的人生三乐石——得一者知足常乐，得二者助人为乐，得三者自得其乐和四君堂——有梅之铮铮傲骨，有兰之清雅隽永，有竹之高风亮节，有菊之悠然自得；人物形体造型或抽象体等不拘于此。不高的庭院灯柱古色古香，点缀其中。合适的地方题点文字或楹联，不失为文化氛围，显得幽深雅静。地面小青砖、火烧板、青石板等交替铺设，整个画面简洁明朗，疏密有致，清净宜人，庭院内散置桌椅，供学生们或坐或立，或读或写，他们就是一道令人心旷神怡的流动风景。背靠背的小院可以安排体育活动场所，乒乓球台面，羽毛球区域，单双杠及引体向上等器材，供学生们活动锻炼。偌大的园子可围可不围，围起来安全，有统一的进出口，花栏围墙亦真亦幻，隔段的灯球忽隐忽现，增色不少。不围起来自由，和大环境接壤，融为一体。南面 10 米宽的大马路，"二里河"河水清清，小鱼游弋嬉戏，湖里荷花点点，万人餐厅，高层住宅的兴起，各种名木郁郁葱葱；东面开发商新建的造型各异的住宅楼，西面和原公寓相望的大操场。好风景，好地段。精致的园子，需要精心的构思，不必奢，只求精。

建筑文化和园林文化是大学文化组成的一个积极因素，它们在学校学科建设中的作用是不可估量的，可以提升学校的历史价值、人文价值，丰富其内涵、彰显文化底蕴。在以研究学习型为宗旨的学校建设中，它们将释放更大的能量。

（作者：任荣华）

附　录

附录一：

山西大学校址变迁

校名		地址	经历时间	备注
山西大学堂	中学专斋	太原文瀛湖贡院	1902.03—1904.09	校部、中斋所在地
	西学专斋	太原皇华馆	1902.05—1904.09	供西斋讲课用
	中学专斋	太原侯家巷	1904.09—1912.02	新校址建成，两斋同时迁入
	西学专斋	太原侯家巷	1904.09—1912.02	
山西大学	校部	太原侯家巷	1912.02—1937.08	民国元年取消两斋
	法学院	平遥县	1937.08—11月初	1937年"七七事变"，因日机轰炸停课
	理学院	临汾县		
	工学院	临汾县		
	文学院	运城县		
山西大学		陕西省三原县女子中学	1939.11—1941.10	恢复山西大学
		陕西宜川秋林镇虎啸沟	1941.10—1943.02	
国立山西大学		山西吉县克难坡	1943.02—1943.06	1943年6月改为国立大学
		陕西宜川秋林镇虎啸沟	1943.07—1945.12	
		陕西省韩城县	1945.12—1946.03	
		太原侯家巷	1946.03—1948.12	
		北平东交民巷	1948.12—1949.05	供学生上课与住宿用
		北平东华门南夹道北平驱园公会	1948.12—1949.05	校本部
山西大学		太原侯家巷	1949.05—1953.12	
山西师范学院		太原南郊坞城路	1954.01—1961.06	1953年工、师、医三院分别独立建院，至此山西大学建制暂告撤销
山西大学		太原南城区坞城路	1959.09—现在	1959年重新恢复山西大学建制

附录二：

山西大学基建费投资建筑已被拆除的项目统计表

建设时间（年份）	建筑名称	幢数	建筑面积（m²）	建设时间（年份）	建筑名称	幢数	建筑面积（m²）
1953	教工宿舍甲 12 户	6	716	1953	收发传达室	2	104
1953	教工宿舍乙 72 户	36	3456	1953	大锅炉房	1	221
1953	教工宿舍丙 72 户	12	1635	1953	体育教室	1	120
1953	教工宿舍丁 36 户	6	628	1953	幼儿园教室	1	164
1953	教工宿舍丁二 10 户	2	175	1953	新区厕所	2	119
1953	化学楼	1	1187	1953	新区家属宿舍楼甲 36 户	8.5	1448
1953	南图书馆	1	1136	1953	新区家属宿舍楼乙 40 户	10	1375
1953	地震台	1	42	1953	学生浴室	1	299
1953	地震台	2	68	1953	收发校警室	2	98
1953	宿舍传达室	1	68	1953	水塔锅炉房	1	153
1953	配电室	1	67	1953	杂用房	1	204
1953	盥洗室	1	389	1953	杂用房	1	124
1953	医疗室	1	186	1953	第一茶炉房	1	62
1953	医疗室	1	172	1953	第二茶炉房	1	42
1953	家属浴室	1	102	1953	露天讲台	1	229
1953	合作社	1	119	1953	第二锅炉房	1	194
1953	合作社	1	191	1953	宿舍区锅炉房	1	162
1953	幼儿园	1	220	1953	汽车库	1	508
1953	汽车库	1	93	1953	油库	1	62
1953	办公室茶炉房	1	21	1953	第五锅炉房	1	725
合计			10671	合计			6413

续表

建设时间（年份）	建筑名称	幢数	建筑面积（m²）	建设时间（年份）	建筑名称	幢数	建筑面积（m²）
1953	厕所	3	136	1953	海南岛宿舍楼	1	2193
1953	宿舍区厕所	4	185	1953	海南岛锅炉房	1	46
1953	宿舍区厕所	1	28	1953	海南岛饭厅	2	637
1953	图书库	1	651	1953	小学校		1423
1953	温室	1	66	1957	印刷厂	1	123
1953	宿舍区锅炉房	1	85	1957	理疗室	1	103
1953	汽车库宿舍		661	1957	实验室	1	154
1953	南配电室		208	1958	数学系小房		42
1953	新教学楼二层西部		1000	1958	北门平房		105
1953	二灶后边小二楼	1	900	1958	合作社		142
1953	学生北拐角楼	1	1573	1958	幼儿园		140
1953	学生南拐角楼	1	1573	1958	浴室		164
1953	二灶	1	4017	1959	南墙物理工厂		217
1953	小饭厅		1128	1959	化学实验室		119
1953	第四锅炉房	1	800	1959	三食堂		287
1953	游泳更衣室		300	1959	回民灶		126
1953	游泳池		1709	1959	山大小食堂		106
1953	南大锅炉房		1782	1959	磨坊		91
1953	设备库房		200	1960	幼儿园		90
1953	新甲型宿舍		1572				
合计			18574	合计			6308

续表

建设时间（年份）	建筑名称	幢数	建筑面积（m²）	建设时间（年份）	建筑名称	幢数	建筑面积（m²）
1977	幼儿园		286	1979	南院厕所		105
1977	化学实验室		75	1979	菜窖		390
1977	配电室		108	1979	库房		196
1978	一号泵房		30	1979	小学校库		180
1978	二号泵房		25	1980	花房		77
1978	泵房修理间		95	1980	西门传达室		31
1978	泵房内传达室		31	1980	蜂窝煤棚		240
1978	体育器材库		102	1980	南门传达室		24
1978	武器库		48	1980	菜肉门市部		95
1978	泵房内厨房		8	1980	生物实验室		172
1978	小学茶炉房		40	1981	南茶炉房		178
1978	北库小厨房		7	1981	小饭厅增盖房		192
1978	化学实验室		165	1981	配电室		228
1978	化学实验室		252	1981	泥工房		54
1978	汽车房宿舍		165	1981	水泵房		45
1978	汽车库		82	1981	三轮车房		24
1979	大饭厅增建		76	1981	临时锅炉房		50
1979	教工灶增		124	1982	第一锅炉房		451
1979	代营灶增		20	1982	木工房		288
1979	第三锅炉房		63	1982	休息室		60
合计			1802	合计			3080

续表

建设时间（年份）	建筑名称	幢数	建筑面积（m²）	建设时间（年份）	建筑名称	幢数	建筑面积（m²）
1982	生物实验室		132	1983	专家楼车库		14
1982	三号泵房控制室		82	1983	专家楼水泵房		12
1982	二灶锅炉房		56	1983	服务公司小吃部		54
1982	小花园温室		220	1983	教材科库房		39
1982	第一锅炉房出渣室		30	1983	服务公司门市部		241
1982	第一锅炉房澡堂		24	1983	北围墙房		290
1982	教工灶小炒房		20	1983	电话交换楼		204
1982	第三临时锅炉房		30	1983	第四锅炉房化验室		20
1982	专家临时休息室		12	1983	体育馆增加二层	20	300
1983	新建泥工棚		100	1984	大操场厕所	8	117
1983	蜂窝煤门房		28	1984	家属区厕所	8	104
1983	生物饲料室		8	1984	幼儿园小楼	18	510
1983	化学系加热房		26	1984	专家楼锅炉房	3	55
1983	南门传达室		29	1984	第五锅炉房库房	3	45
1983	印刷厂库房		50	1984	小饭厅后边厕所	2	20
1983	南北区补空		458	1984	北墙小厕所	2	15
1983	二灶锅炉房		46	1984	乙型东楼土厕所	3	30
1983	新木工房库房		83	1984	第四锅炉房鼓风机房	3	45
1983	蜂窝煤棚		150	1984	花园泵房	2	50
1983	新建泥工房		83	1984	第一锅炉房盐房	1	6
合计			1667	合计			2171

建设时间（年份）	建筑名称	幢数	建筑面积（m²）	建设时间（年份）	建筑名称	幢数	建筑面积（m²）
1984	第四锅炉房值班室	2	30	1985	家属区南区厕所	4	52
1984	理发店改灶房	1	28	1985	大操场泵房	1	16
1984	北张小吃部	1	12	1986	商业网点门市部	26	379
1984	生物楼翻盖二层	5	200	1986	澡堂锅炉房		226
1985	物理系工厂	6	153	1986	体育库房二层上下	10	226
1985	体育馆东平房	5	182	1986	第二锅炉房洗衣房	3	50
1985	体育灶库房	1	24	1986	物理平房	18	140
1985	电石库房	1	10	1986	四号泵房	3	29
1985	第五锅炉房淋灰房	2	30	1986	小花园加压泵房		0
1985	农民小灶房	2	45	1986	海南岛宿舍门房	2	27
1985	南泵房内平房	2	36	1986	专家楼洗衣房	1	8
1985	二号深井平房	1	16	1986	南院污水泵房	2	18
1985	书库		400	1986	海南岛土厕所	3	32
1985	海南岛平房	2	24	1986	南门房	2	20
1985	配电室	4	70	1987	西校门自行车棚	5	70
1985	化学蒸馏水房	7	136	1987	北校门自行车棚		100
1985	南大饭厅前厕所		50	1987	发电机房	5	132
1985	艺术楼琴房教室		8	1987	小饭厅		15
1985	汽车队茶炉房	1	16	1987	物理楼自行车棚		180
1985	汽车队传达室	2	32	1987	南区东厕所		46
合计			1502	合计			1766

续表

建设时间（年份）	建筑名称	幢数	建筑面积（m²）	建设时间（年份）	建筑名称	幢数	建筑面积（m²）
1987	第四锅炉房盐房	1	12	1989	环保系自行车棚		200
1987	化学系药品库	1	8	1989	游泳场附属平房	7	110
1988	新建澡堂茶炉房	2	53	1989	第七锅炉房		91
1988	西边蒸汽锅炉房	7	176	1991	小学校教室	6	120
1988	南院室外厕所		110	1991	小学校门房	2	30
1988	小学校室外厕所		55	1991	第四锅炉房卷扬机房	2	30
1988	化学楼自行车棚		228	1992	游泳场泵房住人房	2	30
1988	学生二灶面食馆	5	100	1992	第一锅炉房澡堂	2	36
1988	二灶猪圈小房	1	24	1992	第一锅炉房临时工房		57
1988	学生一灶面食馆	12	240	1992	西门小二楼上下	10	222
1989	南配电值班室	2	30	1992	动力科办公室	3	83
1989	游泳场门房	2	30	1992	汽车库	6	173
1989	一灶后边水箱房	2	30	1992	旧取水间放射室		200
1989	二灶豆腐坊	5	90				
合计			1186	合计			1382

附录三：

山西大学 1953 年—2002 年逐年完成基建投资统计表

年份	完成投资（万元）	年份	完成投资（万元）	年份	完成投资（万元）
1953	222.1	1976	4.9	1999	1423.6
1954	84.5	1977	24.8	2000	4250.9
1955	57	1978	42.2	2001	4100
1956	104.8	1979	252.8	2002	4400
1957	58.5	1980	260.3		
1958	30.9	1981	248		
1959	110.5	1982	254.6		
1960	113.2	1983	310.9		
1961	156.4	1984	277.9		
1962	47.2	1985	894.7		
1963	37.5	1986	594.4		
1964	42.7	1987	605.7		
1965	25.4	1988	320.7		
1966	3.6	1989	636.7		
1967	0.6	1990	576.4		
1968	0.6	1991	659		
1969	0.6	1992	647		
1970	0.6	1993	1191		
1971	0.6	1994	2978		
1972	9.6	1995	3084		
1973	19.6	1996	1480		
1974	19.1	1997	2039		
1975	4.8	1998	2897		

附录四：

山西大学 1953 年—2011 年逐年基建项目统计表

年份	项目	幢	层	建筑面积（m²）	投资（万元）	备注
1953	行政办公楼	1	2	1292	12.3	
1953	地理教学楼	1	2	1814	13.8	
1953	化学实验楼	1	2	1137	10.6	
1953	南图书楼	1	2	1136	10.5	
1953	学生宿舍楼	1	2	1440	10.8	
1953	学生宿舍楼	1	2	1440	10.8	
1953	学生宿舍楼	1	2	1440	10.8	
1953	学生宿舍楼	1	2	1440	10.8	
1953	小饭厅	1	1	1128	9	
1953	地震台	1	1	42	0.3	
1953	配电室	1	1	67	0.8	
1953	盥洗室	1	1	389	5.4	
1953	医疗室	1	1	186	1.2	
1953	医疗室	1	1	172	1.1	
1953	家属浴室	1	1	102	1.4	
1953	库房	1	1	191	1.3	
1953	合作社	1	1	119	0.3	
1953	幼儿园	1	1	210	2.8	
1953	汽车库	1	1	93	0.9	
1953	茶炉房	1	1	21	0.2	
1953	家属浴室	1	1	102	1.4	

续表

年份	项目	幢	层	建筑面积 （m²）	投资 （万元）	备注
1953	宿舍传达室	2	1	68	0.5	
1953	杂用房	2	1	68	0.8	
1953	室外厕所	4	1	213	1.3	
1953	家属区厕所	4	1	136	2.6	
1953	家属宿舍楼甲	6	1	716	5	
1953	家属宿舍楼乙	36	1	3456	25	
1953	家属宿舍楼丙	12	1	1635	10.6	
1953	家属宿舍楼丁一	6	1	618	4.2	
1953	家属宿舍楼丁二	2	1	175	1.1	
1954	图书楼书库	1	3	651	4.7	
1954	生物楼	1	2	1986	16.3	
1954	学生楼	1	3	2181	17.2	
1954	家属东拐角楼	1	2	1436	10.1	10 号 18 户
1954	家属中楼	1	2	1048	7.3	9 号 12 户
1954	家属西拐角楼	1	2	1435	10.1	8 号 18 户
1954	温室	1	1	66	0.4	
1954	收发室	2	1	104	0.5	
1954	汽车库	1	1	93	0.5	
1954	宿舍锅炉房	1	1	85	0.6	
1954	大锅炉房	1	1	221	4	
1954	教工宿舍	1	1	432	2.6	
1955	平顶楼	1	2	2244	20.1	
1955	体育教室	1	1	120	0.8	

续表

年份	项目	幢	层	建筑面积（m²）	投资（万元）	备注
1955	幼儿园教室	1	1	164	0.7	
1955	学生大饭厅	1	1	1944	14.6	
1955	学生一楼	1	2	1401	7	
1955	学生浴室	1	1	299	2.1	
1955	新区厕所	2	2	119	0.6	
1955	新区家属楼甲	8.5	1	1448	7.2	
1955	新区家属楼乙	10	1	1735	8.7	
1956	主楼	1	3、4	5584	43.8	
1956	学生楼	1	2	1401	7	
1956	学生楼	1	2	1573	7.9	
1956	学生楼	1	2	1573	7.9	
1956	收发室	1	1	98	1	
1956	水塔锅炉房	1	1	153	3	
1956	杂用房	10	1	204	0.8	
1956	茶炉房	16	1	104	0.4	
1957	单身宿舍楼	1	3	2193	11.2	
1957	单身宿舍楼	1	3	2193	11.2	
1957	风雨操场	1		1687	14.1	
1957	教工俱乐部	1	1	731	5.2	
1957	教工食堂	1	1	638	3.7	
1957	露天舞台	1	1	229	2.7	
1957	锅炉房	1	1	194	1.1	
1958	图书馆	1	4、6	5439	32.1	

续表

年份	项目	幢	层	建筑面积（m²）	投资（万元）	备注
1959	单身教工楼	1	3	2193	11.8	
1959	单身教工楼	1	3	2193	11.8	
1959	甲型住宅楼	1	3	1478	13.3	4 号 12 户
1959	甲型住宅楼	1	3	1478	13.3	5 号 12 户
1959	甲型住宅楼	1	2	985	10	7 号 8 户
1959	乙型住宅楼	1	3	1844	11	1 号 18 户
1959	乙型住宅楼	1	3	1844	11	2 号 18 户
1959	教工澡堂	1	2	658	9	
1959	住宅锅炉房	2	2	162	1.3	
1960	物理楼	1	4、5	10498	174.7	
1960	学生宿舍楼	1	4	3748	26.4	文瀛十四斋
1960	学生宿舍楼	1	4	3748	26.4	文瀛十五斋
1960	南大饭厅	1	1	4017	38.2	二灶
1960	汽车库	1	1	508	5.4	
1960	油库	1		62	0.7	
1960	第五锅炉房	1		725	34.3	
1960	烟囱	1		40	3.9	
1960	教学仪器厂					海南岛区
1960	宿舍楼	1	3	2193	17.2	
1960	饭厅	1	1	637	4.5	
1960	锅炉房	1		46	1.6	
1977	艺术楼	1	3	2970	40	
1979	大板楼	1	5	3087	52.9	29 楼 60 户

续表

年份	项目	幢	层	建筑面积（m²）	投资（万元）	备注
1979	大板楼	1	5	3087	52.9	26 楼 60 户
1979	大板楼	1	5	3087	52.9	31 楼 60 户
1979	汽车库宿舍	1	1	661	6.5	
1979	南配电室	1	1	208	2.5	
1979	计算机楼	1	2	626	27.5	
1980	新教学楼	1	2、4	4188	87.3	二办
1980	南院学生楼	1	4	3887	45.1	文瀛十三斋
1981	专家楼	1	3	2159	65.5	
1981	大板楼	1	5	3087	63.6	30 楼 60 户
1981	大板楼	1	5	3087	68.7	27 楼 60 户
1981	北院学生楼	1	4	3465	43.2	文瀛七斋
1981	招待所楼	1	4	3043	48.3	
1982	澡堂楼	1	3	1192	35.8	
1982	第四锅炉房	1	1	800	28.8	
1983	化学实验楼	1	4、6	8270	290.9	
1983	家属 15 楼	1	5	3700	60.2	28 楼 50 户
1983	家属 16 楼	1	4	3071	54.6	35 楼 40 户
1984	专修楼	1	5	4768	81.5	
1984	家属点式楼	1	4	735	13.1	34 楼 8 户
1984	独生子女楼	1	5	2385	42.5	36 楼 45 户
1984	独生子女楼	1	5	795	14.2	37 楼 15 户
1984	独生子女楼	1	5	795	14.2	38 楼 15 户
1985	讲师楼	1	5	3579	62.5	25 楼 50 户

续表

年份	项目	幢	层	建筑面积（m²）	投资（万元）	备注
1985	讲师楼	1	5	3579	63.2	26 楼 50 户
1985	讲师楼	1	5	3579	64.2	41 楼 50 户
1985	讲师楼	1	5	3579	54.1	44 楼 50 户
1985	讲师楼	1	5	736	12.8	3 楼 10 户
1985	教授楼	1	5	3643	66.3	42 楼 40 户
1985	教授楼	1	5	3643	66.3	43 楼 40 户
1985	教授楼	1	5	3643	66.3	39 楼 40 户
1985	教授楼	1	5	3643	66.3	40 楼 40 户
1986	生物环保楼	1	5	9014	378.2	
1986	留学生楼	1	4	1708	36.1	外事处
1986	老干部家属楼	1	5	3900	78.2	24 楼 40 户
1986	培训楼	1	4	4248	95.8	
1990	青年宿舍楼	1	6	3780	13.2	23 楼 84 户
1992	数学楼	1	3、5	10022	667	
1992	科技楼	1	10	15311	1479	
1992	外语培训楼	1	5	1488	96.4	
1992	外语教学楼	1	5	2164	140.6	
1992	海南岛宿舍楼	1	6	3920.3	235.2	45 楼 72 户
1992	海南岛宿舍楼	1	6	3920.3	235.2	46 楼 72 户
1992	海南岛宿舍楼	1	6	999	58	49 楼 18 户
1993	海南岛宿舍楼	1	6	3845	231	48 楼 72 户
1994	博士楼	1	5	2242.1	198	33 楼 30 户
1994	校长楼	1	5	1232.8	84	33 楼 10 户

续表

年份	项目	幢	层	建筑面积 （m²）	投资 （万元）	备注
1994	海南岛复式楼	1	6	812	52	51 楼 20 户
1994	海南岛复式楼	1	6	420.3	26	52 楼 10 户
1994	海南岛复式楼	1	6	812	52	53 楼 20 户
1995	附小学校楼	1	3	3800	245	
1995	海南岛宿舍楼	1	6	2067.7	124	47 楼 72 户
1995	海南岛宿舍楼	1	6	3071	124	47 楼 72 户
1996	处长楼	1	6	5081.8	3105	32 楼 60 户
1996	二类住宅楼	1	6	4679.3	328	22 楼 72 户
1996	海南岛宿舍楼	1	6	3330.4	199.8	50 楼 54 户
1996	图书馆	1	11	15931	3105	
1998	三、四类住宅楼	1	6	5249.2	367.4	19 楼 60 户
1998	二、类住宅楼	1	6	5000	350	20 楼 78 户
1998	三、四类住宅楼	1	6	5249.2	367.4	21 楼 60 户
1999	三、四类住宅楼	1	6	5249.2	367	17 楼 60 户
1999	三、四类住宅楼	1	6	5128	358.9	18 楼 60 户
1999	文体馆	1	4	5829	2678	
1999	幼儿园	1	2	2510	230	
2000	学术交流中心	1	3、6	6800	1350	
2000	老干部处楼	1	2	1991	193	
2001	三类住宅楼	1	6	6329.5	443.1	13 楼 72 户
2001	二类住宅楼	1	6	6341.5	443.8	14 楼 72 户
2001	三、四类住宅楼	1	6	6331	443	15 楼 60 户
2001	四、五类住宅楼	1	6	6204	434.3	16 楼 48 户

续表

年份	项目	幢	层	建筑面积（m²）	投资（万元）	备注
2002	文瀛楼	1	5	16912	3833	
2002	文科大楼	1	12	27830	6992	
2002	令德八斋	1	6	6278	535	
2002	令德九斋	1	6	6278	535	
2002	令德十斋	1	6	6278	535	
2002	令德十一斋	1	6	6278	535	
2002	令德十二斋	1	6	8961	624	
2002	游泳馆扩建	1		5289	1085	
2003	富佳小区	1	6	2025	263.3	61楼12户
2003	富佳小区	1	6	2216.6	288.2	62楼12户
2003	富佳小区	1	6	8895.5	1156.4	63楼60户
2003	富佳小区	1	6	8385.8	1090.1	64楼60户
2004	环保楼	1	4	12514	2456	
2004	美术楼	1	4	11600	2664	
2004	音乐楼	1	4	12700	4328	
2004	令德七斋	1	6	6432	618	
2005	令德餐厅	1	2、3	21220	7745	
2005	令德五斋	1	6	6281	1000	
2005	令德六斋	1	6	6282	1000	
2006	令德一斋	1	6	6278	1000	
2006	令德二斋	1	6	6278	1000	
2006	令德三斋	1	6	6278	1000	
2006	令德四斋	1	6	6278	1000	

续表

年份	项目	幢	层	建筑面积（m²）	投资（万元）	备注
2007	理科大楼	1	5	16351	4350	
2007	校医院楼	1	2	2361	688	
2007	化学楼扩建	1	4	1080	220	
2008	政管学院楼	1	2	1761	512	
2008	蕴华庄西侧高层	1	16	31488.4	7557.2	54楼140户
2008	蕴华庄东侧高层	1	16	23434	5624.2	55楼140户
2008	蕴华庄北侧高层	1	28	32395	7774.8	56楼168户
2008	蕴华庄地下停车场			8000		
2009	外语楼扩建	1	5	1387	340	
2010	基建办公楼	1	2			
2010	应急物品库	1	1			
2011	新附小楼	1	4	6010	1300	
2011	图书大楼	1	4	35038	16200	

附录五：

山西大学 1953 年—2004 年逐年征用土地统计表

年份	投资（元）	面积（m²）	亩数	征用土地范围	备注
1953	42687	174549	262.085	大操场以南、办公楼以北，小饭厅西墙以东、家属区东墙以西	
1953		12107	18.178	旧西校门，主楼以东、新区东墙以西	
1955	8846	65107	97.758	旧图书楼、教工灶、小学校等	
1957	4148	33174	49.81	物理楼、南大饭厅、山无二厂、幼儿园	
1959	50521	58908	88.45	教学仪器厂	
1959	4573	36170	54.31	南院至海南岛道路	
1964	4453	7600	11.41	化学楼	
1980	541400	29304	44	生物楼	
1982	257241	17613	26.445	独生子女楼	
1983	571290	14505	21.78	教授楼	
1985	443145	14292	21.46	科技大楼、教学楼	
1986	4330982	56926	85.474	游泳池	
		5994	9		
1994	0	18648	28	科技楼南水渠北南院操场	让许西小孩上学兑换
2002	68100000	253300	380	许西、北张	按照每亩 17.9 万元的价格，补偿许西 3250 万元，北张 3560 万元，分别再购入 374 亩和 487 亩
2004	8500000	33300	54	海南岛东边 27 亩，"小香港" 17 亩	
2004			10	富佳小区	
2004	12600	279997	420	南院	

附录六：

山西大学学生公寓建筑情况统计表

建筑物名称	竣工时间（年份）	建筑面积（m²）	层数	结构	投资（万元）	备注
文瀛一斋	1955	2193	3	砖混	11.2	
文瀛二斋	1959	2193	3	砖混	11.2	
文瀛三斋	1959	1401	2	砖混	7	
文瀛四斋	1956	1401	2	砖混	7	
文瀛五斋	1957	2193	3	砖混	11.8	
文瀛六斋	1957	2193	3	砖混	11.8	
文瀛七斋	1981	3465	4	砖混	43.2	
文瀛八斋	1954	2181	3	砖混	17.2	
文瀛九斋	1953	1440	2	砖混	10.8	
文瀛十斋	1953	1440	2	砖混	10.8	
文瀛十一斋	1953	1440	2	砖混	10.8	
文瀛十二斋	1953	1440	2	砖混	10.8	
文瀛十三斋	1980	3887	4	砖混	45.1	
文瀛十四斋	1960	3748	4	砖混	26.4	
文瀛十五斋	1960	3748	4	砖混	26.4	
拐角楼	1956	1573	2	砖混	7.9	1994年已拆
拐角楼	1956	1573	2	砖混	7.9	1994年已拆
令德一斋	2006	6278	6	砖混	1000	
令德二斋	2006	6278	6	砖混	1000	
令德三斋	2006	6278	6	砖混	1000	
令德四斋	2006	6278	6	砖混	1000	

续表

建筑物 名称	竣工 时间 （年份）	建筑面积 （m²）	层数	结构	投资 （万元）	备注
令德五斋	2005	6281	6	砖混	1000	
令德六斋	2005	6282	6	砖混	1000	
令德七斋	2004	6432	6	砖混	618	
令德八斋	2002	6278	6	砖混	535	
令德九斋	2002	6278	6	砖混	535	
令德十斋	2002	6278	6	砖混	535	
令德十一斋	2002	6278	6	砖混	535	
令德十二斋	2002	8961	6	砖混	624	
令德十四斋	2015		6	框架		
令德十五斋	2015		6	框架		
令德十六斋	2015		6	框架		

附录七：

山西大学家属楼建筑情况统计表

建筑物名称	建筑物别称	竣工时间（年份）	建筑面积（m²）	层数	结构	投资（万元）	户数（户）
家属1楼	乙型楼	1959	1844	3	砖混	11	18
家属2楼	乙型楼	1959	1844	3	砖混	11	18
家属3楼	讲师楼	1985	736	5	砖混	12.8	10
家属4楼	甲型楼	1959	1478	3	砖混	13.3	12
家属5楼	甲型楼	1959	1478	3	砖混	13.3	12
家属6楼	大板楼	1979	3187	5	砖混	52.9	60
家属7楼	甲型楼	1959	985	2	砖混	10.2	8
家属8楼	西拐角楼	1954	1435	2	砖混	10.1	18
家属9楼	一字楼	1954	1048	2	砖混	7.3	12
家属10楼	东拐角楼	1954	1435	2	砖混	10	18
家属11楼	空号						
家属12楼	空号						
家属13楼	三类住宅楼	2001	6329.5	6	砖混	443.1	72
家属14楼	二类住宅楼	2001	6341.5	6	砖混	443	72
家属15楼	三、四类住宅楼	2001	6331	6	砖混	443.2	60
家属16楼	四、五类住宅楼	2001	6204	6	砖混	434.3	48
家属17楼	三、四类住宅楼	1999	5249.1	6	砖混	367.4	60
家属18楼	三、四类住宅楼	1999	5128.1	6	砖混	359	60
家属19楼	三、四类住宅楼	1998	5249.2	6	砖混	367.4	60
家属20楼	二类住宅楼	1998	约5000	6	砖混	350	78

建筑物 名称	建筑物 别称	竣工 时间 （年份）	建筑面积 （m²）	层数	结构	投资 （万元）	户数 （户）
家属 21 楼	三、四类住宅楼	1998	5249.2	6	砖混	367	60
家属 22 楼	二类住宅楼	1996	4679.2	6	砖混	328	72
家属 23 楼	青年楼	1990	3780	6	砖混	132	84
家属 24 楼	老干部楼	1986	3900	5	砖混	782	40
家属 25 楼	讲师楼	1985	3579	5	砖混	642.5	50
家属 26 楼	讲师楼	1985	3579	5	砖混	640.7	50
家属 27 楼	大板楼	1981	3087	5	砖混	686.9	60
家属 28 楼	原十五楼	1983	3700	5	砖混	602.2	50
家属 29 楼	大板楼	1979	3087	5	砖混	528.6	60
家属 30 楼	大板楼	1981	3087	5	砖混	636	60
家属 31 楼	大板楼	1979	3087	5	砖混	528.6	60
家属 32 楼	三类住宅楼	1996	5081.7	6	砖混	304.8	60
家属 33 楼	博士楼	1994	2242.1	5	砖混	198	30
	校长楼	1996	1232.8	5	砖混	84	10
家属 34 楼	点式楼	1984	735	4	砖混	130.8	8
家属 35 楼	原十六楼	1983	3071	4	砖混	546	40
家属 36 楼	独生子女楼	1984	2385	5	砖混	424.5	45
家属 37 楼	独生子女楼	1984	795	5	砖混	141.5	15
家属 38 楼	独生子女楼	1984	795	5	砖混	141.5	15
家属 39 楼	教授楼	1985	3643	5	砖混	662.7	40
家属 40 楼	教授楼	1985	3643	5	砖混	662.7	40
家属 41 楼	讲师楼	1985	3579	5	砖混	625.5	50

续表

建筑物名称	建筑物别称	竣工时间（年份）	建筑面积（m²）	层数	结构	投资（万元）	户数（户）
家属 42 楼	教授楼	1985	3643	5	砖混	662.7	40
家属 43 楼	教授楼	1985	3643	5	砖混	662.7	40
家属 44 楼	讲师楼	1985	3579	5	砖混	632.4	50
家属 45 楼	海南岛楼	1992	3920.3	6	砖混	235.2	72
家属 46 楼	海南岛楼	1992	3920.3	6	砖混	235.2	72
家属 47 楼	海南岛楼	1994	2067.7	6	砖混	124	36
		1996	2067.7	6	砖混	124	36
家属 48 楼	海南岛楼	1993	3845	6	砖混	231	72
家属 49 楼	海南岛楼	1992	999	6	砖混	58	18
家属 50 楼	海南岛楼	1996	3330.4	6	砖混	199.8	54
家属 51 楼	复式楼	1994	812	6	砖混	52	20
家属 52 楼	复式楼	1994	420.3	6	砖混	26	10
家属 53 楼	复式楼	1994	812	6	砖混	52	20
家属 54 楼	蕴华庄西侧高层	2008	36396	16	高层	7557.2	140
家属 55 楼	蕴华庄东侧高层	2008	28220	16	高层	5624.2	140
家属 56 楼	蕴华庄北侧高层	2008	34593	28	高层	7774.8	168
家属 61 楼	富佳小区	2003	2025	6	砖混	263.3	12
家属 62 楼	富佳小区	2003	2216.6	6	砖混	288.2	12
家属 63 楼	富佳小区	2003	8895.5	6	砖混	1156.4	60
家属 64 楼	富佳小区	2003	8385.8	6	砖混	1090.1	72

附录八：

山西大学教学办公及其他建筑情况统计表

建筑物名称	建筑物别称	竣工时间（年份）	建筑面积（m²）	层数	结构	投资（万元）	备注
行政办公楼	一办	1953	1292	2	砖木	12.3	
外语楼	原地理楼	1953	1814	2	砖木	13.8	
南图书馆	南图	1953	1136	2	砖木	10.5	已拆
分子所	原化学实验楼	1953	1137	2	砖木	10.6	已拆
南图书楼	书库	1954	651	3	砖木	4.7	已拆
大型仪器中心	原生物楼	1954	1986	2	砖木	16.3	
大锅炉房		1954	221	1	砖混	4	已拆
平顶楼	原体育楼	1955	2244	2	砖混	20.1	
体育教室		1955	120	1	砖混	0.8	
大饭厅	一灶	1955	1944	1	砖木	14.6	
主楼		1956	5584	4	砖混	43.8	
第二锅炉房	水塔锅炉房	1956	153	1	砖混	3	已拆
体育馆	风雨操场	1957	1687	2	砖木	14.1	
露天舞台		1957	229	1	砖混	2.7	已拆
教工俱乐部	工会	1957	731	1	砖木	5.2	
教工食堂	快餐厅	1957	637	1	砖木	3.7	
锅炉房		1957	194	1	砖混	1.1	已拆
研究生楼	北图书馆	1958	5439	4、6	砖混	32.1	
后勤管理处	原教工澡堂	1959	658	2	砖混	9	
住宅锅炉房		1959	162	1	砖混	1.3	已拆
物理楼		1960	10498	4、5	砖混	174.7	

续表

建筑物 名称	建筑物 别称	竣工 时间 （年份）	建筑面积 （m²）	层数	结构	投资 （万元）	备注
南饭厅	二灶	1960	4017	1	砖混	38.2	已拆
锅炉房		1960	725	1	砖混	34.3	已拆
烟囱		1960	40 米		砖混	3.9	已拆
第六锅炉房	海南岛院内	1960	46	1	砖混	1.6	已拆
哲学学院楼	原艺术楼	1977	2970	3	砖混	40	
南配电室		1979	208	1	砖混	2.5	
档案馆	电子计算机	1979	626	2	砖混	27.5	
新教学楼	二办	1980	4188	2、4	砖混	87.3	部分已拆
专家楼		1981	2159	3	砖混	65.5	
招待所楼	德秀公寓	1981	3043	4	砖混	48.3	
澡堂楼		1982	1192	3	砖混	35.8	
第四锅炉房	家属区锅炉房	1982	800	1	砖混	28.8	已拆
化学实验楼		1983	8270	4、6	砖混	290.9	
专修楼	德秀公寓	1984	4768	5	砖混	81.5	
生物环保楼		1986	9014	5	框架	378.2	
外事处	原留学生楼	1986	1708	4	砖混	36.1	
培训楼		1986	4248	4	砖混	95.8	
计算数学楼		1992	10022	3、5	框架	667	
科技大楼		1992	15311	10	框架	1479	
保卫部楼	菌种厂楼			3	砖混		
化学药品库				1	砖混		
化学楼扩建		2007	1080	4	框架	220	
外语教学楼		1992	2164	5	砖混	140.6	

续表

建筑物名称	建筑物别称	竣工时间（年份）	建筑面积（m²）	层数	结构	投资（万元）	备注
外语培训楼		1992	1488	1	砖混	96.4	
附小教学楼		1995	3800	3	砖混	245	
商学楼		1996	15931	11	框架	3105	
文体馆		1999	5829	4	框架	2678	
幼儿园		1999	2510	2	砖混	230	
学术交流中心		2000	6800	6	框架	1350	
老干部活动中心		2000	1991	2	框架	193	
文瀛楼		2002	16912	5	框架	3833	
文科大楼		2002	27830	12	框架	6992	
环资学院楼		2004	12514	4	框架	2456	
美术学院楼		2004	11600	4	框架	2664	
音乐学院楼		2004	12700	4	框架	4328	
令德阁餐厅		2005	21220	2、3	框架	7745	
理科大楼		2007	16351	5	框架	4350	
校医院楼		2007	2361	2	砖混	688	
政管学院楼		2008	1761	2	砖混	512	
外语楼扩建		2010	1387	5	框架	340	
新附小楼		2011	6010	4	框架	1300	
多功能图书大楼		2012	35038	4	框架	16200	
量子科研楼		2012			框架		
游泳馆扩建		2002	5289	1	钢架	1085	
总配电室		1989	511.7	3	砖混		
南配电室		1980	208.7	1	砖混		

建筑物 名称	建筑物 别称	竣工 时间 （年份）	建筑面积 （m²）	层数	结构	投资 （万元）	备注
北配电室		1953	229.4	1	砖混		
东配电室		1985	107.7	1	砖混		
新配电室		1996	68	1	砖混		
高压配电室		2008		1	砖混		
1号箱变	艺术楼西北	2003	72.5				
2号箱变	环资学院西	2003	87.8				
3号箱变	令德阁南	2004	71.5				
4号箱变	令德公寓西	2005	54.3				
5号箱变	海南岛西南	2008	108				
6号箱变	富佳小区	2008	45.2				
7号箱变	南图书馆南	2012					
第一锅炉房							1999年 已拆
第二锅炉房							已拆
第三锅炉房							1988年 已拆
第四锅炉房							2006年 已拆
第五锅炉房							2005年 已拆
第六锅炉房							1994年 已拆
第七锅炉房							已拆
文瀛锅炉房		2005					
令德锅炉房		2002					

续表

建筑物名称	建筑物别称	竣工时间（年份）	建筑面积（m²）	层数	结构	投资（万元）	备注
915 供热站	富佳小区西	2006	327.8	1	框架		
917 供热站	令德公寓西	2005	342	1	框架		
918 供热站	海南岛东	2004	382.2	1	框架		
918 供热站 A	环资学院南	2011		1	框架		
北区供水站	小花园北	1985	69.9	1	砖混		1500 吨
中区供水站	新校门南	1996	200				1500 吨
南区供水站	令德阁西	2004	298.5				2000 吨
1 号深井							已报废
2 号深井							已报废
3 号深井							已报废
4 号深井							已报废
5 号深井							已报废
令德开水房		2005					
文瀛开水房		2002					

附录九：

山西大学小品建筑基本情况表

小品建筑	建设时间（年份）	材质	设计单位	位置	形式	题字
影壁	1904	砖筑		侯家巷校门口	灰墙筒瓦	
牌楼	1904	木质		侯家巷校门口	四柱三开间三楼	登崇俊良尊广道义
毛泽东雕像	1969	钢筋混凝土		西校门	全身像	毛泽东（1893—1976年）
花园六角亭	1982	木、铁皮质		花园小山东北角	六柱、重檐顶	
花园六角廊亭	1982	钢筋砼柱、铁皮顶		花园长廊东	六角亭	
花园六角廊亭	1982	钢筋砼柱、铁皮顶		花园长廊西	六角亭	
美少女像	1983	汉白玉		小花园内	全身蹲像	
鲁迅像	1985	汉白玉	美术学院	研究生学院门前	胸像	
人防出口	1985	砖质		鸿猷体育场北	四方小亭、回廊、坡屋面	
人防出口	1985	砖质		主楼后	平房、花架	
双胞胎少女像	1986	汉白玉		研究生学院前	全身站像	

续表

小品建筑	建设时间（年份）	材质	设计单位	位置	形式	题字
青春少女像	1988	汉白玉		物理学院院南	全身坐像	
翔	1988	汉白玉		二办楼前	双翅飞翔	
渊智园园门	1990	钢筋砼、琉璃瓦		小花园入口	四柱三开间牌楼式大门	
蘑菇小亭	1990	钢筋砼质		主楼东北角（三个）	白色单柱蘑菇顶	
花园六角亭	1990	钢管、铁皮质		主楼东南角	六柱、重檐顶	
牌楼门头	1991	木质、琉璃瓦		工会门头	红柱绿瓦	
三角亭	1996	钢筋砼质		初民广场	三足鼎立、镂空顶	校庆纪念亭
四角亭	1996	钢筋砼		物理学院南	四柱、拱顶	
双螺旋雕塑	1998	不锈钢材质		光电所门前	物理学符号	
岑春煊像	2001	铜质		步行街北	胸像	生平
李提摩太像	2001	铜质		步行街北	胸像	生平
农家乐群雕	2001	铜质		文科楼内	站像、坐像	
山西大学堂门	2001	灰砖质		步行街北	拱形大门	沈玫和题山西大学堂
孔子像	2002	铜质		文科楼前	全身像	孔子（公元前 551 年—前 479 年）

续表

小品建筑	建设时间（年份）	材质	设计单位	位置	形式	题字
邓初民像	2002	汉白玉		初民广场西南角	全身坐像	
校史浮雕	2002	玻璃钢		步行街	校史	
飞翔	2002	不锈钢材质		初民广场	形似火炬	
花岗岩浮雕	2002	花岗岩		初民广场	校史	
太行云根石	2002			新校门南	浅褐色、古拙	长治校友公元二〇〇二年五月八日
堆石	2002	原生石		步行街上	各类石材	
飞	2005	钢架、高分子膜材质		南校区供水站	蓄势起飞	
令德石	2006	原生石		令德阁西北角		令德阁 启功
齐白石像	2007	铜质	美术学院	美术学院内	全身坐像	
四方攒尖亭	2008	木质、灰瓦顶		蕴华庄小区西高	红柱、灰瓦顶	
三连四方攒尖亭	2008	木质、灰瓦顶		蕴华庄小区东高	红柱、灰瓦顶	
原生青石	2008	原生石		鉴知楼前	卧石	研经铸史 登崇俊良
琅玕石	2008			核桃园	卧石	子午线七八级入学三十年聚会纪念
碑石	2008			音乐学院西侧	古拙、上大下小	中文系五七级同学二〇〇七年九月

续表

小品建筑	建设时间（年份）	材质	设计单位	位置	形式	题字
玉石	2008			音乐学院西侧	灰白大理石	中文系七七级同学二〇〇八年三月恭立
红石	2008			令德湖东岸	红质立石	历史系七八级二〇〇八年十月
春天石	2009			主楼前	肉色、大理石纹	中文系七九级入学三十年纪念
恩石肉石	2009			初民广场	肉色、大理石纹	政治系七九级二〇〇九年九月二十日
原生黑石	2009			物理楼南		山西大学物理系物理专业75级全体同学
哲学青石	2009			德秀路中段	立石	哲学系八九级相识二十年聚会留念
灰色青石	2009			步行街南	花岗岩纹质	体育系85级毕业20周年
黑石	2010			主楼北	黑	绦帐思源　历史系八〇级全体同学　敬立
小玉石	2010			步行街北	白质灰纹	中文系八〇级全体同学
三角碑	2011	砖砌、外贴		社会史中心		
思源青石	2011			新校门北	立石	体育系八七级全体同学
春晖青石	2011	原生石		初民广场	卧石	山西大学数学系80级入学30年纪念
原生石	2011			音乐学院西北		哲学系八一级全体同学

续表

小品建筑	建设时间（年份）	材质	设计单位	位置	形式	题字
智慧女神像	2012	铜质		量子楼前	坐像	思索
原生肉石	2012			物电学院北	立石	物理系七八级全体同学
数缘青石	2013			初民广场	卧石	山西大学数学系83级相识三十年聚会留念
肉石	2014			政管学院门前		山西大学政治系五九级毕业
大恩石肉石	2015			初民广场	立石	化学系八五届全体同学敬赠
雕塑	2017	不锈钢		音乐厅门口	音乐和书符号	山西大学艺术系87级全体同学
造型石	2017	石质		美术学院门前		艺术系音专美专八三级毕业三十年聚会敬立
肉石				主楼南	肉色	历史文化学院零肆级旅管同学十年聚会留念
青石				主楼东南角		中文系九九级毕业十周年
琢磨青石				商学楼门口		
原生肉石				外语馆门前	立石	山西大学历史系八七级敬赠
青石				体育馆门前		博

附录十:

山西大学平面简图

参考文献

1. 胡斌:《太原市历史建筑保护专项规划公示》,《山西晚报》2012 年 1 月 5 日。

2. 李造唐:《我所经历的山大"之最"》,见《历史的情怀》,中国社会出版社 2012 年版。

3. 刘斌:《山大片区用地规划控制方案》,《山西晚报》2009 年 7 月 9 日。

4. 楼庆西:《中国古建筑二十讲》,生活·读书·新知三联书店 2001 年版。

5. 楼庆西:《中国小品建筑十讲》,生活·读书·新知三联书店 2004 年版。

6. 卢宇鸿:《历史的耕耘——山西大学后勤改革三十年》,山西经济出版社 2012 年版。

7. 山西大学纪事编纂委员会:《山西大学百年纪事》,中华书局 2002 年版。

8. 山西大学校史编纂委员会:《山西大学百年校史》,中华书局 2002 年版。

9. 王琰,马海花:《浅析山西大学校园园林化建设》,《山西林业科技》2003 年第 S1 期。

10. 王志强:《山西大学堂》,《文物世界》2008 年第 06 期。

11. 魏国明:《回顾敬塑毛泽东像的过程》,见《历史的情怀》,中国社会出版社 2012 年版。

12. 温秉钊:《参加山西大学校园建设三十七年》,见《历史的情怀》,中国社会出版社
    2012 年版。

13. 行龙:《山大往事》,山西人民出版社 2002 年版。

14. 行龙:《山大往事》(增订版),商务印书馆 2017 年版。

15. 徐璞:《我的父亲徐士瑚》,《文史月刊》2004 年第 03 期。

16. 张民省:《山西大学的历史与办学传统》,《文史月刊》2003 年第 12 期。

17. 赵存存,柳春元:《五十年代初山西高等教育的"院系调整"及其影响》,《高等教育
    研究》2002 年第 03 期。

编后记

　　山西大学位于山西省太原市小店区，目前拥有坞城校区、大东关校区、东山校区（在建）三个校区，总占地面积 3008 亩，建筑面积 110 万平方米。学校坞城校区林荫遮道、花草围楼，处处散发着宜学宜居的人文气息，被省政府命名为"园林化单位"和"绿色学校"。

　　山西大学的前身是创建于 1902 年的山西大学堂，时至今日，山西大学还保留着那些斑驳的旧址（如原山西大学堂大礼堂等），这些建筑像一张张老照片，记录了中西文化交融的历程。现在的山西大学坞城校区校园环境的总体布局上，将校园分成三个区：北区为历史传统校园，中区为人文景观校园，南区为科技艺术校园。各个分区既各有特色，又相互融合，展现山西大学不同发展阶段的风貌。历经一百多年的风风雨雨，山西大学现已发展成为一所综合性大学，厚重的文化底蕴，孕育了山西大学的时代精神。众多的学子汲取山西大学的文化给养，成为为时代增辉的杰出人才。

　　漫步于山西大学宽广现代的初民广场，流连于草木葳蕤的渊智园，徜徉于幽静古朴的学堂路，回味于具有现代气息的令德湖畔，悠久的晋文化与综合大学现代文明融洽似水的气息扑面而来，沁入肺腑。置身在优雅美丽、一尘不染的山大校园，我们的心灵也仿佛得到了净化，这其中蕴含了几代后勤和基建人的心血，在这里我们要大声疾呼，今日之山大，英才辈出，桃李天下；近年之山大，成果迭新，灿若繁星。现代化综合大学辉煌形象的背后，后勤基建保障，功不可没，后勤改革，力拔头筹。

　　2011 年 1 月，山西大学后勤管理处召开 2011 年工作计划会议，时任后勤管理处处长的卢宇鸿在谈到加强后勤和基建文化建设问题时强调指出：优秀的后勤和基建文化可带动其他工作的开展，我们要在全面搞好后勤和基建文化建设的同时，总结我校后勤和基建成绩、改革经验，编辑出版关于后勤和基建改革发展和校园建设的书籍，凝练后勤和基建职工团结奋进、不怕吃苦、爱岗敬业、勇于奉献的精神。

为了回顾学校后勤和基建改革发展和校园建设进程，铭记后勤和基建人辛勤劳动，反映后勤和基建一线工作者的亲身体会，提升后勤和基建人的全面素质，我们本着真实记录后勤和基建发展的目的，于 2011 年 3 月 15 日开始在后勤管理处会议室组织召开了多次座谈会，邀请许多离退休老同志参加，就编写工作征求老同志的意见和建议，随后编辑人员又多次召开了类似的会议，最后确定编辑出版《历史的耕耘——山西大学后勤改革三十年》和《山西大学百年建筑》。《历史的耕耘——山西大学后勤改革三十年》计划在山西大学建校 110 周年前编辑出版，《山西大学百年建筑》由于各种建筑历史年代较长、资料收集比较困难，拟在山西大学建校 120 周年前编辑出版。

在编写过程中，编写人员任荣华、孔剑平先后翻阅了《山西大学百年校史》《山西大学百年纪事》《山西大学报》《后勤月报》《中国高校后勤通讯》等资料，力求准确、全面记述山西大学百年建筑的全貌。在编写过程中得到了山西大学档案馆、山西大学图书馆等单位的大力协助和支持。中国著名国学大师、教育家、书法家、山西大学老教授姚奠中先生为《山西大学百年建筑》题写了书名，档案馆任有辉同志搭起采编写框架，后勤基建杨春台、温秉钊等老同志为本书提供了不少建筑资料，党委宣传部的郭谦等同志将自己积累多年图片奉献出来，在此表示衷心的感谢。

2019 年 10 月，初稿完成后经许多曾经在后勤和基建工作过的领导和老同志审阅，这些在职的领导、技术人员和退下来的老领导、老技术人员提出了许多宝贵的修改意见，在此也表示衷心的感谢。根据老领导、老同志，在职的领导、技术人员提出的修改意见，编辑人员进行了多次修改、完善。

在《山西大学百年建筑》即将出版的日子里，我们再次对参与和帮助过本书完成的人员表达我们诚挚的敬意和衷心的感谢，也对商务印书馆的薛亚娟同志的悉心帮助表示感谢。由于编撰人员水平有限、资料不够齐全，肯定会有这样或那样的不足和遗漏。但欣喜的是，我们后勤和基建终于系统地编写出了一部记述山西大学百年建筑的记录性资料。

编　者

2021 年 12 月

图书在版编目（CIP）数据

山西大学百年建筑 / 卢宇鸿主编 . — 北京：商务印书馆，2022

ISBN 978－7－100－20771－3

Ⅰ.①山… Ⅱ.①卢… Ⅲ.①山西大学—教育建筑—介绍 Ⅳ.① TU244.3

中国版本图书馆 CIP 数据核字（2022）第 031648 号

山西大学百年建筑

卢宇鸿 主编

商 务 印 书 馆 出 版
（北京王府井大街 36 号　邮政编码 100710）
商 务 印 书 馆 发 行
北京顶佳世纪印刷有限公司印刷
ISBN 978－7－100－20771－3

2022 年 9 月第 1 版　　　开本 710×1000　1/16
2022 年 9 月北京第 1 次印刷　印张 28½

定价：148.00 元